这样就能办好家庭肉牛养殖场

主　编　李聚才　张春珍

副主编　康晓冬　杨正义　于建勇

编　委　（按姓氏笔画为序）

　　　　于建勇　李聚才　杨正义

　　　　张春珍　康晓冬

科学技术文献出版社
SCIENTIFIC AND TECHNICAL DOCUMENTATION PRESS
·北京·

图书在版编目（CIP）数据

这样就能办好家庭肉牛养殖场 / 李聚才，张春珍主编. —北京：科学技术文献出版社，2015.5

ISBN 978-7-5023-9589-6

Ⅰ. ①这… Ⅱ. ①李… ②张… Ⅲ. ①肉牛—饲养管理 ②肉牛—养殖场—经营管理 Ⅳ. ① S823.9

中国版本图书馆 CIP 数据核字（2014）第 271178 号

这样就能办好家庭肉牛养殖场

策划编辑：乔懿丹 责任编辑：丁坤善 责任校对：赵 瑷 责任出版：张志平

出 版 者	科学技术文献出版社
地 址	北京市复兴路15号 邮编100038
编 务 部	（010）58882938，58882087（传真）
发 行 部	（010）58882868，58882874（传真）
邮 购 部	（010）58882873
官 方 网 址	www.stdp.com.cn
发 行 者	科学技术文献出版社发行 全国各地新华书店经销
印 刷 者	北京时尚印佳彩色印刷有限公司
版 次	2015 年 5 月第 1 版 2015 年 5 月第 1 次印刷
开 本	850×1168 1/32
字 数	368千
印 张	15
书 号	ISBN 978-7-5023-9589-6
定 价	29.00元

序

　　肉牛生产是当今世界现代农业的主导产业。当前及今后一个时期,我国农业和农村工作的中心任务是发展现代农业,扎实推进社会主义新农村建设。其首要任务就是发展现代农业,繁荣农村经济,富裕广大农民。发展现代农业,必须增强农业科技自主创新能力,加快农业科技成果转化应用,提高科技对农业增长的贡献率。为此需要大力推广普及农业科技知识,全面提高农民素质,培养造就一大批有文化、懂技术、会经营的新型农民。这是党中央、国务院为解决"三农"问题,促进农业增效、农民持续增收、农村更加和谐发展而提出的重大举措,是一项贯穿于现代化建设全过程的艰巨任务。

　　《这样就能办好家庭肉牛养殖场》是主编著人员多年来主要从事基层黄牛改良畜牧技术示范推广、种牛场(站)生产实践及科研工作经验的凝练总结和集体智慧的结晶,是广大农民非常关注和亟须解决的现实问题,贴近农牧业生产、贴近农村生活、贴近农民需要。该书通俗易懂,语言精练,内容丰富,较全面、系统地介绍了肉牛高效健康养殖方面的先进实用技术,具有较强的实用性和可操作性,可供肉牛养殖户(园区)、肉牛养殖场职工、畜牧兽医工作者阅读参考。

　　希望广大农牧民努力学习先进实用的新技术、新知识,掀起讲科学、爱科学、用科学的热潮,积极运用现代科学技术,改变传统的生产方式、生活方式和思维方式,大力调整农业经济结构,切实转变经济增长方式,尽快富裕起来。也希望农牧主管部门组织科技人员,积极开展新型农民培训及科技送书下乡活动,广泛宣传推广科技知识,及时解决广大农民生产实践中遇到的实际问题,更好地促进科技成果转化应用,为共同解决"三农"问题,提高农牧民科学文化素质,推动我国经济社会可持续发展做出更大贡献。

　　　　　　中国畜牧业协会牛业分会会长
　　　　　　中国农业科学院肉牛研究中心主任

　　　　　　　　　　　　　　　　　2009. 11. 10

前　　言

肉牛生产是当今世界现代农业的主导产业。近年来,已成为我国农村经济发展区域范围的一个新的增长点和支柱产业,在增加农牧民收入和提高民生膳食结构方面正发挥着越来越重要的作用。

长期以来,我国没有专用的肉牛品种,主要是靠一些老淘残、退役耕牛屠宰后为市场提供牛肉。直到 20 世纪 70 年代中后期,我国才开始从外国引入专门的肉用品种进行黄牛的改良。国家农业部相继在全国建立了 100 多个养牛基地县,这些措施强有力地加快了我国地方品种牛的改良工作。到 1989 年以后,肉牛业开始迅速增长。2007 年在河南省泌阳县培育成功我国第一个肉牛品种——夏南牛,并通过了国家畜禽遗传资源委员会的审定和农业部公告发布。

20 世纪 80 年代到 90 年代,国家农业部等组织了肉牛营养需要的研究,制订了我国的肉牛饲养标准,对肉牛的专用饲料添加剂进行了深入系统的研究。1992 年农业部开始提倡发展秸秆养牛,并且在全国相继建立了 10 个示范县,现在秸秆养牛已在我国的农区得到了大面积的推广应用。同时,一些实用技术开始在肉牛生产中得到广泛应用或开始受到重视,如饲养技术、配合饲料技术、多元杂交及高代杂交技术、饲料青贮、氨化技术、细管冻精人工授精技术等先进技术的实施,推动了肉牛业的可持续大发展。

大众消费市场是我国最主要的市场消费形式。目前这一市场仍是牛肉销售的主渠道,随着人民生活水平和对健康要求的不断提高,牛肉的消费量和市场需求量也逐渐增加。随着我国经济的发展,来华旅游观光的外国客商逐年增加,涉外宾馆、饭店,旅游服务行业日渐兴旺,牛排等高档牛肉消费日渐增多,高档牛肉消费市场也逐年扩大。从国际市场来看,每年向港澳市场供售大批量的优质活牛,并呈上升态势向中东地区及俄罗斯等国家出口大量分割牛肉。由此表明,我国肉牛业的发展前景非常广阔。

我国地大物博,幅员辽阔,生态条件复杂,气候多样,引进的优良品种,仅用作经济杂交,不可能取代我国地方品种。我国地方品种的牛肉肉质好,风味佳,鲜嫩多汁,很有特色。经过强度肥育的牛,眼肌面积大,大理石状花纹明显,完全符合高档优质牛肉的标准。随着高档牛肉经济效益的凸显,近几年我国也在大力探索高档牛肉生产技术。我国良种黄牛经过肥育后,多数肉质细嫩,肉味鲜美,但普遍存在体型小、生长速度慢、出肉率低、肌肉纤维粗的缺陷,用这样的品种来生产高档牛肉有很大难度,因此需要引进国外良种进行杂交,提高产肉性能,同时保持原有肉质细嫩的特点。许多研究证明,杂种牛具有较高的屠宰率和净肉率,眼肌面积大,大理石状花纹评分高,皮下脂肪少,具有较高的经济效益。

2008年末在全国农村工作会议上,肉牛业发展列入到2009年农业重要工作之一。目前全国牛业发展迅速,牛肉的消费数量和质量要求都在提高,很多社会资金也在大量投资该产业,发展势头强劲。同时,肉牛产业发展联系千家万户,是农民增收致富的重要项目。尤其在我国成功举办奥运会效应的激励下,社会各行各业对中国肉牛业立足国际市场,提升国际影响力的呼声空前高涨,有力地推动了我国肉牛业的可持续发展。

2009年初以来,尽管由"三聚氰胺奶粉事件"所引发的畜产品安全信任危机,以及国际金融风暴的侵袭,致使我国肉牛业的发展陷入商品牛源紧张的困境,给我国肉牛产业带来了严峻的挑战和新的发展机遇。但机遇是潜在的,挑战是现实的。从长远看,随着全球经济一体化,肉牛业将在更大范围和更深层次上参与国际竞争。如何促进现代牛业的可持续发展,确保牛肉产品的质量安全;如何解决地方优良品种的保种与开发,以及役用牛退出历史舞台,现代肉牛生产如何在市场经济下健康发展;如何协调优质高档牛肉的需求目标与品种选育、科学饲养;肉牛产业链如何有机延伸等,已成为业内外人士关注的焦点。抓住机遇,应对挑战,关键在于依靠肉牛业科技进步,用高新技术改造传统肉牛业,提高产品的质量和效益,推动肉牛产业化的发展,全面提升肉牛业的国际竞争力。现阶段应特别重视我国地方优良品种,如秦川牛、南阳牛、鲁西牛等的选育提高;并进行优质肉牛杂交配套系筛选及饲养管理技术体系的建立,进行区域性试验示范,建立适合我国区域性实情的科学肉牛杂交繁育体系;推出适合我国不同区域及规模肉牛生产的饲养模式;研究高档牛肉生产及系列加工技术;初步形成肉牛生产的社会化服务体系;集成有重要应用价值的肉牛科技成果使其系统化、配套化、产业化。

在本书编写过程中,马乐天、薛伟、张俊丽、马吉锋、杨玮迪、王川、马明等同志对本书稿的校对、整理做了大量的工作。在此,特向关心和支持本书的出版及有关本书所引用的参考文献作(译)者表示感谢。

由于作者水平所限,在本书中难免有不妥或错误之处,恳请读者批评指正。

编　者

目　录

第一章 肉牛养殖业 发展概况及趋势

第一节 世界肉牛业现状及发展趋势

一、世界肉牛业现状

肉牛生产是当今世界现代农业的主导产业之一。根据"2007年世界畜牧生产统计资料"(联合国粮农组织,FAO),全世界牛存栏13.83亿头,其中,年末存栏牛较多的国家是巴西2.07亿头,印度1.81亿头,中国1.39亿头;全世界牛肉总产量达6 709万吨,同比增长1.34%。其中,发展中国家牛肉产量为3 745万吨,占全球的55.82%。分地区看,亚洲牛肉产量位居第一为1 794万吨,占全球牛肉产量的26.74%;南美洲位居第二为1 514万吨,占22.56%;北美洲位居第三为1321万吨,占19.68%;欧洲位居第四为1 097万吨,占16.35%。按国家排序,牛肉产量较多的国家是美国1 191万吨、其次是巴西777.4万吨、中国750.2万吨。中国牛存栏数及牛肉产量名列全球第三。

世界发达国家的专业化和集约化肉牛生产体系日趋完善。近

30年来,国外畜牧业发达国家肉牛场的生产规模越来越大,饲养户越来越少。如全美国肉牛养殖户仅1万户,中等规模户养肉牛2 000～5 000头,大户则养几万头,甚至几十万头,提供肉牛市场75％以上的牛源。美国养牛业已实现了工厂化生产,投喂饲料、清除粪便、提供饮水、诊断疫病、饲料配方、营养分析等操作过程都实现了自动化、机械化。犊牛生产、育成、育肥是在专门生产场中分别进行的,如商品犊牛繁殖场只养母牛、种公牛、妊娠牛、后备母牛;育成牛场收购断奶不足320kg的牛饲养,放牧结合补料,体重达450～550kg时出栏上市。

肉牛育肥方式因各国条件不同而异,同时还受市场、饲料、牛肉价格等因素的影响有所变化。以精饲料为主的半集约化肥育方式由于育肥时间较短,消耗粗饲料相对较少,因此,在生产中得到广泛应用。大量饲喂粗饲料的粗放式育肥主要以粗饲料和放牧为主,消耗精饲料少,肥育牛体重较大,所以在生产中也很受欢迎。美国一些地区还采用典型的易地育肥方式,即在山地、丘陵、草原或草场资源丰富的地区集中饲养母牛、繁殖犊牛及培育生长牛,一般生长至体重300kg左右时运到精饲料及农副产品丰富的农区进行肥育。新西兰和澳大利亚等国把各类牛常年放牧在围栏草场上,进行科学的放牧管理。

发达国家进入市场的牛肉均已经过冷加工处理。牛的屠宰、冷加工(排酸)、分割、包装等整个工艺流程以及牛肉质量标准均已普及,并日趋成熟和完善。牛肉的卫生达标是以严格的加工工艺取得的。采用"栅栏"效应等技术、紫外线杀菌、有机酸及有机酸盐等来代替传统的防腐剂,使商品牛肉真正达到更安全、优质、无公害。

二、世界肉牛业的发展趋势

(一)大力倡导节粮型肉牛育肥方式

由于全球粮食紧缺和价格上涨,世界各国特别是人多地少的国家,日趋重视充分利用粗饲料进行肉牛饲养。因此,进一步开发秸秆等粗饲料的加工利用,充分利用农副产品发展肉牛生产,是许多国家肉牛业的发展方向。同时,改良草地、建立人工草场,利用放牧降低肉牛肥育成本,也是今后发展高效肉牛业的重要措施。目前,粗饲料的加工方法不断改进,能够更多地保留粗饲料中的营养成分,提高其利用率和利用价值。袋装青贮、拉伸膜裹包青贮的应用可以改进青贮料品质,提高生产效率。干草压制成草饼、草块等,既便于贮存、运输,又减少了损失。

(二)重视研究和应用肉牛生产新技术

肉牛生产关键技术的突破和新技术、新工艺的研制及推广,日益显示出其重要性。20世纪50年代初美国首例牛胚胎移植成功后各国都加强了研究和生产应用。到70年代后期至今,国外兴起了配子和胚胎的生物工程技术研究,如胚胎冷冻、胚胎分割、体外受精、性别控制、胚胎嵌合、细胞核移植、基因导入等。目前胚胎移植作为生物技术的组成部分,已在生产中商业化应用。美国、加拿大、日本等许多国家都建立了专业的牛胚胎移植公司。近年来,美国和加拿大每年移植牛胚胎10万～20万头。此外,电脑控制的现代化饲养系统使肉牛集约化生产进一步发展。在大型肉牛场,按照围栏牛群的年龄、体重、体况等情况,确定该栏牛群的饲料配方。当需要某种配方的饲料时,微机按照输入的配方加工数据资料,控制自动容积式秤,准确按规定的各种成分、比例下料。混合均匀后自动灌装饲喂车,然后运往指定围栏饲喂,极大地提高了生产效率和养殖效益。

(三)快速发展高档牛肉生产

随着世界经济的快速发展,人类食品结构发生了很大变化,牛肉消费量增长,特别是高档牛肉消费增加。各国市场对牛肉的需求日益提高,一是满足快餐为主的大众化牛肉,二是高档次消费的西式牛排,三是以日式为代表的东方铁板烤牛肉(雪花牛肉)。后两种要求档次较高,在大理石花纹等级、成熟度上有较高标准和特殊评价。为了适应高档牛肉生产的需要,一些发达国家,如美国、日本、加拿大及欧洲经济共同体都制定了牛肉分级标准;不同国家按市场需要,利用安格斯牛、利木赞牛、皮埃蒙特牛等肉质优良品种生产适销对路的高档牛肉;其中部分用作生产小白牛肉,向德国、意大利、法国等国出售,价格高于一般牛肉数倍。

第二节　我国肉牛业发展概况

一、我国肉牛业的发展现状

改革开放以来,我国畜牧业保持了较高的发展速度,实现了持续增长,已成为名副其实的畜牧业生产大国。其中,肉牛业也有很大发展,牛出栏量和牛肉产量保持逐年增长势头。1980 年,我国牛出栏量为 332.2 万头,产量仅 26.9 万吨;2007 年,牛出栏 5 602.9 万头,牛肉产量达到 750 万吨,分别是 1980 年的 16.9 倍和 27.9 倍。我国牛肉产量占世界牛肉总量的 11.2%,位居世界第三。据国家统计局资料,2008 年上半年,我国城镇居民人均购买牛肉 1.35kg,花费金额 26.72 元。我国牛肉消费特点是消费水平低。主要表现在:牛肉消费在地区之间存在较大差异;城市消费水平高,农村消费水平低;主产区消费水平高,其余消费水平低。

(一)区域发展特征明显,区域化生产格局初步形成

我国现有牛存栏头数达到 1.38 亿头,牛肉产量达到 750 万吨。牛肉生产具有明显的区域分布和动态变化的特征。20 世纪 80 年代以前,牛肉主要产自牧区省份。到 1980 年,内蒙古、新疆、青海和西藏四大牧区省份的牛肉产量为 11.4 万吨,占全国牛肉总产量的 42.4%。20 世纪 80 年代以后,由于农业部组织进行的商品牛基地建设及秸秆青贮、氨化技术的推广,加速了农区肉牛业的发展,我国牛肉生产出现牧区向农区迅速转移的趋势。

目前,我国新一轮肉牛产业发展规划包括四个主要产区:中原肉牛带(河南、山东、河北、安徽等 4 个省的 7 个地市 38 个县市)、东北肉牛带(辽宁、吉林、黑龙江、内蒙古 4 个省、自治区的 7 个地市 24 个县市、旗)、西南肉牛带(广西、贵州、云南、四川、重庆等 5 个省、自治区)、西北肉牛带(新疆、甘肃、陕西、宁夏等省、自治区)。其中,以中原肉牛带与东北肉牛带的发展最为强劲。

(二)发展速度快,但生产水平不高、优质肉牛比重少、牛肉档次低仍然是制约肉牛业发展的主要因素

从世界肉类生产结构来看,牛肉产量占肉类总产量的比重长期保持在 30% 左右,而我国 2007 年仅占 9%。我国牛的存栏量约占世界总数的 9%,而牛肉产量为世界的 11.2%。我国牛的生产水平较低,突出表现在牛的生长周期长、出栏率低,其主要原因是由于肉牛的良种化程度低,饲养管理水平低,特别是营养水平低下。

(三)出口牛肉有所增加,结构趋向优化,但在国际进出口贸易中比重小,档次低

随着我国肉牛生产和加工业的发展,我国牛肉出口贸易出现结构性变化。活牛出口在 20 世纪 80 年代初为 20 万～22 万头,20 世纪 90 年代初下降为 17 万～18 万头,到 1996 年以后则下降为 11.6 万头,但出口金额基本保持在 6 000 万美元,并略有上升。而目前我国鲜冻牛肉出口比重还很小,仅占世界贸易量的 1%左右,同时由于出口牛肉的档次低,出口的牛肉价格不足世界平均价的 80%。近 3 年我国每年需从国外进口高档牛肉 2 000～3 000 吨。

(四)社会化服务体系发展迅速,但基础设施仍很薄弱,特别是服务人员素质有待提高

早在 1978 年,经国家计委批准,农业部相继在全国 26 个省、区建立了 141 个商品牛基地县。1992 年以来,财政部和农业部先后在河南、安徽、山东等地建立了 173 个秸秆养牛示范县。近年来,各地又从产销衔接入手,大大发展和培植形式多样的服务组织,发展公司加农户、专业市场加农户、科技推广服务组织加农户、专业协会加农户等各类服务组织,从优良品种的引进与改良、技术指导、疫病防治、产品销售及经营管理等方面为广大饲养者提供了比较系统、全面的服务。但基础设施仍很薄弱,特别是服务人员素质有待进一步提高。

(五)一大批龙头企业正在崛起,但更多的中、小加工企业设备简陋,工艺落后,特别是综合加工能力差

目前,全国各地都把培植龙头企业作为肉牛产业化的突破口来抓。在龙头企业建设上,通过采取政策和资金倾斜等措施,提高

技术装备水平,扩大生产规模,壮大经济实力。就全国来看,尽管加工场点数量急剧增加,但综合加工能力差、加工点布局不均衡将是今后肉牛加工业及肉牛产业化过程中急需解决的问题。此外,有些肉牛主产区由于缺乏机械加工和冷贮设备,屠宰仍然依靠分散个体屠宰户手工操作,一些可开发利用的副产品被抛弃,影响着本地区养牛经济效益的提高。

(六)肉牛市场建设步伐加快,但全国范围内的肉牛市场网络尚未形成,市场功能培育还不完善

按照大市场、大流通的要求,全国许多省、市先后在牛羊集中产地和交通要道,顺势兴建了一批规模大、规范化程度高、带动力强、辐射面宽的牛羊活畜及其产品交易市场,对带动肉牛产业化的形成起到了重要作用。但从总体上来看,肉牛业的市场体系发育还不完善,储运手段落后、信息反馈迟缓,仍在一定程度上影响肉牛业经济的发展。

(七)规模饲养成为肉牛育肥的重要生产方式,但千家万户养殖及育肥牛源仍是肉牛生产的基础

在肉牛育肥上,传统的分散饲养、粗放经营已开始向规模饲养、集约经营方向转变。据估算,全国肉牛规模育肥场(户)所需的架子牛源95%以上仍需农户提供,农户出栏的肉牛占到全国肉牛出栏量的80%以上。从整体上来说,我国的肉牛饲养期缩短,出栏率提高,牛肉的质量、档次也得到提高,杂交牛在生产中所占的比例越来越大。但我们仍需要有一个清醒的认识,我国的肉牛生产相对于奶牛生产,技术含量和水平仍然较低,还需较长时间和较大力度的发展和提高。

二、我国肉牛产业发展中存在的主要问题

(一)产业化程度不高

现阶段我国肉牛生产的主要模式是"以千家万户分散饲养为主,以中小规模育肥场集中育肥为辅"的肉牛饲养模式。这种模式虽然在一定时期内促进了我国肉牛业的发展,但由于产业化组织程度很低,在一定程度上也制约了我国肉牛产业的发展:一是在这种体制下所建立起来的组织形式是以盈利为前提的,生产和经营之间的联系十分脆弱,不能形成一种"风险共担,利益共享"的稳定经营机制;二是这种产业组织形式很难协调肉牛产业内部的关系,起不到分析和决策的功能,肉牛的生产、加工、经营常处于无序运行状态,容易出现肉牛产品买难卖难的情况;三是这种小规模的、一家一户的小农式肉牛产业形不成规模化群体,先进的科学技术难以得到推广应用。

(二)牛产品种类单一,牛肉深加工滞后

由于手工屠宰的方式在我国仍占 60% 以上,因此牛肉制品的加工总量很低。多年来我国的牛肉主要是以未经处理的鲜肉、冷冻牛肉和熟食的形式进行销售。国际上流行的分割冷却肉和低温肉制品很难见到,而且产品未能进行适当的分类、分级和分割处理,这样既不能为不同的产品找到合适的市场,又不能为消费者提供更多的选择,使产品的价值降低,销量受阻,加工厂利润下降,甚至亏损。熟牛肉大多是由家庭作坊生产,加工方式简单,卫生状况差,品种单一,质量低下。

(三)肉牛饲养技术水平不高

2007 年,我国黄牛存栏量有 1.38 亿头,年产肉量只有 750 万吨。而美国牛存栏量 0.96 亿头,年产肉量达 1 191 万吨,是我国的 1.6 倍。其原因,除了我国黄牛出栏率低外,主要是由于胴体重低。2007 年,世界肉牛平均胴体重为 234kg,日本为 406kg,美国为 317kg,我国只有 134kg,差距非常明显。而且我国屠宰、出栏的肉牛 95％是由千家万户以分散饲养方式育肥的,大型肉牛育肥场和饲养场饲养出栏的很少,仅占到 5％左右。肉牛饲养或肥育过程中,缺少肉牛专用的添加剂预混料,这种饲养方式造成饲料、品种、年龄等混杂,其结果是育肥期长、肥育效率低、牛肉的质量差、产品缺乏竞争力。

(四)牛肉的品质相对较低

近年来,我国对肉牛的品种改良虽然在积极地持续开展,但目前,我国黄牛改良率不足 18％,本地良种肉牛及外来改良牛之和仅占 35％,因此牛肉的总体质量不高,优质牛肉很少。目前,我国牛肉生产主要依靠黄牛,肉牛的比重还很小。我国黄牛品种很多,最有代表性的是秦川牛、南阳牛、鲁西牛、晋南牛和延边牛五大地方良种黄牛,且肉具清香之特色。其他大部分黄牛品种普遍体型小、生长速度慢、出肉率低、肌纤维粗,因而不适合作为规模生产的肉牛品种,也不能用来生产高档牛肉。近 10 年来,我国的牛肉产量虽直线上升,但出口却未能同步增长。我国的肉牛产品出口量仅占全球贸易量的 1％左右,其中一个非常重要的原因就是质量要求达不到进口国的标准。

三、我国肉牛高效养殖的开发模式

(一)良种肉牛提纯复壮与杂种优势高效利用

对引进优质肉牛原种及本地良种黄牛提纯复壮,建立育种核心群,利用肉牛超声波活体测膘技术及其分子标记辅助选择手段,结合现代遗传评定及种质监测技术进行优化选择和选配,综合应用胚胎生物工程配套技术快速扩繁,强化制种及供种能力。同时,针对制约优质肉牛产业化中良种化程度低、饲养周期长的难点,选择优良地方黄牛以及现有肉牛杂交改良种群保姆性强、哺乳力高的理想母系,与具有理想长势及胴体产肉性能特征的西门塔尔牛、利木赞牛、安格斯牛等父系进行二元或三元杂交配套体系创新和杂种优势持续利用。

(二)建立母牛带犊繁育体系,进行肉牛生产系统的优化

选择哺育能力强、保姆性能好的母牛群,提供高质量的供育肥的杂交公犊牛,6月龄断奶重160kg以上,周岁重280kg以上,并研究保姆牛和所哺犊牛的最佳比例;应用现代育种规划新理论,以投入产出比为优化标准,研究不同生态、饲养、市场条件、不同牛群规模、不同泌乳量、不同繁殖技术条件下最优化的牛群结构。

(三)肉牛饲料饲养综合技术研究与开发

进行优质肉牛生长、育肥各阶段饲料配制的熟化研究,特别是改进牛肉品质,提高大理石状理想级别的营养需求及配制技术;建立肉牛营养需要量和供给量模型;开发瘤胃控制剂和过瘤胃营养制剂,实现肉牛专用添加剂产业化开发肉牛蛋白补充料;研究青粗饲料加工技术,特别是适合肉牛规模化饲养的作物秸秆处理技术,

形成以颗粒饲料为主体的肉牛粗饲料剂型,改变传统的秸秆利用方法,提高饲料利用率。通过肉牛饲料饲养综合技术研究和开发,使肉牛育肥期缩短,规模饲养成本降低 15%～18%。

培育合适的优质高产牧草,并确定种植、管理技术规程。青贮饲料加工技术方面研制出能延长青饲料保存时间,延缓青饲料养分损失,经济效益显著的无毒添加剂,并研制出适合半干青贮和特种青贮的配套机械。

(四)建立商品肉牛科学饲养生产模式及管理体系

研究适应不同区域及规模化肉牛群体就地肥育、易地肥育等不同模式,充分利用区位资源优势及时空差进行高效商品生产。同时研究不同饲养方式、牛场设计、生产工艺相配套,研究产、学、研及公司＋农户等模式,组织农户进入商品化肉牛生产。

(五)肉牛规模生产疫病监测、防治及环境控制技术

根据优质肉牛产业化生产中疾病发生种类及特点,主要对牛的口蹄疫等传染性疾病、内外寄生虫病及不孕症等进行重点防治。并持续进行疫病快速诊断试剂盒研制,实现规模化牛场及示范基地牛群疫病的快速诊断,建立系统免疫程序和防治办法等,使肉牛的全程死亡率由原来的 5% 降低到 3% 以下,繁殖成活率达到80% 以上。

在环境控制上,进行氨气、甲烷气体排放等空气污染控制技术,粪便、磷、残药、污水等排泄物无害化处理技术和牛舍内外环境卫生控制技术研究,建立规模化牛场环境控制技术规程,并在示范区内全面推广应用,确保肉牛生产可持续发展。

(六)优质肉牛屠宰加工及牛肉保鲜

进一步完善优质牛肉系统评定方法及分级标准,使其更具可

操作性。从肉牛活体系统评定到胴体质量级和产量级进行综合评定,开展优质牛肉快速强度成熟和排酸技术;进行微生物及臭氧保鲜技术、牛肉鲜态保存方法和鲜肉预制品加工技术研究。牛肉成熟排酸时间,由目前的 10～14 天降低到 4～6 天;研究臭氧保鲜技术,使牛肉货架寿命延长 20～30 天;推行冰鲜优质高档牛肉生产低温胴体分割、修割技术。

四、我国肉牛产业发展的对策

　　2008 年全国农村工作会议上,肉牛业发展列入到 2009 年及今后农业重要工作之一。目前全国牛业发展迅速,牛肉的消费数量和质量要求都在提高,很多社会资金也在大量投资该产业,发展势头强劲。尤其在我国成功举办奥运盛会后效应的激励下,社会各行各业对中国肉牛业立足国际市场提升国际影响力的呼声空前高涨,有力地推动了我国肉牛业的可持续发展。同时,肉牛产业发展联系千家万户,是农民增收致富的重要项目。

　　2009 年初以来,尽管由"三聚氰胺奶粉事件"所引发的畜产品安全信任危机,以及国际金融风暴的侵袭,致使我国肉牛业的发展陷入商品牛源紧张的困境,给我国肉牛产业带来了严峻的挑战和新的发展机遇。但从长远看,随着全球经济一体化,肉牛业将在更大范围和更高层次上参与国际竞争。如何促进现代牛业的可持续发展,确保牛肉产品的质量安全;如何解决地方优良品种的保种与开发,以及随着机械化程度的提高役用牛退出历史舞台,现代肉牛生产如何在新市场经济下健康发展;如何协调优质高档牛肉的需求目标与品种选育、科学饲养;如何有机延伸肉牛产业链等,已成为业内外人士关注的焦点。机遇是潜在的,而挑战却是现实的。抓住机遇,应对挑战,关键在于依靠肉牛业科技进步,运用高新技术升级改造传统肉牛业,提高产品的质量和效益,推动肉牛产业化的发展,全面提升肉牛业的综合竞争力。现阶段应特别重视我国地方优良品种,如秦川牛、南阳牛、鲁西牛等牛种的选育提高;进行优质肉牛杂交配套系筛选及饲养管理技术体系的建立,并进行区域性试验示范,建立适合我国区域性实情的科学肉牛杂交繁育体系;推出适合我国不同区域及规模肉牛生产的饲养模式;研究高档牛肉生产及系列加工技术;初步形成肉牛生产的社会化服务体系;集成有重要应用价值的肉牛科技成果使其系统化、配套化、产业化。归纳起来,有以下几点:

1. 建立健全肉牛良种体系,提纯复壮原种肉牛和地方良种黄牛,加大制种供种(冻精)力度。

2. 推行“粮(粮食作物)—经(经济作物)—饲(饲料作物)”的三元种植结构,建立优质饲料饲草基地,提高饲料饲草产量和质量,如紫花苜蓿、饲料玉米、甜高粱等。

3. 进一步加强动物疫病的检测和检疫防疫体系的建设,防止疫病的入侵,加强对兽药的行政管理,保持牛群的安全健康。

4. 大力发展肉牛的加工业,支持龙头企业以市场为导向,以产品为单元,以科技为手段,实行生产、加工、销售一体化经营,提高养牛的综合效益,与养牛农户形成紧密型利益共同体,免除农民的市场风险和后顾之忧。

5. 以养牛户为基础,建立肉牛合作社或协会以及区域性养牛的行业协会,形成“行业协会+龙头企业+合作社+农户”的经营体系,增强国内外市场竞争能力。

6. 推行“四位一体”的生态养牛循环经济模式,即把养牛同发展沼气和塑料大棚以及农作物秸秆的利用结合起来,既为农业提供优质肥料,又能解决农村能源(烧饭和照明)综合利用、改善生态、居住环境等。

7. 在干旱、半干旱地区提倡种植甜高粱和高丹草等,为发展养牛及其他食草动物提供优质饲料饲草,改善生态环境,增加农民收入,提高养牛的整体效益。

　　8. 在区域布局上,肉牛发展实行山区、灌区并举的方针。现阶段由于山区生产率低下,肉牛养殖以灌区为主,随着草地的改良,山区的比重会逐步提高。

　　9. 以市场需求为导向,现有资源为基础,加大养牛业结构调整的力度,努力增大优质牛肉和高档牛肉比重,以满足全球经济日益增长的城乡居民和外贸出口的市场需求。

　　10. 因地制宜,合理布局,分期重点开发,实现社会经济和自然资源的优化配置。

　　11. 继续坚持国家、集体、个人和引进外资一起上的原则,大力扶持养牛专业户,重点强化肉牛加工和科技、市场服务体系建设,大胆尝试股份制和股份合作制等多种现代企业管理制度,逐步形成牧工商一条龙,产供销一体化和现代化的经营模式。

　　12. 加速肉牛科技进步,努力提高肉牛个体生产能力、饲料转化率、出栏率和商品率,使我国肉牛业再上一个新台阶、新档次和新水平。

　　13. 在努力提高全国肉牛生产能力的同时,不断提高养牛的经济效益,增加农民养牛的收入水平。

　　14. 加速肉牛业技术标准和产品质量标准的建立,使肉牛业趋向国际化,努力开展国际合作,开拓国际市场,提升产品的国际竞争力。尽快建立既能与国际接轨,又有地方特色的肉牛业技术标准和产品质量标准体系,建设国家肉牛业技术质量标准的研究体系、管理体系、立法体系、认证体系和检测检验体系。

　　15. 积极推进肉牛业知识产权保护,尽快形成既符合 WTO规则,又能有效合理保护我国肉牛业的国家安全技术贸易措施体系。开发先进检测技术与设备,推动产品的质量检测、检测网络体系的技术升级;保证产品的安全,全面提升我国肉牛业的国际竞争力。

五、我国肉牛业未来发展方向

(一)建立健全产业化组织,发展肉牛产业化经营

　　发展产业一体化经营,是我国肉牛业发展的必由之路。我们通常所说的"公司＋农户"的经营方式,仅仅是肉牛产业化组织的一个微观产业组织,这种微观组织只有通过宏观的产业组织才能充分发挥其职能。因我国经济处在转型时期,政府部门对肉牛产业不再进行组织、管理和调控,而与此同时农民又没有建立和健全属于自己的产业组织。因此肉牛产业的当务之急是立即组织起真正的能够对一个地区或全国的肉牛业提供指导、咨询和信息等服务,并对整个肉牛业发挥监督、管理和调控作用的宏观性组织。宏观组织应该在肉牛的品种、数量、质量、价格和产品的生产、加工、流通、贸易等方面进行宏观监督和调控,在产品标准、规章制度、促销、名牌战略等方面发挥作用。

(二)大力提高我国牛肉的质量

　　长期以来,我国国产牛肉中优质牛肉所占比重太小,国内星级宾馆、饭店及外资餐厅等所需的优质牛肉,国内无力供应,只好高价进口;对于一般大众所需的牛肉,也由于肉质老、烹任费时而食用单调,限制了国人的消费。在国际市场中之所以不能打入西方国家牛肉市场的重要原因之一是质量不符合他们的要求,卫生检疫也不合格。由此可见,提高牛肉质量是我国肉牛业持续发展的关键。因此,我国肉牛业发展战略需应从"资源开发型"向"市场导向型"转变,由过去的"重量轻质低效"向"扩量提质增效"方向转变。世界牛肉价格将会上涨,加入世界贸易组织后,我国牛肉出口机遇可望增长,我们要抓住机遇,提高牛肉的综合品质,改变过去

只重视产量、忽视质量的错误认识,树立名牌战略,以科技为先导,以产品为单元,以市场为导向,努力把我国肉牛业推向新的辉煌。

(三)改善和提高我国肉牛的屠宰和加工工艺

我国目前的牛肉屠宰处于一种传统手工生产和半机械化生产状态。这直接影响了牛肉的色泽、嫩度、口味、营养及卫生安全。据统计,在全国 2 500 个较大的屠宰点中,只有 15 个现代化程度较高。屠宰工艺是提高我国牛肉质量的关键环节。现在发达国家牛肉主要是以冷鲜肉的形式销售,要求屠宰加工必须在现代化的工厂中进行,牛肉的销售必须有必要的冷藏设备,这种加工和销售方式能够确保牛肉的色泽和风味。随着生活水平的提高,人们会逐步认识到冷鲜肉在卫生和营养方面的优越性,购买的方向也将会从目前加工程度较低的鲜肉市场转向加工程度较高的冷鲜肉市场。因此,因地制宜地推进我国肉牛屠宰和销售的现代化建设将是我国肉牛业发展的必经之路。

(四)在全国范围内执行肉牛胴体分级标准

在执行国家农业行业标准(无公害食品——牛肉)的基础上,在全国范围内施行统一的肉牛胴体分级标准,可以促使牛肉生产者、经营者和消费者对于牛肉的质量达成共识,有利于市场的规范运行,实现优质优价,促进国内牛肉生产和对外贸易的发展。世界发达国家均有自己牛肉质量的系统评定方法和标准。美国早在20 世纪初就完成了肉牛胴体标准,首次建立了政府分级体系。日本、韩国、加拿大等国家也都有比较完善的标准,标准的制定对促进这些国家的肉牛业发展起到了重要作用。

为了加快我国肉牛业的发展,促进牛肉品质的提高,迎接进入世贸组织后的新机遇,规范牛肉市场,科技部和农业部在"九五"攻关项目中专设了"优质牛肉系统评定方法和标准"专题,由南京农业大学、中国农业科学院和中国农业大学承担,由周光宏教授主持,旨在制定一个既能与国际接轨又符合中国国情的牛肉分级标准。业经 5 年的时间通过对上万头牛的调查,对上千头牛的测定分析,并经过反复论证和试验,形成了一个系统的牛肉评定方法和标准,通过了科技部和农业部组织的专家鉴定。经中华人民共和国农业部发布,作为国家农业行业标准——牛肉质量分级(NY/T 676—2003)实施。该标准主要包括胴体质量等级和产量等级评定标准和技术。质量等级主要根据大理石花纹和生理成熟程度来评定,产量等级主要以胴体重和眼肌面积进行评定。牛肉等级评定技术标准中的主要指标(如大理石花纹、生理成熟度、眼肌面积等)均制有图版、工具及录像片等辅助材料,大理石花纹指标的等级评定还配有相应的应用软件。分级标准的使用效果良好,可操作性强,根据本技术标准分级的优一级牛肉可达到美国 USDA 标准中的优选级。这套分级技术的实施,可客观公正地实行牛肉分级,引导优质优价和有序竞争,对我国肉牛产业、对农民增收和肉类工业的发展将产生重要的影响。目前,所面临的问题是如何在全国范围内统一实施该标准,或在该统一标准的框架内制订出各品种或各民族特色的分级标准等,如"清真牛肉质量分级"标准并施行。

我国肉牛业发展到今天,已经有了一个可观的基础。鉴于我国人多地少的国情,我们不可能像国外那样靠大量饲喂精饲料发展肉牛业。随着农业产业结构调整步伐的加快,农区饲料作物和牧草种植面积将有较大幅度的增加,肉牛粗饲料特别是规模牛场的粗饲料结构将发生重大变革,肉牛饲养方式随之明显改善,必将促进肉牛业生产规模、生产水平和牛肉质量的提高。我国肉牛业的发展虽然会面临许多挑战,但同时也面临着许多发展机遇,新时期的中国肉牛业必将日益更趋向专业化、集约化和标准化。

第二章　肉牛品种简介

第一节　我国主要引进的肉牛品种

一、夏洛来牛

(一)原产地及分布

　　原产于法国中部的夏洛来等地区,是现代专门化大型肉用育成品种之一。该牛以生长快、肉量多、体型大、耐粗放而闻名于世,并输往世界许多国家进行杂交改良本地肉牛,或在引入国纯繁参与肉牛新品种的育成,备受到国际市场的欢迎。该牛原本是古老的大型役用牛,18 世纪开始系统选育,主要是通过本品种严格选育而成。1964 年全世界 22 个国家联合成立了国际夏洛来牛协会,推动了该牛种的进一步提高。我国 1965 年开始从法国引进至今,现已发展到 400 多头,主要分布在 13 个省、自治区、直辖市,用来改良当地黄牛,效果良好。

(二)外貌特征

　　该牛体躯高大强壮,属大型肉牛品种。最显著的特点是被毛为乳白或浅乳黄色,额宽脸短,角中等粗细,向两侧或前方伸展,胸深肋圆,背厚腰宽,臀部丰满,全身肌肉十分发达,使身躯呈圆筒形,后腿部肌肉尤其丰厚,常形成"双肌"特征。四肢粗壮结实。公牛常有双鬐甲或凹背的弱点,牛角和蹄呈蜡黄色,鼻镜、眼睑等为肉色。成年牛体重体尺见表2-1。

表 2-1　夏洛来牛成年体尺体重

性别	体重(kg)	体高(cm)	体斜长(cm)	胸围(cm)	管围(cm)
公	1 140.0	142.0	180.0	244.0	26.5
母	735.0	132.0	165.0	203.0	21.0

(三)生产性能

该牛的最大特点是生长快,可以在较短期内以最低廉的成本生产出最大限度的肉量。在良好的饲养管理条件下,6月龄体重公犊达234kg,母犊210kg,平均日增重公犊1.0~1.2kg,母犊1.0kg。12月龄公犊体重达525kg,母犊360kg。18月龄时分别达到658kg和448kg。阉牛在14~15月龄时体重达495~540kg,最高达675kg,在肥育期的日增重为1.88kg。屠宰率为65%~70%。

青年母牛14月龄开始发情,17~20月龄时方可配种,但难产率高(达13.7%),如推迟到27月龄配种且母牛体重达500kg时产犊可降低难产率。犊牛平均初生重,公犊45kg,母犊42kg。

在我国用夏洛来牛改良本地牛,杂一代都能取得良好的增重效果。在较好的饲养条件下24月龄体重可达近500kg。在粗放饲养的条件下,以本地牛为母本,用夏洛来牛改良,1.5岁的杂一代公牛屠宰即可获得胴体重120kg的效果。用西门塔尔牛杂一代母牛与夏洛来牛杂交,1.5岁公牛屠宰时胴体重可以达到180kg。2003年由农业部颁布实施《夏洛来种牛》国家标准。

二、利木赞牛

(一)原产地及分布

原产于法国中部的利木赞高原,并因此而得名,属于专门化的大中型肉牛品种。1850 年开始选育,1886 年建立良种登记簿,1924 年宣布育成专门化肉用品种,为法国第二大品种,现已遍布世界肉牛业发达及发展中国家。2005 年 9 月中国畜牧业协会牛业分会在北京成立了利木赞牛产业联合会。

(二)外貌特征

该牛头较短小,额宽口方,体躯较长,后躯肌肉丰满,四肢粗短。全身肌肉发达。公牛角向两侧伸展并略向外前方挑起,母牛角不很发达,向侧前方平出。被毛为红色和黄色,多以红黄色为主,但其眼睑、鼻唇周围、腹下、四肢内侧、会阴等部位毛色变浅(俗称"三粉特征"),角为白色,蹄为红褐色。成年牛体重体尺见表2-2。

表 2-2　利木赞牛成年体尺体重

性别	体重(kg)	体高(cm)	体斜长(cm)	胸围(cm)	管围(cm)
公	900~1100	140.0	172.0	237.0	25.0
母	600~800	130.0	157.0	192.0	20.0

(三)生产性能

该牛最引人注目的特点是比较耐粗饲,生长快,补偿生长能力强,产肉性能高、胴体质量好、眼肌面积大,前、后肢肌肉丰满,出肉率高,在肉牛市场上很有竞争力。在良好的饲养条件下,犊牛断奶后生长很快,公牛10月龄体重能达到408kg,12月龄时达480kg。育肥牛的屠宰率为65%左右,胴体瘦肉率为80%～85%。胴体中脂肪少(10.5%),骨量也较小(12%～13%),牛肉风味好,分割牛肉售价较高。胴体优质肉比例较高,大理石纹的形成较早,8月龄小牛肉就具有较好的大理石花纹。

同其他大型肉牛品种相比,利木赞牛的竞争优势在于犊牛的初生体格比较小,难产率极低。无论与任何肉牛品种杂交,其犊牛出生重都较小,公犊36kg,母犊35kg。一般其难产率只有0.5%。利木赞母牛易受胎,在较好的饲养条件下,一般2周岁可以产犊。但母牛的产奶量稍低为1 200kg,而乳脂率较高达5.0%。

我国1974年首次从法国引进该牛。目前,该牛是用于改良中国黄牛的主要引入品种。在我国表现为犊牛出生体格较小、难产率低,生后生长速度快。1995—1996年宁夏分别引进种牛活体和胚胎进行纯繁培育形成一定规模的种群,1998年至今作为改良本地黄牛的主推品种之一,杂种优势效果明显。2003年由农业部颁布实施《利木赞种牛》国家标准。

三、海福特牛

(一)原产地及分布

原产于英国的海福特地区,是英国最古老的早熟中型肉牛品种之一。该牛于1790年宣布育成。1846年建立海福特牛纯种登记簿,1876年成立海福特牛品种协会。其特点是生长快、早熟易肥、肉品质好、饲料利用率高。我国1965年后陆续从英国引进,1986年宁夏曾引进海福特种公牛用于改良本地黄牛。现主要分布在我国东北、西北广大地区。

(二)外貌特征

　　该牛体躯宽深,前躯饱满,颈短而厚,垂皮明显,中躯肥满,四肢短,臀部宽平,皮薄毛细。海福特牛分有角和无角两种。有角牛其角呈蜡黄色或白色;公牛角向两侧伸展,向下方弯曲;母牛角尖有向上挑起者。被毛为暗红色,亦有橙黄色的,但其头、颈下、鬐甲、腹下部、四肢下部和尾帚出现白色,即具有"六白"品种特征。成年牛体重体尺见表2-3。

表2-3　海福特牛成年体尺体重

性别	体重(kg)	体高(cm)	体斜长(cm)	胸围(cm)	管围(cm)
公	850～1 100	134.4	169.3	211.6	24.1
母	600～700	126.0	152.9	192.2	20.0

(三)生产性能

　　该牛生长快,早熟,产肉性能高。据英国资料,犊牛生长到12月龄可保持平均日增重1.4kg水平,18月龄体重达到725kg。然在我国饲养的海福特牛都尚未达到原种应有的水平。据黑龙江的资料,在一般情况下,哺乳期平均日增重为公犊1.14kg,母犊0.8kg。7～12月龄的平均日增重,公牛0.98kg,母牛0.85kg。经肥育后,屠宰率可达67%,净肉率达60%。脂肪沉积主要在腔脏,胴体上覆盖脂肪较厚,而肌肉间脂肪较少,肉质嫩,多汁。小母牛6月龄开始发情,育成到18月龄,体重达500kg开始配种。发情周期平均为21天(18～23天),发情持续时间12～36小时。妊娠期平均277天(范围260～290天)。犊牛初生重32～34kg。

　　该牛与我国黄牛杂交,所生一代杂种牛遗传父本的外貌特征表现明显,毛色为红白花或褐白花,半数一代杂种牛还具有"六白"特征。杂种牛四肢较短,身低躯广,结构良好,呈圆筒形,肌肉发达。其生长发育快,杂交效果显著,一代杂种阉牛平均日增重988g,18～19月龄屠宰率为56.4%,净肉率为45.3%。

四、安格斯牛

(一)原产地及分布

原产于英国的阿伯丁、安格斯等地区,全称阿伯丁—安格斯牛。原为英国三大无角品种牛之一,是世界著名的小型早熟肉牛品种。从18世纪末开始育种,肉用性状重点在早熟性、屠宰率、肉质、饲料利用率和犊牛成活率等方面选择。1862年英国开始安格斯牛的良种登记,1892年出版良种登记簿。自19世纪开始向世界各地输出,尤其是英国、美国、加拿大、新西兰等国的主要牛种之一。在美国的肉牛总头数中占1/3。

(二)外貌特征

该牛属中小型早熟肉用牛品种,体躯低矮、结实。无角,头小而方正,额宽且额顶突起,颈中等长,体躯宽深,呈圆筒形,四肢较短、前后裆较宽,全身肌肉丰满,具有现代肉牛的典型体型特征。被毛分黑色和红色两类,因而有黑安格斯牛和红安格斯牛两种类型。成年牛体重体尺见表2-4。

表2-4 安格斯牛成年体尺体重

性别	体重(kg)	体高(cm)	体斜长(cm)	胸围(cm)	管围(cm)
公	700～750	122.0	168.0	206.0	24.0
母	500～600	122.0	144.0	190.0	19.0

(三)生产性能

该牛性早熟易配,12 月龄性成熟,但常在 18～20 月龄初配;在美国育成的较大型的安格斯牛可在 13～14 月龄初配。产犊间隔短,一般都是 12 个月左右,连产性好,犊牛平均初生重 25～32kg,极少难产。哺乳期日增重达 0.9～1.0kg,6 月龄断奶体重公犊为 198.6kg,母犊 174kg。育肥期日增重(18 月龄内)平均0.7～0.9kg。屠宰率一般为 60%～65%,胴体品质高,肌肉大理石纹很好。该牛适应性强,耐寒抗病,由于难产少,可与其他品种牛杂交,适合在大部分温、寒带地区组织肉牛杂交利用体系,也可用作终端父本提高后代的胴体品质。

安格斯牛肉用性能好,被公认为世界著名的中小型早熟专门化肉牛品种之一。1995—1996 年宁夏分别引进黑安格斯种公牛和红安格斯胚胎进行纯繁制种(冻精),现作为宁夏南部山区改良本地黄牛的推荐品种之一。

五、西门塔尔牛

(一)原产地及分布

原产于瑞士西部阿尔卑斯山区,因"西门"山谷而得名。该牛原为役用品种,经过长期选育,形成了乳肉兼用牛种。1826 年正式宣布品种育成,1878 年出版良种登记簿,1890 年成立品种协会。1974 年成立世界西门塔尔牛联合会,会员国 22 个。该牛自 19 世纪中期由瑞士开始向欧洲邻近国家输出,并在欧洲各国衍生成几个不同名的同源牛种,现在已有 30 多个国家饲养。自 20 世纪 60年代末引入北美后,被育成肉用品种,丰富了遗传特性,得到广泛推广应用。由于该牛产乳量高,产肉性能也并不比专门化肉牛品种差,役用性能好,是乳、肉、役兼用的大型品种,现已遍布全球,成为当今群体数量分布最广的牛种之一,被畜牧界称为全能牛。

(二)外貌特征

该牛额部较宽,公牛角平出,母牛角多数向外上方伸曲。体躯硕长,肋骨开张,胸部宽深,尻长而平,四肢粗壮,大腿肌肉丰满,乳房发达。被毛多为红白花、或黄白花色,肩部和腰部有条状大片白毛;头白色,前胸、腹下、尾帚和四肢下部为白色。成年牛体重体尺见表2-5。

表2-5 西门塔尔牛成年体尺体重

性别	体重(kg)	体高(cm)	体斜长(cm)	胸围(cm)	管围(cm)
公	1 000～1 300	148.6	184.8	234.6	26.1
母	600～800	132.2	162.4	192.6	21.5

(三)生产性能

1. 乳用性能

该牛具有很高的产奶量。据奥地利1993年报道,四胎以上母牛平均产奶量5 274kg,乳脂率4.12%,乳蛋白率3.28%。在中国培育的高产西门塔尔牛在新疆呼图壁种牛场,1991—1993年母牛平均产奶量连续突破6 000kg水平,1994年达到6 494.2kg,有36头牛的胎次产奶量超过8 000kg,最高产奶在第2胎达11 740kg,乳脂率4.0%。

2. 肉用性能

该牛产肉性能良好,犊牛在放牧条件下日增重可达0.8kg,在舍饲条件下可达到1.0kg,1.5岁时体重可达440～480kg。公牛肥育后的屠宰率达65%,母牛在半肥育的情况下,屠宰率达53%～

55%,用西门塔尔杂种一代公牛作强度育肥,390 天的平均日增重为 0.78kg,宰前活重 425.8kg,胴体重 247.8kg,屠宰率 58.2%,净肉率 48.95%,骨肉比 1:5.97,眼肌面积达到 63.95cm²。

3. 繁殖性能

该牛发情持续期 20~36 小时,一般情期受胎率在 69% 以上,妊娠期 284 天。种公牛的精液射出量都比较多,5~7 岁的壮年种牛每次射精量在 5.2~6.2ml,鲜精活力 0.7 左右,平均密度为 11.1 亿/ml。

该牛引进我国后,对我国各地的黄牛改良效果非常明显,杂交一代的生产性能一般都能提高 30% 以上,因此很受欢迎。世界上许多国家也都引进该牛在本国选育或培育,育成了自己的西门塔尔牛,并以该国国名而命名。

六、短角牛

(一)原产地及分布

原产于英国东北部,因由当地的长角牛中改良而来,故称改良好的牛为短角牛。该牛有肉用和乳肉兼用两种类型,有的也分为肉用、乳用和兼用型三个类型。该牛历史悠久,参加了当今世界上许多牛种的培育。

(二)外貌特征

该牛头短宽,颈短粗,胸宽深,鬐甲、背腰宽平直,腹部容积大,尻部方正、丰满,骨细,四肢较短。后躯发育良好。被毛多数呈紫红色。大部分都有角,角形外伸、稍向内弯、大小不一。成年牛体重体尺见表 2-6。

表 2-6　短角牛成年体尺体重

性别	体重(kg)	体高(cm)	体斜长(cm)	胸围(cm)	管围(cm)
公	1 000	142.8	177.8	232.7	23.0
母	700	130.4	153.0	198.1	18.6

(三)生产性能

该牛由于性情温驯,不爱活动,尤其放牧吃饱后常卧地休息,因此,上膘快,如喂精料,则易肥育,肉质较好。对 18 月龄肥育牛屠宰测定,平均日增重 614g,宰前体重为 396.12kg,胴体重 206.35kg,屠宰率为 55.9%,净肉重 174.25kg,净肉率为 46.4%,骨重占胴体重的 9.51%。眼肌面积 82cm²。泌乳量兼用型平均为 3 000～4 000kg。乳脂率 3.5%～4.2%。

该牛对不同的生态、气候较易适应,发育较快,成熟较早,抗病力强,繁殖率高。耐粗饲,但放牧性能远不如西门塔尔牛。

该牛是世界上第一个建立品种协会的牛品种,先后被世界许多国家引入。我国自 1913—1974 年分批引进,主要分布于东北、内蒙古和河北等地区。利用短角牛公牛与吉林、内蒙古、河北和辽宁等省、自治区的蒙古母牛杂交,在产肉性能及体格增大方面都已得到显著效果,并在杂交的基础上培育成草原红牛新品种。宁夏于 1977 年 12 月从日本青森县引进 3 头日本短角公母牛进行纯繁制种,曾对当地黄牛改良发挥了一定的作用。

七、皮埃蒙特牛

(一)原产地及分布

原产于意大利北部皮埃蒙特地区,并因此而得名。属于无峰瘤牛,具有瘤牛耐体外和耐体内寄生虫及耐粗饲等特点。该品种原本是役用牛,由于 20 世纪 60 年代国际市场对牛肉需要量日益增加,激发了欧洲大陆国家对原有品种的选育。该牛国家育种协会于 20 世纪 70 年代成立。1984 年开始全面的性能登记,出版了第一册种公牛手册,并组织全意大利皮埃蒙特种牛进行后裔鉴定。1985 年种牛测定站建成。1991 年起开始系统公布后测结果。该品种具有双肌肉基因,是国际公认的终端父本。现在有 20 多个国家成功地繁殖该品种用于杂交改良。我国于 1986 年和 1992 年引入,主要分布在河南(新野)、福建(光泽)、黑龙江(哈尔滨)、北京等省市。

(二)外貌特征

体型较大,体躯发育充分,胸部宽阔,全身肌肉高度发达,双肌肉性状表现明显。四肢强健,皮薄骨细。公牛被毛为灰色,眼圈、鼻镜、唇和四肢下部以及尾端为黑色。母牛毛色为全白,有的个体眼圈为浅灰色,眼睫毛、耳廓四周为黑色。犊牛出生到断奶月龄为乳黄色,4～6 月龄时胎毛褪去后,呈成年牛毛色。牛角在 12 月龄变为黑色,成年牛角基部为浅黄色,角尖呈黑色,角形为平出微前弯。成年牛体重体尺见表 2-7。

表 2-7　皮埃蒙特牛成年体尺体重

性别	体重(kg)	体高(cm)	体斜长(cm)	胸围(cm)	管围(cm)
公	800.0	140.0	170.0	210.0	22.0
母	500.0	130.0	146.0	176.0	18.0

(三)生产性能

早期生长快,皮下脂肪少,肉用性能十分突出,以高屠宰率、高瘦肉率和大眼肌面积以及鲜嫩的肉质和弹性极高的皮张而著称。

由于屠宰率和瘦肉率都高,比较适合国际牛肉消费市场的需求,因此在国际上得到较快的传播。周岁公牛体重可达 $400\sim430kg$,$14\sim15$ 月龄体重可达 $400\sim500kg$。屠宰率一般为 $65\%\sim70\%$。经育肥的皮埃蒙特牛屠宰率 72.8%,净肉率 66.2%,瘦肉率 84.1%。胴体重为 $329.6kg$ 时,眼肌面积为 $98.3cm^2$。其骨量在各类牛中是比较小,脂肪率低(1.5%)尤其明显,因此其胆固醇含量很低($0.485mg/100g$),低于一般牛肉。皮埃蒙特牛的牛排肉中脂肪以极细的碎点散布在肌肉纤维之中,在意大利牛肉市场中成为极受欢迎的肉类。

该牛是肉乳兼用品种,一个泌乳期的平均产奶量为 $3\,500kg$,其产奶量虽比乳肉兼用的西门塔尔牛低 $1\,268kg$,但比利木赞牛高 $1\,900kg$,比夏洛来牛高 $1\,500kg$。

1986 年中国农业科学院和意大利国家农业研究委员会(CNR)签订了中意合作项目,将皮埃蒙特牛引入我国。经过近 20 余年多个部门的协作,我国的皮埃蒙特牛种群正在形成,已具有供应足够量冷冻精液用于杂交改良的能力。该牛以其较高的屠宰率、净肉率及较快的增重速度,最先对我国南阳黄牛起到了较好的改良作用。2006 年 6 月 25 日,中国畜牧业协会牛业分会在北京举行了皮埃蒙特牛产业联合会成立大会暨新野皮埃蒙特杂交牛肉品鉴定新闻发布会,促进了我国肉牛产业的发展。

第二节　我国黄牛地方品种

我国肉牛生产所利用的品种主要是黄牛及其杂交牛,在南方省区有部分水牛,在高寒牧区主要是牦牛。根据《中国牛品种志》,按地理分布区域和生态条件,将我国黄牛划分为中原黄牛、北方黄牛和南方黄牛三大类型。现重点介绍秦川牛、南阳牛、鲁西牛、晋南牛、延边牛和蒙古牛,其他黄牛品种的性能特征等可参阅《中国牛品种志》。

一、秦川牛

(一)产地及分布

该牛产于陕西省渭河流域关中平原地区,因"八百里秦川"而得名。1956年在对秦川牛进行普查的基础上,于1958年相继成立了乾县和渭南两个良种选育辅导站,五个省属和县属牛场,1965年制定秦川牛种畜企业标准,1973年推广人工授精和冷冻精液配种新技术,1974年成立秦川牛选育协作组,制定选育方案,开展良种登记,建立育种档案。20世纪80年代又引入短角牛和丹麦红牛改良秦川牛。1986年和2003年制修订颁布《秦川牛》国家标准。

(二)外貌特征

该牛属较大型役肉兼用品种。毛色为紫红、红、黄色三种。鼻镜肉红色约占63.8%,亦有黑色、灰色和黑斑点的,约占36.2%。角呈肉色,蹄壳分红、黑和红黑相间三种颜色。体格较高大,骨骼粗壮,肌肉丰满,体质强健。头部方正,肩长而斜。胸部宽深,肋长而开张。背腰平直而宽,长短适中,结合良好。荐骨部微隆起,后躯发育稍差。四肢粗壮结实,两前肢相距较宽,蹄叉紧。公牛头较大,颈短粗,垂皮发达,鬐甲高而宽;母牛头清秀,颈厚薄适中,鬐甲低而窄。角短而钝,多向外下方或向后稍弯。成年牛体重体尺见表2-8。

表 2-8　秦川牛成年体尺体重

性别	体重（kg）	体高（cm）	体斜长（cm）	胸围（cm）	管围（cm）
公	594.5	141.5	160.5	200.5	22.4
母	381.2	124.5	140.9	170.8	16.9

（三）生产性能

经肥育 18 月龄牛的平均屠宰率为 58.3％，净肉率为 50.5％。肉质细嫩多汁，大理石花纹明显。泌乳期为 7 个月，泌乳量（715.8±261.0）kg。鲜乳成分为：乳脂率 4.70％±1.18％，乳蛋白质率 4.00％±0.78％，乳糖率 6.55％，干物质率 16.05％±2.58％。公牛最大挽力为（475.9±106.7）kg，占体重的 71.7％。

秦川母牛常年发情、在中等饲养水平下，初情期平均为 9.3 月龄。成年母牛发情周期平均 20.9 天，发情持续期平均 39.4 小时。妊娠期 285 天，产后第一次发情约 53 天。秦川公牛一般 12 月龄性成熟，母牛 2 岁左右开始配种。秦川牛是优秀的地方良种，是理想的杂交配套品种。

二、南阳牛

（一）产地及分布

该牛产于河南省南阳市白河和唐河流域的平原地区，以南阳、唐河、邓县、新野、镇平、社旗、方城等 8 个县、市为主产区。许昌、周口、驻马店等地区分布也较多。1975 年成立南阳牛选育协作组，1977 年南阳牛选育研究正式列入国家计划，1981 年国家标准局颁发了《南阳牛国家标准》，确立了南阳牛品系繁育方案和育种目标。

(二)外貌特征

该牛属较大型役肉兼用品种。被毛有黄、红、草白三种,面部、腹下和四肢下部毛色浅。体高大,肌肉较发达,结构紧凑,体质结实,皮薄毛细,鼻镜宽,口大方正。角形以萝卜角为主,公牛角基粗壮,母牛角细。鼻镜多为肉红色,部分有黑点。公牛头部雄壮,额微凹,脸细长,颈短稍厚呈弓形,颈部皱褶多,前躯发达。鬐甲隆起,肩部宽厚,背腰平直,肋骨明显,荐尾略高,尾细长。四肢端正而较高,筋腱明显,蹄大坚实。蹄亮以黄蜡色、琥珀色带血筋者较多。母牛后躯发育良好。成年牛体重体尺见表2-9。

表 2-9　南阳牛成年体尺体重

性别	体重(kg)	体高(cm)	体斜长(cm)	胸围(cm)	管围(cm)
公	716.5	153.8	167.8	212.2	21.6
母	464.7	131.9	145.5	178.4	17.5

(三)生产性能

经强度肥育的阉牛体重达 510kg 时,屠宰率达 64.5%,净肉率 55.8%,眼肌面积 95.3cm²,肉质细嫩,颜色鲜红,大理石纹明显。

南阳牛较早熟。母牛常年发情,在中等饲养水平下,初情期在 8～12 月龄。初配年龄一般掌握在 2 岁。发情周期 17～25 天,平均 21 天。发情持续期 1～3 天。妊娠期平均 289.8 天,产后初次发情约需 77 天。

三、鲁西牛

(一)产地及分布

　　该牛主要产于山东省西南部的菏泽和济宁两地区,北自黄河,南至黄河故道,东至运河两岸的三角地带。分布于菏泽地区的郓城、鄄城、菏泽、巨野、梁山和济宁地区的嘉祥、金乡、济宁、汶上等县、市。1954 年及随后数年多次对鲁西牛进行调查,曾在菏泽、郓城、鄄城建立三处良种繁殖育种场。在育种中曾形成重挽的"抓地虎"和运输的"高辕"类型。

(二)外貌特征

　　该牛体躯结构匀称,细致紧凑,为役肉兼用型。被毛从浅黄到棕红色,以黄色为最多,一般前躯毛色较后躯深,公牛毛色较母牛的深。多数牛在眼圈、口轮、腹下和四肢内侧毛色浅淡,俗称"三粉特征"。鼻镜多为浅肉色,部分牛有黑斑或黑点。角色呈蜡黄或琥珀色。公牛多为平角或龙门角,母牛以龙门角为主。垂皮发达。公牛肩峰高而宽厚,胸深而宽,后躯发育差,尻部肌肉不够丰满,体躯明显地呈前高后低前胜体型。母牛鬐甲低平,后躯发育较好,背腰短而平直,尻部稍倾斜。前肢呈正肢势,后肢弯曲度小,飞节间距离小。蹄质致密但硬度较差。尾细而长,尾毛常扭成纺锤状。成年牛体重体尺见表 2-10。

表 2-10　鲁西牛成年体尺体重

性别	体重(kg)	体高(cm)	体斜长(cm)	胸围(cm)	管围(cm)
公	644.0	146.3	160.9	206.4	21.0
母	358.0	123.6	136.2	168.4	15.6

(三)生产性能

据屠宰测定,18 月龄的阉牛平均屠宰率 57.2%,净肉率 49%,眼肌面积 89.1cm^2。成年牛平均屠宰率 58%,净肉率为 50.7%,眼肌面积 94.2cm^2。肌纤维细,肉质良好,脂肪分布均匀,大理石花纹明显。

母牛性成熟早。一般 10～12 月龄开始发情,发情周期平均 22 天,范围 16～35 天;发情持续期 2～3 天。妊娠期平均 285 天,产后第一次发情平均为 35 天。

四、晋南牛

(一)产地及分布

该牛产于山西省西南部汾河下游的晋南盆地,包括运城地区的万荣、河津、临猗、永济、夏县、闻喜、芮城、新绛,及临汾地区的侯马、曲沃、襄汾等县、市。其中以万荣、河津和临猗的数量最多。1960—1966 年进行有计划的选育,对母牛建立档案,在产区按等级选配。

(二)外貌特征

该牛被毛以红色和枣红色为主,鼻镜和蹄壳为粉红色。体型高大,体质结实。公牛头中等长,额宽,顺风角,颈短而粗,背腰平直,臀端较窄,蹄大而圆,质地致密,母牛头清秀,乳房发育不足,乳头细小。成年牛体重体尺见表 2-11。

表 2-11　晋南牛成年体尺体重

性别	体重（kg）	体高（cm）	体斜长（cm）	胸围（cm）	管围（cm）
公	650.2	139.7	173.3	201.3	21.5
母	382.3	124.7	147.5	167.3	16.5

（三）生产性能

在中、低水平下肥育，日增重为 455g。成年牛肥育后屠宰率平均为 52.3％，净肉率 43.4％。泌乳期平均产奶量 745kg，乳脂率 5.5％～6.1％。

母牛一般在 9～10 月龄开始发情，但一般在 2 岁配种。产犊间隔 14～18 个月。怀公犊妊娠期 291.9 天，怀母犊 287.6 天。

五、延边牛

（一）产地及分布

延边牛产于东北三省东部的狭长地带，分布于吉林省延边朝鲜族自治州的延吉、和龙、汪清、珲春及毗邻各县。延边牛是朝鲜牛与本地牛长期杂交的结果，也混有蒙古牛的血液。

（二）外貌特征

该牛属役肉兼用品种，毛色多呈浓淡不同的黄色，鼻镜一般呈浅褐色，带有黑点。体质结实。胸部深宽，骨骼结实，被毛长而密，皮厚而有弹力。成年牛体重体尺见表 2-12。

表 2-12　延边牛成年体尺体重

性别	体重(kg)	体高(cm)	体斜长(cm)	胸围(cm)	管围(cm)
公	480.0	130.6	151.8	186.7	19.9
母	380.0	121.8	141.2	171.4	16.7

(三)生产性能

自 18 月龄育肥 6 个月,日增重为 813g,胴体重 265.8kg,屠宰率 57.7%,净肉率 47.23%,眼肌面积 75.8cm²。

母牛初情期为 8～9 月龄,性成熟期平均为 13 月龄;公牛平均为 14 月龄。初配时间为 20～24 月龄。母牛发情周期平均为 20.5 天,发情持续期 12～36 小时,平均 20 小时。母牛常年发情,7～8 月份为旺季。

六、蒙古牛

(一)产地及分布

该牛为一古老品种,原产于蒙古高原。自古以来,就繁衍在年均气温 0～6℃、降水量仅 150～450 mm、典型大陆性气候的高原山地环境之中。分布于内蒙古、黑龙江、新疆、河北、山西、陕西、宁夏、甘肃、青海、吉林和辽宁等省、自治区。该牛既是种植业的主要动力,又是部分地区汉族、蒙古族等民族奶和肉食的重要来源,在长期不断地进行人工选择和自然选择的情况下,形成了该牛种。

(二)外貌特征

该牛毛色多样,但多为黑色或黄色;头短宽而粗重,角长,向上前方弯曲,呈蜡黄色或青紫色,角质致密有光泽。肉垂不发达。鬐甲低下,胸扁而深,背腰平直,后躯短窄,尻部倾斜。四肢短,蹄质坚实。从整体看,前驱发育比后躯好。皮肤较厚,皮下结缔组织发达。由于该牛处在寒冷风大的气候条件下,使其形成了胸深、体矮、胸围大、体躯长、结构紧凑的肉乳兼用体型。成年牛体重体尺见表 2-13。

表 2-13　蒙古牛成年体尺体重

性别	体重(kg)	体高(cm)	体斜长(cm)	胸围(cm)	管围(cm)
公	415	118.9	144.7	185.3	18.4
母	370	112.8	135.3	171.2	16.1

(三)生产性能

该牛的产肉性能受营养影响很大。中等营养水平的阉牛平均宰前体重(376.9 ± 43)kg,屠宰率为(53 ± 2.8)%,净肉率(44.6 ± 2.9)%,骨肉比为 1：5.2,眼肌面积为(56 ± 7.9)cm^2。

该牛有两个优良类群。一个类群是乌珠穆沁牛,是在锡林郭勒盟乌珠穆沁草原肥美的水草条件下,蒙古族牧民长期人工选择形成的,具有体质结实、适应性强等特点,以肉质好、乳脂率高等性状而著称。1982 年已发展到近 20 万头。乌珠穆沁牛的肉用性能:2.5 岁阉牛肥育 69 天,宰前体重 326kg,屠宰率为 57.8%,净肉率为 49.6%,眼肌面积 40.5cm^2;3.5 岁阉牛肥育 71 天,宰前体重 345.5kg,屠宰率为 56.5%,净肉率为 47%,眼肌面积为 52.9cm^2。另一类群是安西牛,长期繁衍在素有"世界风库"之称的甘肃省安西县,约有 8.6 万头。未经肥育的成年安西阉牛,屠宰率为 41.2%,净肉率为 35.6%。

该牛繁殖率为 50%～60%,犊牛成活率为 90%;因四季营养极不平衡而表现为季节性发情。母牛 8～12 月龄开始发情,2 岁始配,4～8 岁为繁殖旺盛期。

第三节　我国培育的肉牛品种

　　我国培育品种是 1949 年以后育成的新品种。利用我国黄牛与外来品种相互作用,经长期优化选择培育,育成了乳肉兼用型的中国西门塔尔牛、三河牛、新疆褐牛、草原红牛及第一个肉牛品种——夏南牛。

一、中国西门塔尔牛

(一)产地及分布

　　我国早在 20 世纪初就引入西门塔尔牛。而后在 50 年代末,开始由前苏联(乌克兰及西伯利亚各地)等国批量引进,在中国农科院畜牧研究所和内蒙古自治区哲里木盟等地纯繁。特别是 70 年代以来,先后又从前苏联、德国、奥地利和瑞士等国陆续引入了乳肉、肉乳兼用西门塔尔牛,1987 年又从法国引入蒙贝利亚牛,引入的西门塔尔牛除在一些国营农牧场纯繁外,主要用于改良我国黄牛。其间历时约 50 年之久,该牛在全国广泛与本地黄牛级进杂交,同时采用开放式核心群育种体系进行系统选育而成大型乳肉兼用品种,取得成功。于 2002 年由国家农业部[农(02)新品种证字第 1 号]批准为“中国西门塔尔牛”。目前,我国西门塔尔牛育种群规模达 3 万头,遍布全国各地,并形成了草原、平原、山地三大类群,各代杂交牛达 1 200 万头。

(二)外貌特征

　　该牛头大,额宽,颈短。角细致,为左右平出,向前扭转并向上外侧挑出,母牛的角相尤为如此。体躯发育良好,体表肌肉群明显易见,体躯深。骨骼粗壮坚实,背腰长宽而平直,臀部肌肉深而充实,多呈圆形。尻部宽平,四肢粗壮。被毛颜色为黄白花或红白花,少数牛有黄眼圈,头、胸、腹下、四肢下部和尾尖多为白色。乳房发育中等,质地良好、泌乳力强。中国西门塔尔牛三个地方类群的体重、体尺见表 2-14。

表 2-14　中国西门塔尔牛三个地方类群体重、体尺

类群	体重(kg)	体高(cm)	体斜长(cm)	胸围(cm)	管围(cm)
平原	501.44	130.79	165.70	178.80	20.13
草原	460.32	128.34	147.67	176.86	18.87
山地	432.47	127.51	143.12	171.79	18.56

(三)生产性能

　　犊牛初生重,公犊平均 34kg,母犊 32kg,18 月龄时的体重可达到 400~480kg。犊牛在放牧肥育条件下的平均日增重可达到 800g;肥育至 500kg 的小公牛,日增重可达到 0.9~1.0kg,屠宰率 65%,净肉率 57%。母牛在半肥育条件下的屠宰率 53%~55%。成年母牛的平均泌乳天数 285 天,产奶量 4 000kg,乳脂率4.0%~4.2%,乳蛋白率 3.5%~3.9%。

　　母牛常年发情,发情周期 18~22 天,初产月龄 30 月龄,妊娠期 282~292 天,产后发情平均 53 天。

　　该牛对全国黄牛杂交改良工作具有积极的推动作用,改良效果非常明显,杂交一代的生产性能一般都能提高 30% 以上。

二、三河牛

(一)产地及分布

原产于内蒙古自治区的呼伦贝尔草原,是我国培育的第一个乳肉兼用品种,是用黑白花牛(荷斯坦牛)、西门塔尔牛等杂交选育而成的。因集中分布在额尔纳旗的三河(根河、得勒布尔河、哈布尔河)地区而得名。1954 年开始系统选育,建立了谢尔塔拉种畜场等 20 个国营牧场,按统一方案进行选育。1976 年呼伦贝尔盟成立三河牛育种委员会,重新修订育种方案。近 80 年的时间,特别是近 30 年的选育,逐步形成一个耐寒、耐粗饲、易放牧的新品种。1982 年制定了三河牛品种标准,1986 年鉴定验收,由内蒙古自治区人民政府批准正式命名。

(二)体型外貌

三河牛体质结实、肌肉发达、头清秀,眼大,角粗细适中,稍向前上方弯曲,胸深,背腰平直,腹圆大,体躯较长,肢势端正,乳房发育良好。毛色以红(黄)白花为主,花片分明,头部全白或额部有白斑,四肢在膝关节以下、腹下及尾梢为白色。

(三)生产性能

三河牛在五、六胎产奶量达到最高水平,一般产奶 3 600kg,平均乳脂 4.1% 以上。产肉性能方面,42 月龄经放牧育肥的阉牛宰前活重达 457.5kg,胴体重为 243kg,屠宰率 53.11%,净肉率 40.2%。

三河母牛平均妊娠期为 283～285 天,怀公犊妊娠期比怀母犊长 1～2 天。平均受胎一次需配种 2.19 次。情期受胎率为45.7%。初配月龄为 20～24 月龄,一般可繁殖 10 胎以上。

三、新疆褐牛

(一)产地及分布

主要产于新疆天山北麓的伊犁地区和准噶尔的塔城地区。1935—1936 年伊犁和塔城地区就已引进瑞士褐牛与哈萨克牛进行杂交,1951—1956 年又从苏联引进几批阿拉塔乌牛和少量的科斯特罗姆牛继续进行改良。1977 年和 1980 年又先后从当时的德国、奥地利引进三批瑞士褐牛,这对提高新疆褐牛的质量起到了重要的作用。1983 年经新疆维吾尔自治区畜牧厅鉴定,批准为一个独立的乳肉兼用新品种——新疆褐牛。

(二)体型外貌

体质健壮,结构匀称,骨骼结实,肌肉丰满。头部清秀,角中等大小,向侧前上方弯曲,呈半椭圆形。唇嘴方正,颈长短适中,颈肩结合良好。胸部宽深,背腰平直,腰部丰满,尻方正,四肢开张宽大,蹄质结实,乳房发育良好。毛色以褐色为主,浅褐或深褐色的较少。多数个体有白色或黄色的口轮和背线。眼睑、鼻镜、尾梢和蹄呈深褐色。

(三)生产性能

在基本是终年放牧的条件下,泌乳期主要集中在 5～9 月份,在 150 天的时间内,成年牛产奶 1 750kg。在城郊舍饲条件下,以 305 天泌乳期测试,成年牛产奶量可达 3 400kg,乳脂率为 4.0％以上。产肉性能,在放牧条件下,中上等膘度的 1.5 岁阉牛,宰前体重 235kg,胴体重 111.5kg,屠宰率 47.4％;成年公牛 433kg 时屠宰,胴体重 230kg,屠宰率 53％,眼肌面积可达 76.6cm^2。

在放牧条件下,6 月龄开始有发情表现,母牛一般在 2 岁体重达 230kg 时配种;公牛在 1.5～2 岁,体重 330kg 开始初配。母牛发情周期平均为 21.4 天,发情持续期 1.5～2.5 天。妊娠期:怀公犊 286.5 天,怀母犊为 285 天。

四、草原红牛

(一)产地及分布

主要产于吉林省白城地区西部、内蒙古昭乌达盟和锡林郭勒盟南部及河北省张家口地区。该牛育种核心群主要分布在吉林省通榆县三家子种牛繁殖场。吉林、河北、内蒙古三省区自 1936 年就从国外引进短角牛改良当地黄牛。1952 年形成杂交群,1973 年三省区成立草原红牛育种协作组。1974 年又从美国、加拿大等国引进乳肉兼用短角牛,提高核心群质量。1979 年成立草原红牛育种委员会,于次年开始自行繁育,1985 年经国家验收通过,正式命名为"中国草原红牛"。

(二)体型外貌

该牛头清秀,角细短,向上方弯曲,蜡黄色,有的无角。颈肩结合良好,胸宽深,背腰平直,后躯欠发达。四肢端正,蹄质结实。乳房发育良好。毛色以紫红色为主,红色为次,其余有沙毛,少数个体胸、腹、乳房部为白色。尾帚有白色。

(三)生产性能

该牛在放牧加补饲的条件下,平均产奶量为 1 800～2 000kg。在短期育肥的条件下,3.5 岁阉牛于 499.5kg 时屠宰,胴体重263.9kg,屠宰率 52.8%,净肉重 221.2kg,净肉率 44.3%,眼肌面积 63.2cm²。

　　该牛早春出生的犊牛发育较好,14～16 月龄即发情,夏季出生的犊牛要达到 20 月龄才发情,但一般为 18 月龄。发情周期在吉林报道为 21.2 天,在内蒙古报道为 20.1 天。母牛一般于 4 月份开始发情,6～7 月份为旺季。妊娠期平均 283 天。

五、夏南牛

(一)产地及分布

　　主要产于河南省泌阳县。该牛是以我国地方良种南阳牛为母本,以法国夏洛来牛为父本,经导入杂交、横交固定和自群繁育 3 个阶段的开放式育种,培育而成的肉牛新品种(含夏洛来牛血统37.5%)。2007 年 1 月 8 日在原产地河南省泌阳县通过国家畜禽遗传资源委员会牛专业委员会审定。2007 年 5 月 15 日在北京通过国家畜禽遗传资源委员会的审定。2007 年 6 月 16 日农业部发布第 878 号公告,宣告中国第一个肉牛品种——夏南牛诞生。

　　据统计,1986—2006 年 21 年间,泌阳县共实施杂交配种 120万头,其中杂交创新配种 52 万头,回交配种 26 万头,横交配种 42万头。截至 2007 年底调查统计,全县共存栏夏南牛 12.4 万头。其中组建核心母牛群 2 500 多头,具有 8 个独立清晰的血统档案。在原产地泌阳县羊册镇建有夏南牛研究所 1 个、饲养夏南牛种公牛 14 头,年制作夏南牛冻精 10 万剂以上。

(二)体型外貌

　　该牛毛色为黄色,以浅黄色、米黄色居多。公牛头方正、额平直,母牛头部清秀、额平稍长;公牛角呈锥状、水平向两侧延伸,母牛角细圆、致密光滑、稍向前倾。耳中等大小,颈粗壮、平直,肩峰不明显。成年牛结构匀称,体躯呈长方形;胸深肋圆,背腰平直,尻部宽长,肉用特征明显;四肢粗壮,蹄质坚实,尾细长。成年母牛乳房发育良好。成年公牛体高(142.5±8.5)cm,体重850kg;成年母牛体高(135.5±9.2)cm,体重600kg。

(三)生产性能

该牛生长发育快。在农户饲养条件下,公、母犊牛6月龄平均体重分别(197.35±14.23)kg和(196.5±12.68)kg,平均日增重分别为980g和880g;周岁公、母牛平均体重分别为(299.01±14.31)kg和(292.4±26.46)kg,平均日增重分别达560g和530g。体重350kg的架子公牛经强度肥育90天,平均体重达559.53kg,平均日增重可达1.85kg。该牛肉用性能好,据屠宰试验,17~19月龄的未肥育公牛屠宰率60.13%,净肉率48.84%,肌肉剪切值2.61,肉骨比4.8∶1,优质肉切块率38.37%,高档牛肉率14.35%。

该牛体质健壮,性情温驯,适应性强,耐粗饲,舍饲、放牧均可,采食速度快,在黄淮流域及其以北的农区、半农半牧区都能饲养,抗逆力强,耐寒冷,耐热性稍差,遗传性能稳定。具有生长发育快、易肥育的特点,深受肥育牛场和广大农户的欢迎,大面积推广应用有较强的价格优势。适宜生产优质牛肉和高档牛肉,具有广阔的推广前景。

第三章 肉牛的生长发育和选育技术

第一节 肉牛生长发育的一般规律

一、生长发育概念

动物机体从受精卵开始到生长成熟,细胞数量不断增多,体积不断增大,体重增加的过程,称为生长。这一过程发生在牛成年期以前的整个时期,但在不同的阶段,生长的速度和强度不同。发育是指有机体的细胞经过一系列各种不同的生物化学变化形成各种不同的细胞,这一过程是以细胞分化为基础的细胞功能变化,结果产生的是各种不同的组织器官。发育主要发生在胚胎早期。可见生长和发育是两个不同的概念,但二者不能截然分开,而是彼此紧密相连的。生长伴随着物质的积累,改变了各细胞间的相互关系,从而引起质变,给发育创造物质条件;而发育在消耗了生长过程中所积累的物质形成各种组织器官后,又刺激机体进一步生长。

二、生长发育的度量和计算

肉牛生产和育种实践中为了便于管理,一般根据实际需要对牛初生和出生后 6 月龄、12 月龄、18 月龄、24 月龄、36 月龄、48 月龄和 60 月龄的体重和体尺进行称测、统计,来计算牛不同时期的生长速度和强度,生长的计算方法一般有以下三种:

(一)累积生长

任何时候称重所得的体重、体尺数值都是代表在该测定以前生长发育的总累积,所以称为累积生长。如初生体重、断奶体重、12 月龄体重,24 月龄体重、成年牛体重等。由各个时期累积生长值绘制的曲线称为生长曲线,它不仅可以使我们了解牛的生长发育是否达到正常水平,而且还可以做品种间、杂交组合间的比较。

(二)绝对生长

绝对生长是一定时间内的生长量,显示一段时间内牛的生长速度。计算公式为:

$$G = (W_1 - W_0)/(t_1 - t_0)$$

式中 G 代表绝对生长,W_0 为上次测定的累积生长值,W_1 为本次测定的累积生长值,t_0 为上次测定的时间,t_1 为本次测定的时间。日增重就是绝对生长的代表值之一。

(三)相对生长

相对生长是表示生长发育的强度,是指在一段时间内的绝对生长量占原来体重的比率。公式为:

$$R = (W_1 - W_0)/W_0 \times 100\%$$

式中 R 代表相对生长率。

此外,也有用生长系数来表示相对生长的,公式为:

$$C = W_1/W_0 \times 100\%$$

式中 C 代表相对生长率。

三、肉牛生长发育各阶段特点

肉牛生长发育各阶段一般可以划分为胚胎期、哺乳期、育成期和成年期。

(一)胚胎期

胚胎期是指从受精卵开始到出生为止的时期。胚胎期又可分为卵子期、胚胎分化期和胎儿期三个阶段。卵子期是指从受精卵形成到 11 天受精卵与母体子宫发生联系即着床的阶段。胚胎分化期是指从受精卵着床到胚胎 60 日为止。此前 2 个月,饲料在量上要求不多,而在质上要求较高。胎儿期是指从妊娠 2 个月开始直到分娩前为止,此期为身体各组织器官强烈增长期。胚胎期的生长发育直接影响犊牛的初生重,初生重大小与成年体重成正相关,从而直接影响肉牛的生产力。

(二)哺乳期

哺乳期是指从牛犊出生到 6 月龄断奶为止的阶段。这是犊牛对外界条件逐渐适应、各种组织器官功能逐步完善的时期。该时期牛的生长速度和强度是一生中最快的时期。犊牛哺乳期生长发育所需的营养物质主要靠母乳提供,因此母牛的泌乳量对哺乳犊牛的生长速度影响极大。一般犊牛断奶重的变异性,50%~80%是由于它们母亲产奶量的影响。因此,如果母牛在泌乳期因营养不良和疾病等原因影响了泌乳性能,就会对哺乳犊牛产生不良影响,从而影响肉用牛的生产力。

(三)育成期

育成期是指犊牛从断奶生长发育到体成熟的阶段。育成期根据其不同生长发育特点分为幼年期和青年期。

1. 幼年期

指犊牛从断奶到性成熟的阶段。此期牛的体型主要向宽深方面发展,后躯发育迅速,骨骼和肌肉生长强烈,性功能开始活动。体重的增长在性成熟前呈加速趋势,绝对增重随年龄增加而增大,体躯结构趋于稳定。该时期对肉用牛生产力的定向培育极为关键,可决定此阶段后的养牛生产方向。

2. 青年期

指从性成熟到体成熟的阶段。这一时期的牛除高度和长度继续增长外,宽度和深度发育较快,特别是宽度的发育最为明显。绝对增重达到高峰,增重速度开始减慢,各组织器官发育完善,体型基本定型,直至达到稳定的成年体重。这一时期是肥育肉牛的最佳时期。

(四)成年期

成年期是指从发育成熟到开始衰老这一阶段。牛的体型、体重保持稳定,脂肪沉积能力大大提高,性功能最旺盛。因此,公牛配种能力最强,母牛泌乳稳定,可产生初生重较大、品质优良的后代。成年牛已度过最佳肥育时段,所以主要是作为繁殖用牛,而不是肥育用牛。在此以后,牛进入老年期,各种功能开始衰退,生产力下降,生产中一般已无利用价值。大多在经短期肥育后直接屠宰,但肉的品质较差。

四、肉牛生长发育的不平衡性

不平衡是指牛在不同的生长阶段,不同的组织器官生长发育速度不同。某一阶段这一组织的发育较快,下一阶段另一器官的生长较快。了解这些不平衡的规律,就可以在生产中根据目的不同利用最快的生长阶段,实现生产效率和经济效益的多快好省。肉牛生长发育的不平衡主要有以下几个方面的表现:

(一)体重增长的不平衡性

牛体重增长的不平衡性表现在其 12 月龄以前的生长速度。在此期间,从出生到 6 月龄的生长强度要远大于从 6 月龄到 12 月龄。12 月龄以后,牛的生长明显减慢,接近成熟时的生长速度则很慢。因此,在生产上,掌握牛的生长发育特点,利用其生长发育快速阶段给予充分的营养,使牛能够快速生长,提高饲养效率。

(二)骨骼、肌肉和脂肪生长的不平衡性

牛的各种体组织(骨骼、肌肉、脂肪)占胴体重的百分率,在生长过程中变化很大。肌肉在胴体中的比例先是增加,而后下降;骨骼的比例持续下降;脂肪的比率持续增加,牛年龄越大脂肪的百分率越高。各体组织所占的比重,因品种、饲养水平等的不同也有差别。骨骼在胚胎期的发育以四肢骨生长强度大,如果营养不良,使肉牛在胚胎期生长最旺盛的四肢骨受到影响,其结果使犊牛在外形上就会表现出四肢短小、关节粗大、体重较轻的缺陷特征。肌肉的生长与肌肉的功能密切有关。不同部分的肌肉生长速度也不平衡。脂肪组织的生长顺序为:先贮腹腔网膜和板油,再贮皮下脂肪,最后才沉积到肌纤维间,进而形成大理石状花纹,使其肉质嫩度增加。

(三)组织器官生长发育的不平衡性

各种组织器官生长发育的快慢,根据其在生命活动中的重要性而不同。凡对生命有直接重要影响的组织器官如脑、神经系统、内脏等,在胚胎期一般出现较早,但发育缓慢,结束较晚;而对生命重要性较差的组织器官如脂肪、乳房等,则在胚胎期出现较晚,但生长较快。器官的生长发育强度随器官功能变化也有所不同。如初生犊牛的瘤胃、网胃和瓣胃的结构与功能均不完善,皱胃比瘤胃大一半。但随着年龄和饲养条件的变化,瘤胃从 2～6 周龄开始迅速发育,至成年时瘤胃占整个胃重的 80%,网胃和瓣胃占 12%～13%,而皱胃仅占 7%～8%。

(四)补偿生长

幼牛在生长发育的某个阶段,如果营养不足而增重缓慢,当在后期某个阶段恢复良好营养条件时,其生长速度就会比一般牛较快。这种特性叫做牛的补偿生长。牛在补偿生长期间,饲料的采食量和利用率都会提高。因此,生产上对前期发育不足的幼牛常利用牛的补偿生长特性在后期加强营养水平。牛在出售或屠宰前的肥育,部分就是利用牛的这一生理特性。但并不是在任何阶段和任何程度的发育受阻都能进行补偿,补偿的程度也因前期发育受阻的阶段和程度而不同。

五、影响肉牛生长发育的因素

(一)品种

肉牛作为肉用品种本身,按体型大小可分为大型品种、中型品种和小型品种;按早熟性可分为早熟品种和晚熟品种;按脂肪贮积类型能力又可分为普通型和瘦肉型。一般小型品种的早熟性较好,大型品种则多为晚熟种。不同的品种类型,体组织的生长形式和在相同饲养条件下的生长发育仍有不同的特点。早熟品种一般在体重较轻时便能达到成熟年龄的体组织比例,所需的饲养期较短,而晚熟品种所需的饲养期则较长。其原因是小型早熟品种在骨骼和肌肉迅速生长的同时,脂肪也在贮积,而大型晚熟品种的脂肪沉积在骨骼和肌肉生长完成后才开始。

(二)性别

造成公、母犊牛生长发育速度显著不同的原因,是由于雄激素促进公犊生长,而雌激素抑制母犊生长。公、母犊在性成熟前由于性激素水平较低,生长发育没有明显区别。而从性成熟开始后,公犊生长明显加快,肌肉增重速度也大于母牛。颈部、肩胛部肌肉群占全部肌肉的比例高于阉牛和母牛,第十肋以前的肌肉重量公牛可达 55%,而阉牛只有 45%。公牛的屠宰率也较高,但脂肪的增重速度以阉牛最快,公牛最慢。

(三)年龄

牛不同的组织器官在不同的年龄阶段生长发育速度不同。一般生长期饲料条件优厚时,生长期增重快,肥育期增重慢。生长期饲料条件贫乏时,生长期营养不足,供肥育的牛体况较瘦。在舍饲条件下充分肥育时,年龄较大的牛采食量较大,增重速度较低龄牛高。但不同年龄的牛增重的内容不同。低龄牛主要由于肌肉、骨骼、内脏器官的增长而增重,而年龄较大的牛则主要由于体内脂肪的沉积。由于饲料转化为脂肪的效率大大低于转化为肌肉、内脏的效率,加之低龄牛维持需要低于大龄牛,因此大龄牛的增重经济效益低于低龄牛直接肥育。

(四)杂种优势

杂交指不同品种或不同种群间进行交配繁殖,由杂交产生的后代称杂种。不同品种牛之间进行杂交称品种间杂交,一般常见的杂交即为该类杂交;不同种间的牛杂交如黄牛配牦牛,则称为种间杂交或远缘杂交。杂交生产的后代往往在生活力、适应性、抗逆性和生产性能方面比其亲本都高,这就是所谓的杂种优势。在数值上,杂种优势指杂种后代与亲本均值相比时的相差值,是以杂种后代和双亲本的群体均值为比较基础的。杂种优势产生的原因,是由于杂种的遗传物质产生了杂合性。从基因水平上对杂种优势的解释有基因显性、超显性和上位学说。杂交可以产生杂种优势,但并不意味着任何两个品种杂交都能保证产生杂种优势,更不是随意每个品种的交配都能获得期望性状的杂种优势。因为不同群体的基因间的相互作用,既可以是相互补充、相互促进的,也可能发生相互抑制或抵消。

(五)营养

营养对牛生长发育的影响表现在饲料中的营养是否能满足牛的生长发育所需。牛对饲料养分的消耗首先用于维持需要,之后多余的养分才能用于生长。因而,饲料中的营养水平越高,则牛摄取日粮中的营养物质用于生长发育所需的数量则越多;生长发育较快而饲料中营养不足,则导致其生长发育速度减慢。饲料营养水平的高低不仅影响牛的生长发育速度,还与牛对饲料的利用率成负相关,即饲料营养水平愈高,牛对饲料的利用率将下降;饲料中的含脂率提高,将减少牛的日粮采食量;提高日粮的营养水平,则会增加饲养成本等。因此,在肉牛饲养实践中,并不是饲养水平在任何情况下都越高越好,而是要从生产目的和经济效益两方面综合考虑。

(六)饲养管理

对牛生长发育有影响的管理因素很多,有些因素甚至影响程度很大。对肉牛生产有较大影响的管理因素有:犊牛的出生季节,牛的饲喂方式和时间、次数,日常的防疫驱虫、光照时间,牛的运动场地等。

第二节　肉用牛的选育技术

选育,即选种、选配和育种,是肉牛高效养殖生产中的一项关键环节,它对于提高牛群质量和增加群体数量起着重要的作用。

一、肉牛的外貌特征与评定

(一)肉牛躯体各部位的特点

1. 肉牛躯体各部位名称

牛的体型外貌与其生产性能相适应,是其生产性能的外在表现,在一定程度上反映了牛的内在结构与功能状态。牛的体型外貌也是其品种的重要特征,通过观察牛躯体各部位的形状特点,不仅可以判定该品种的遗传稳定性,还可以判断肉牛营养水平和健康状况,一般品种外型特征良好的个体即具有良好的生产性能。肉牛的躯体各部位名称如图 3-1 所示。

肉牛体躯一般分为头颈、前躯、中躯和后躯四部分。

(1)头颈:以鬐甲前缘与肩端的连线为界与躯干分开,其中耳

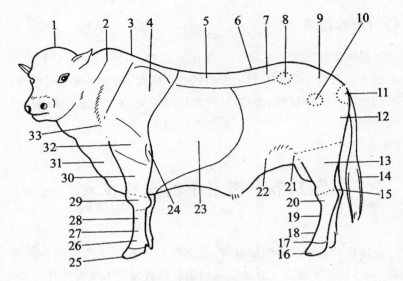

图 3-1 肉牛躯体各部位名称

1. 头 2. 颈 3. 鬐甲 4. 肩 5. 背 6. 腰 7. 腰角 8. 髋结节 9. 尻

10. 大转子 11. 臀端 12. 股(大腿) 13. 胫(小腿) 14. 尾 15. 飞端

16. 蹄 17. 系 18. 球节 19. 跖(管) 20. 飞节 21. 后膝 22. 腹

23. 胸 24. 肘端 25. 蹄 26. 系 27. 球节 28. 掌(管)

29. 腕(前膝) 30. 前臂 31. 肉垂 32. 臂 33. 肩端

根至下颚后缘的连线之前为头。

(2)前躯:颈部之后至肩胛软骨后缘垂直切线以前,包括鬐甲、前肢、胸等部位。

(3)中躯:肩胛软骨后缘垂直切线之后至腰角前缘垂直切线之前,包括背、腰、腹等部位。

(4)后躯:腰角前沿垂直切线之后的部位,包括尻、臀、后肢、尾、外生殖器官等。

2. 肉牛的外貌特征

肉牛的整体外貌特点是体躯低矮,前躯和后躯较长而中躯较短,皮薄骨细,皮下脂肪发达,全身肌肉丰满、疏松而匀称,细致疏松型表现更为明显,无论前视、侧视、上视、后视均呈矩形(图 3-2)。被毛细密、富有光泽,优良肉牛呈现卷曲状态。

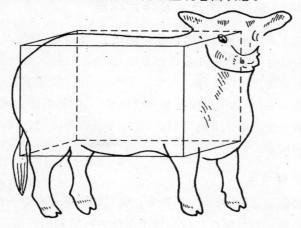

图 3-2 肉牛体型模式图

由于目前人们对牛肉品质要求的改变,肉牛选育的目的也较以前有所调整,由此导致肉牛体型的改变,由过去小型、肥胖型向高大型、瘦肉型方面转变。与产肉性能关系密切的部位有鬐甲、背腰、前胸、尻部等,其中尻部最为重要,是生产优质肉的主要部位。

3. 肉牛各部位特点

(1)鬐甲:宽厚,多肉,与背腰在一条直线上。

(2)前胸:前胸饱满,突出于两前肢之间。两前肢间距宽大,肋骨较直且曲度大,肋间隙狭窄。两肩与胸部结合良好,肌肉丰满。

(3)背腰:宽广且平直,中线与鬐甲及尾根在一条直线上。脊椎两侧及背腰肌肉十分发达,常呈现"复腰",显得背腰十分平坦。腹线平直。

(4)尻部:宽、长、平、直,富有肌肉。两后腿间距宽大,股部深厚,且肌肉向后、向外延伸。腰角丰圆而不突出。坐骨端短、大而厚实,连接腰角、坐骨端、飞节三点,侧观构成丰满、多肉的三角形。

(二)肉牛外貌的鉴别方法及评定标准

牛的体型外貌与其生产性能密切相关,在留种、选配及采购肥育架子牛时对牛的体型外貌进行鉴定,其方法包括肉眼评分鉴定、测量鉴定和线性鉴定3种。在实际工作中,由于鉴定的目的不同,所用方法也不同,其中以肉眼鉴定应用最广,测量可作为辅助鉴定方法。线性鉴定由于准确度较高,集中了前两种方法的优点,在育种中应用较多。

1. 肉眼鉴定

肉眼鉴定亦称"相牛",是指鉴定人员用眼睛观察牛的外貌,并借助手的触摸对牛各个部位和整个牛体进行鉴别的方法。鉴定原则是:鉴定人员对肉牛整体及各部位在思想中形成一个"理想模式",即最好的体躯构架及各部位应具备的最佳样式,然后将测试牛整体及各部位与理想模式进行比较,从而达到判断牛只生产性能高低及生长发育状况的目的。方法是:由远到近,由静到动,由整体到局部,由前后到侧面,由眼观到触摸。肉眼鉴定简便易行,不需要任何仪器设备,但鉴定者应具备丰富的鉴定经验,持公正求实的态度,以保证鉴定结果准确、可靠。肉眼评分鉴定是将肉眼鉴定性状具体细化,按牛各部位与生产性能及健康程度关系的大小,分别规定出不同的分值,主要部位占的分值多,次要部位占的分值少,总分为100分。鉴别人员根据牛只的实际外貌与理想外貌要求的差别评分,差别大的扣分多,越接近的扣分越少,然后将各部位的得分总和,再按等级评定标准确定外貌等级。现将我国肉牛繁育协作组第四次会议修订的肉用牛及乳肉兼用牛外貌评分标准、等级标准列于表3-1和表3-2。

表 3-1　肉牛外貌鉴定评分表(单位:分)

部位	鉴定要求	肉用		兼用	
		公	母	公	母
整体结构	品种特征明显,体尺达到要求,结构均匀,肌肉发达,反应灵敏,性情温顺,运步自如,性别特征正常	30	25	30	25
前驱	胸部宽深,前胸突出,肩胛平宽,肌肉丰满	15	10	15	10
中躯	背腰宽平,肋骨开张,背线和复线平直,呈圆筒形,腹不下垂	10	15	10	15
后躯	后躯硕大,尻部长、平、宽,大腿肌肉突出、伸延	25	20	25	20
乳房	乳房向前延伸,向后突出,容积庞大,质地柔软,皮薄毛短。乳头长短、粗细、分布合适。乳静脉粗壮、弯曲、分支多,乳井大	—	10	—	15
肢蹄	四肢端正、粗壮、结实,两肢间距宽,蹄形正,蹄质坚实,蹄壳致密,系部角度适宜,强健有力,运步正常	20		15	
满分合计		100		100	

表 3-2　肉牛外貌鉴定评分表(单位:分)

性别	特等	一等	二等	三等
公	85	80	75	70
母	80	75	70	65

注:以上两表适用于海福特牛、夏洛来牛、利木赞牛等纯种肉牛。

2. 测量鉴定

(1)体尺:用于比较准确地了解一个肉牛品种或品系的一般体型结构数据。体尺能弥补肉眼鉴别的不足,也能使初学鉴定者在测

量的过程中提高鉴别能力。测量场地要平坦,牛站姿要端正。一般的测量工具有测杖、卷尺、长尺等。常用的肉牛体尺有以下几种:

①体高:鬐甲最高点距地面的垂直距离。

②体斜长:从肩端前缘到坐骨端间的直线距离。

③胸宽:第六对肋骨间的最大距离,即左右肩胛后缘间的距离。

④胸深:由鬐甲到胸骨过肩胛后缘切线的垂直距离。

⑤胸围:绕胸一周的肩胛后缘垂直切线的长度,测量时不要过紧,卷尺应能上下滑动为宜。

⑥管围:左前肢上 1/3 处的水平周径,亦即管骨的最细处。

⑦尻长:从腰角前缘到坐骨端外缘间的距离。

⑧髋宽:两髋关节外缘的最大距离。

⑨腰角宽:两腰角外缘间的最大宽度,亦即后躯的最大宽度。

⑩坐骨端宽:两坐骨端外突的最大宽度。

(2)体尺指数:指一种体尺对另一种与之在解剖构造和生理功能方面相关体尺的比率。体尺指数可显示两个部位之间的相互关系,在一定程度上也能反映牛个体各部位发育是否完全和匀称。常用的肉牛体尺指数有:

①体长指数:体斜长/体高×100%。

本指数能反映肉牛发育情况,指数大则表示胚胎期发育不良,指数小则表示生长期发育不良。

②体躯指数:胸围/体斜长×100%。

本指数是衡量肉牛发育情况良好的指标。

③尻宽指数:坐骨端宽/腰角宽×100%。

本指数越大,表示由腰角至坐骨结节间的尻部越宽,产肉性能越好,高度培育的品种,其尻宽指数较原始品种要大。

④胸围指数:胸围/体高×100%。

鉴别役用牛应用较多,是耕牛役用能力大小的重要指标之一。

⑤胸宽指数:胸宽/胸深×100%。

反映胸部宽、深的相对发育情况。

（3）活重：是了解肉牛生长发育情况的重要方法，包括实测法和估测法。实测法即称重，每次称重应在清晨饮喂前，一般要求同一时间连续称两次，取平均值，以减少误差。

估测法有多个公式，常用胸围与体长来估测。由于肉牛品种、类型、年龄、性别、膘情等不同，某一公式只适用于某一特定的品种或类型，一般估测与称重数值间相差应不超过 5％，如超过 5％，公式则不能应用。常用的公式有：

①凯透罗代法：适用于乳肉兼用牛。

体重（kg）＝胸围（m^2）×体直长（m）×87.5

②肉牛估重公式：适用于肉牛或肉乳兼用牛。

体重（kg）＝体直长（cm）×胸围（cm）×2.5/100，或

体重（kg）＝胸围（cm^2）×体斜长（cm）/10800

③校正约翰逊法：

体重（kg）＝胸围（cm^2）×体斜长（cm）/11420

校正体重（kg）＝胸围（m^2）×体直长（m）×100

校正约翰逊法适用于黄牛的估测。本类公式中 10800 和 11420 为估测系数，估测系数的求知公式为：

估测系数＝胸围（cm^2）×体斜长（cm）/实际体重（kg）

一种或一类牛体重估测的估测系数求知需要大量的实际体重数据，并以实际体重加以验证，才具有代表性。

3. 肉牛线性鉴定

肉牛的线性鉴定应用较晚，是意大利 V·法罗巴 1991 年参照乳用牛线性评分法原理提出的，在皮埃蒙特牛的选育中发挥了良好的作用。我国在引入皮埃蒙特牛时也引入了这种方法，此法是并行于品种标准体型评定法的有效新方法。这种评分法的原理是以肉牛各部位生物学性状的两个极端表现为高低分，按连续变化

顺序及程度打分,而不是像过去的体型评分法那样,按理想性状打最高分的原理评定的,并用统计遗传学原理进行运算的评定方法。

　　评定的内容有 4 个部分,即体型结构、肌肉度、细致度和乳房。其中,体型结构:包括头大小、腰平整、尻倾斜、前肢姿势、后肢姿势和系部六项;肌肉度:包括鬐甲、肩部、腰宽、腰厚、大腿肌肉和尻形状六项;细致度:包括骨胳和皮肤;乳房:包括附着伸展和容量。按肉用评定的要求,共四个类 16~22 项。原方法为 9 分制,有些学者或专家将 9 分制折合为 50 分制。评分以 25 分为中间分(9 分制 5 分为中间分),50 分(10 分)和 0 分为极端分。具体的评分按顺序简介如下:

　　(1)体型结构:

　　①头大小:以头小得高分,粗大得低分,分为头部非常小,为45 分,小为 35 分,适中为 25 分,大为 15 分,非常大为 5 分。

　　②腰平整(侧观):以胸后到十字部的背线而论,分为弓背非常严重为 45 分,呈弓形为 35 分,水平为 25 分,下塌为 15 分,严重下塌为 5 分。

　　③尻倾斜(侧观):以坐骨端高得高分,分为坐骨端非常高得45 分,水平得 35 分,坐骨端低于腰角一个拳头得 25 分,坐骨端很低得 15 分,极端斜尻(驴臀状)得 5 分。

　　④前肢势(前观):两肢下部外倾,关节内靠呈 X 状得 45 分,两肢外倾得 35 分,两肢前观端正得 25 分,两肢蹄部较近得 15 分,两肢呈严重 O 状得 5 分。

　　⑤后肢势(侧观):后腿端直,呈象腿状得 45 分,后腿较直得35 分,后腿姿势正确,即坐骨端后缘的向下垂线过飞节中部,于后蹄后缘落地,得 25 分,后腿呈镰刀状得 15 分,后腿严重镰刀状,即过度前伸或向后伸得 5 分。

　　⑥系端正(侧观):系部过短,呈直系,得 45 分,系短得 35 分,系部端正,即略为呈弓形得 25 分,系部长得 15 分,系部过长出现

严重软系,得 5 分。

（2）肌肉度：

①鬐甲部（纵观）：非常宽,呈倒盆底形,得 45 分,宽阔得 35 分,适中,即呈圆弓形得 25 分,窄得 15 分,尖瘦得 5 分。

②肩肘部（侧观）：肌肉块特别明显得 45 分,肌肉发达得 35 分,肌肉可见,但分块不明显得 25 分,肌肉瘦得 15 分,特别消瘦得 5 分。

③腰宽（纵观）：特别宽得 45 分,宽感好得 35 分,适中,即比腰角宽略狭窄得 25 分,狭窄得 15 分,很窄得 5 分。

④腰厚（侧观）：特别厚实得 45 分,厚感好得 35 分,一般,即接近三指厚得 25 分,薄得 15 分,非常薄得 5 分。

⑤大腿肌（后观）：后躯极粗宽得 45 分,后躯左右宽略小于腹得 35 分,后躯肌肉适中,即髋部窄于腰角得 25 分,髋部肌肉不明显得 15 分,后躯明显消瘦得 5 分。

⑥尻形状（侧观）：后躯分块明显,肌肉极发达得 45 分,后躯肌肉较发达得 35 分,中等即大腿上部肌肉不发达得 25 分,肌肉瘦,大腿贫乏无肉感得 15 分,大腿部消瘦得 5 分。

（3）细致度：

①骨胳（管围部、关节和尾骨）：骨胳非常细得 45 分,较细致得 35 分,适中得 25 分,有粗壮感得 15 分,非常粗得 5 分。

②皮肤（指肩胛后的皮肤）：非常薄、易拉起且弹性好得 45 分,薄、易拉、有弹性得 35 分,一般得 25 分,有厚感、不易拉起、无弹性得 15 分,非常厚、无法拉起,无弹性得 5 分。

（4）乳房（仅限母牛鉴定用）：

①附着（侧观上底部）：前延后伸极好得 45 分,伸展大得 35 分,一般,即呈圆形乳房得 25 分,窄而弱得 15 分,非常弱,呈山羊状乳房得 5 分。

②乳头（侧观）：乳头非常大得 45 分,乳头大得 35 分,适中得 25 分,较细小得 15 分,极细极小得 5 分。

另外,在肉用牛体型线性评分中,常同时记载的有以下几种情况,以作出客观的统计分析。这些记载内容有:

a. 品种体型外貌的整体评分、年龄、毛色、系谱、出生日期等。

b. 体高、体斜长、体重等指标的测定结果。数据统计分析同遗传分析。

现将作者参考有关文献资料,并在实践中经线性评定应用,总结提出肉用牛体型外貌线性评定表(参考)列于表 3-3。

表 3-3　肉用牛体型外貌线性评定表(参考)

鉴定日期　　　年　　月　　日　　No.

牛号		品种		性别		年龄		特征	
毛色		有无角		胎次		产犊日		来源	
体重		体高		十字高		坐骨高		体斜长	
胸深		胸围		腰角宽		髋宽		坐骨宽	
尻长		管围							
父号		品种		母号		品种		特征	

地址(县、乡、村或场):

分类	部位	观位	极端低分	1	2	3	4	5	6	7	8	9	极端高分	得分	特殊性状
			描述性状(√)及得分(9分制)												
体型结构	头大小◎	正侧	很大										非常小		□头型不理想
	前胸宽	前	很窄										非常宽		□面部歪斜
	胸深度	侧	很浅										非常深		□单侧眼瞎
	肋开张	侧	很小										非常大		□尾根向前
	背腰平◎	侧	严重下凹										严重上凸		□尾根高
	背腰宽◎	纵	很窄										特别宽		□尾根凹
	尻倾斜◎	侧	坐骨端低										坐骨端高		□尾歪
	后裆宽	后	很窄										非常宽		□
	前肢势◎	正侧	呈O状										呈X状		□
	后肢势◎	正侧	过度前踏										直飞		□
	系端正◎	正侧	过长卧系										过短直系		□
	蹄端正	正侧	不端对称										端正对称		□
															□

分类	部位	观位	描述性状(√)及得分(9分制)												特殊性状
			极端低分	1	2	3	4	5	6	7	8	9	极端高分	得分	
肌肉度	鬐甲部◎	纵	极尖瘦										非常宽		□双肩峰
	肩胛部◎	侧	肌肉不明显										肌肉特明显		□双肌臀
	背腰部◎	侧	非常薄										特别厚实		□
	体侧部◎	侧	下凹不丰满										极丰满		□
	尻臀部◎	正侧	极度消瘦										极丰满		□
	后腿部◎	正侧	极度消瘦										极丰满		□
															□
细致度	骨骼◎	管关部等	相对粗壮										相对细致		□ / □
	皮肤◎	肩胛后缘	很厚弹性差										很薄弹性好		□ / □
乳房	乳房附着	侧后	悬垂袋形状										前伸后延好		□瞎乳头
	乳头大小	侧后	细小不对称										非常大对称		□多乳头

总分		级别		鉴定员		日期：　　年　　月　　日

注:仅限母牛鉴定用。

需要指出的是,各种评定方法不是孤立的,而是有很多关联,在实际工作中要综合应用。如可参照乳用牛体型线性评分换算百分制方法和综合(加权)等级评定法,制定各肉用牛体型线性评分换算百分制查分表和综合等级评定方法。

(三)肉牛的年龄鉴定

肉牛的年龄与体重、体型、生长速度、胴体质量等都具有直接的关系,决定着肥育的时机、效率、牛肉的品质。在选种、育种时,年龄也至关重要。鉴别年龄最准确的方法是出生记录,在无出生记录时,可根据牙齿、角轮等进行年龄估测。

1. 依牙齿鉴别年龄

牛没有上牙,下牙有乳齿与臼齿之分。牛牙齿的替换、磨损及其有规律的排列组合(齿式)与年龄具有相关性。在正常的饲养情况下,其年龄与口齿的关系如表 3-4 所示。

表 3-4　牛牙齿生长、磨损特征和鉴别方法

年龄	牙齿特征	备注
3 个月	乳门齿已长齐,内中间乳齿磨蚀不明显	
6 个月	乳钳齿和乳内中间齿已磨蚀,乳外中间齿和乳隅齿也开始磨蚀,6~9 个月长出第一对后臼齿	
1 周岁	乳门齿齿冠的舌面已全部磨完	
1.5 岁	乳门齿显著变短,乳钳齿开始动摇,外中乳齿和乳隅齿齿面已磨完	
2 岁	1 岁半以后,乳钳齿脱落,换生永久齿,2 岁左右,生长发育完全,并开始磨蚀,生长第二对后臼齿	俗称"对牙"
3 岁	2 岁半左右,乳内中间齿发生动摇或换生永久齿,3 岁左右已充分发育	俗称"四牙"
4 岁	3 岁半左右,乳外中间齿换生永久齿,4 岁左右已生长整齐,并且内中间齿舌面的珐琅质开始轻度磨蚀	俗称"六牙"
5 岁	4 岁半前后,乳隅齿脱落换生永久齿,5 岁左右隅齿与其他门齿等高,全部门齿已更换齐全,并开始磨蚀,但生长第三对后臼齿不显著	俗称"齐口"
6 岁	钳齿与内中间齿的齿线显著现露,齿面珐琅质磨去一半,钳齿的咬面呈长方形或月牙形,外中间齿,尤其是隅齿的齿线,稍有现露,但不显著	

年龄	牙齿特征	备注
7 岁	钳齿齿面珐琅质几乎磨完,齿面呈不正三角形,但在后缘仍留下形似燕尾的小角,这时切齿的齿线和牙斑全部清晰可见	俗称"满口斑"或"双印"(齿面俗称"印")
8 岁	钳齿齿面呈四边形或不等边形,燕尾小角消失,有时出现齿星,外中间和隅齿齿面呈月牙形或长方形。此时所有切齿牙斑明显,齿龈正常	俗称"八斑"或"四印"
9 岁	钳齿齿龈开始萎缩,牙斑开始消失,齿星出现,齿面凹陷,并向圆形过渡。内外中间齿齿面呈四边形或不等边形。外中间齿齿面呈不正三角形,隅齿齿面呈月牙形	俗称"六印"或"六斑"
10 岁	钳齿牙斑消失,内中间齿齿面向圆形过渡,外中间齿齿面呈四边形或不等边形;隅齿齿面呈不正三角形,各个齿间已有空隙	俗称"二珠"、"小四斑"或"八印"

2. 依角轮鉴别年龄

受营养丰欠的影响,牛角的长度和粗细会出现生长程度的变化,营养不足时,角部周围组织不能充分生长,表面陷落形成环状凹轮即角轮。母牛在妊娠、哺乳时需要消耗大量养分,形成自身营养欠缺,出现明显角轮,公牛与阉牛角轮不明显。角轮的生长也受多种因素影响,例如患病(特别是慢性病)、流产、饲料品质不佳、营养不均衡等均可导致短浅、细小的角轮形成。在利用角轮鉴别年龄时一般只计算大而明显的角轮。母牛在首次产犊前不形成明显角轮,在计算母牛年龄时应了解并加上首产前年龄,计算公式为:

母牛年龄＝第 1 次产犊年龄－1＋角轮数

为求准确,在用角轮做年龄鉴定时,要结合其他鉴定方法做最终综合鉴定。

二、肉牛的选择技术

选择,亦称选种,是牛群去劣存优的一种方法。

(一)肉牛的重要经济性状及遗传参数

肉牛的性状依其表现方式及人们对它的观察、度量手段区分,可以分两类:一类为质量性状,这些性状的变异可区分为几种明显截然不同的类型,一般用语言来描述,如毛色、血型、角形等;另一类性状为数量性状,这些性状的变异是连续的,个体间表现的差异只能用数量来区别,如初生重、日增重、饲料利用率等。数量性状可以用工具测量、用数字表示,并能按规律计算。肉牛的生产性能等重要经济性状都是数量性状,只是遗传力各不相同。遗传力即衡量性状遗传性强弱的数值。凡生命晚期形成的性状,以加性(累加)效应为主,如日增重、胴体质量等与产肉性能及肉品质有关的性状,其遗传力较高;凡生命早期形成的,如受胎率、产犊间隔等与繁殖力、生活力、适应性有关的性状,易受环境(饲养、管理、气候等)的影响,其遗传力较低。其他性状具有中等遗传力。遗传力高的性状,个体选择的进展较快,遗传力低的性状,个体选择的进展较慢。表 3-5 给出了与肉牛经济性能有关的重要性状的遗传力。

肉牛的多数重要经济性状之间具有较强的遗传相关性,例如眼肌面积、胴体等级、牛肉的大理石状花纹等与增重速度之间都具有较强的正相关。分析性状间的相关关系,不但能同时改良两个或多个正相关关系的性状,还能有效地避免负相关性状在选育过程中造成的不良效果。表 3-6 是肉牛生长速度与其他现状间的遗传相关。

表 3-5　肉牛重要经济性状的遗传力

性状		遗传力	性状		遗传力
生长发育性状	初生重	0.30～0.35	产肉性能	宰前重	0.70
	断奶重	0.25～0.30		宰前外型评分	0.40
	哺乳期日增重	0.50		屠宰时等级	0.35～0.40
	断奶时外貌评分	0.25～0.30		胴体重	0.65～0.70
	周岁体重（肥育场）	0.40		胴体等级	0.35～0.45
	周岁体重（牧场）	0.35		肉质等级	0.40
	18月龄体重	0.45～0.50		眼肌面积	0.40～0.50
	肥育后期重	0.50～0.60		皮下脂肪厚度	0.35～0.50
	肥育期日增重	0.45～0.60		大理石花纹	0.40
	增重效率	0.35		屠宰率	0.40～0.45
	粗饲料利用率	0.32		净肉率	0.50
成年体型	成年母牛体重	0.50～0.70		瘦肉率	0.55
	成年体高	0.50		肉骨比	0.60
	管围	0.30		嫩度	0.30
	十字架高	0.50	繁殖力性状	产犊间隔	0.10～0.15
	胸宽	0.50		受胎率	0～0.15
	体型评分	0.30		母性能力	0.40
	胸围	0.55			
	尻长	0.50			

表 3-6　肉牛生长速度与其他性状间的遗传相关

性状	遗传相关	性状	遗传相关
饲料利用率	＋0.79	肾脂肪重量	－0.02
眼肌面积	＋0.68	肉的大理石状花纹	＋0.30
脂肪厚度	－0.60	胴体等级	＋0.47

(二)肉牛选种的途径

肉牛选种的一般原则:从品质优良的个体中精选出最优秀的种公牛和种子母牛个体,即"优中选优";对种子母牛进行大面积的普查鉴定、等级评定、淘汰劣牛等,即"选优去劣"。在肉牛选种过程中,种公牛的选择对牛群的发展方向起着关键作用,选择时应先审查系谱,再审查其外貌及发育情况,然后根据种公牛的后裔测定成绩等判断其遗传稳定性;种子母牛的选择则主要根据本身的生产性能及与之相关的性状,参考系谱、后裔、旁系的表现进行。

肉牛的选种途径主要有系谱、自身、后裔和旁系选择四项。

1. 系谱选择

简称祖先审查,就是利用系谱信息估计个体育种值。肉牛的生产性能受先天和后天两方面的影响,先天即祖先的遗传,后天即本身所处的环境。它是预测幼龄牛优劣的重要方法。常言道"公牛好好一坡,母牛好好一窝"、"买犊看母"等民间养牛文化,也是说后代在很大程度上受祖先的影响。所以在选种时,一定要做好祖先的审查工作。据资料表明,种公牛后裔测定成绩与其父亲后裔测定成绩的相关系数为 0.43,与其祖父后裔测定成绩的相关系数只有 0.24,且对来自父亲与母亲的遗传信息不能等量看待。肉牛系谱选择的内容(性状)有初生重、各阶段的体重与增重效率、肥育能力、饲料利用率及与肉用性能有关的外貌表现。一般查其三代,以父母代为主,应将高产祖先的后代留种。选择时还应注意先代中各性状的遗传稳定性及上升趋势的优劣,审查先代是否携带有侏儒症、致死或半致死及其他不良的遗传基因。其弱点是:亲本信息的估计效率较低,并随先代代数增多,估计效率逐渐降低。

根据双亲资料估计被选择个体性状育种值的公式为:

$$\overline{A}_X = [1/2(\overline{P}_S + \overline{P}_D) - \overline{P}]h^2 + \overline{P}$$

式中：$\overline{A}_X$——个体 X 某性状的估测育种值；

　　P_S——个体 X 父亲该性状的表型值；

　　P_D——个体 X 母亲该性状的表型值；

　　$\overline{P}$——与父母同期的牛群该性状的平均表型值；

　　h^2——该性状的遗传力。

若双亲均有育种记录，则公式为：

$$\overline{A}_X = 1/2(A_S + A_D)h^2$$

式中：A_S——父亲育种值；

　　A_D——母亲育种值。

2. 自身表现选择

就是根据被选个体本身的一种或多种性状的表现值判断其种用价值。此法又称性能测定或成绩测定。它适用于 1 岁以上、各性状已得到较充分表现的被选个体。选择的项目有体型外貌、体尺和体重（初生期、断奶期、6 月龄、12 月龄、18 月龄等）、平均日增重（哺乳期、断奶后）、增重效率、产肉性能（宰前重、胴体重、净肉率、屠宰率、肉骨比、眼肌面积、肉品质量和皮下脂肪厚度等）。此外，选择公牛时还需要鉴定生殖器官发育程度、精液质量，母牛还应鉴定繁殖性能（受胎率、产犊间隔、发情的规律性、产犊能力、母性能力、产奶性能、多胎性、早熟性与长寿性等），但以生长发育性状、产肉性能、外貌、产奶和繁殖力为主。根据肉牛本身性状的表型值及遗传力估计其种用价值的公式为：

$$\overline{A}_X = (P_X + \overline{P})h^2 + \overline{P}$$

式中：$\overline{A}_X$——个体 X 某性状的估测育种值；

　　P_X——个体 X 某性状的表型值；

　　$\overline{P}$——个体 X 所在群体同一性状的平均表型值；

　　h^2——该性状的遗传力。

对同一性状有多次记录的个体，可采用以下公式：

$$\overline{A}_X = (\overline{P}_X + \overline{P})h_n^2 + \overline{P}$$

$$h_n^2 = nh^2/[1+(n-1)r_e]$$

式中：n——记录次数；

r_e——性状重复力；

$\overline{P}_X$——个体 X 某性状表型值多次记录的平均值。

3. 旁系选择

也称同胞、半同胞选择，即根据同胞或半同胞表型信息估测被选个体的育种值。旁系选择的优点在于能在早期从侧面估测被选个体的限性性状（如公牛的泌乳能力等），还能估测被选个体无法查知的性状（如屠宰后性状等）。由于旁系同胞（兄弟、姐妹、堂表兄弟姐妹）数目大，能大幅度提升估测的准确度，有效地节省时间，比后裔测定至少提前 4 年。用同胞或半同胞记录资料估测被选个体育种值的公式为：

$$\overline{A}_X = (\overline{P}_{HS} - \overline{P})h_{HS}^2 + \overline{P} \text{ 和 } \overline{A}_X = (\overline{P}_{FS} - \overline{P})h_{FS}^2 + \overline{P}$$

式中：$\overline{A}_X$——个体 X 某性状的估测育种值；

$\overline{P}_{HS}$——半同胞某性状的平均表型值；

$\overline{P}_{FS}$——同胞某性状的平均表型值；

h_{HS}^2——半同胞某性状的遗传力平均值；

h_{FS}^2——同胞某性状的遗传力平均值；

$\overline{P}$——同期同龄牛群体某性状表型值的平均值。

在比较后备公牛个体时，由于同胞与半同胞的头数不等，加权值不同，计算 h_{FS}^2 与 h_{HS}^2 的公式为：

$$h_{FS}^2 = 0.5nh^2/[1+(n-1)0.5h^2]$$

$$h_{HS}^2 = 0.25nh^2/[1+(n-1)0.25h^2]$$

式中：n——旁系个体的数量。

4. 后裔测定

即评定种公牛最可靠的方法，就是根据被选个体后裔各方面的表现情况来评定被评个体的种用价值的一种方法。用此法可评定公牛也可以评定母牛，既可评定数量性状，也可评定质量性状，但在生产中多用于公牛。此法是多种选择方法中最为可靠的一种，但耗时较长，在评定完成时，种牛往往因为年龄过大而失去种用的时间和机会，现在弥补的方法是将其精液冷冻保存，待以后根据鉴定结果取舍。用后裔测定评定种公牛重要经济性状的方法有：

（1）母女对比法：即将种公牛所生女儿的性状与它们的母亲的平均成绩相比较。若女儿的成绩超过母亲的，表明该种公牛性能良好，谓之"改良者"；若女儿的成绩比其母亲的差，表明该种公牛性能差，谓之"恶化者"。在应用母女对比法时，应尽可能减少饲养管理、气候环境等方面的差异，必要时还可作统计学分析。

（2）公牛指数法：公牛指数求知的原理是女儿的平均数等于其父母平均数，计算公式为：

$$F = 2D - M$$

式中：F——公牛指数；

　　D——女儿平均值；

　　M——母亲平均值。

（3）公牛相对育种值法：公牛相对育种值是相对于牛群平均值（100%）而言的，相对值超过100%为改良者，而且超过均值越多越好，否则为恶化者。相对育种值基本公式为：

$$RBV = [(P - \bar{P})h^2/\bar{P}] \times 100\% + 1$$

式中：RBV——被测公牛某性状的相对育种值；

　　P——群体该性状的平均表型值；

　　$\bar{P}$——女儿该性状的平均表型值；

　　h^2——该性状的遗传力。

上式适用于女儿数与母系数相等情况下，在母女数及各公牛女儿数不等时应用校正女儿数公式：

$$RBV=[(DW+\overline{P})/\overline{P}]\times100\%$$

其中：$DW=\sum W(\overline{P}_a-\overline{P}_i)/\sum W$ 　　　$W=(n_1\times n_2)/(n_1+n_2)$

式中：RBV——被测公牛某性状的相对育种值；

　　　$\overline{P}$——群体该性状的平均表型值；

　　　W——有效女儿数；

　　　n_1——被测公牛的女儿数（不少于 20 头）；

　　　n_2——同群其他公牛的女儿数；

　　　DW——加权平均差数；

　　　$\sum_w$——各公牛试验群中有效女儿数的总和；

　　　$\overline{P}_a$——各试验群中被测公牛女儿该性状的平均表型值；

　　　$\overline{P}_i$——各试验群中其他公牛女儿该性状的平均表型值。

(4)总性能指数法（TPI）：目前世界上种牛选择中的先进方法之一。最先在美国奶牛鉴定中应用，后用于肉牛及役用牛种牛鉴定，效果良好。在秦川牛选育中，用被选种公牛后裔断奶时主要性状综合评定其种用性能的计算公式为：

$$TPI=0.6RV_1+0.4[0.3(RV_2+RV_3)+0.4RV_4]$$

式中：TPI——被选种牛总性能指数；

　　RV_1——后裔哺乳期日增重的相对育种值；

　　RV_2——后裔哺乳期时体高的相对育种值；

　　RV_3——后裔哺乳期时体长的相对育种值；

　　RV_4——后裔哺乳期时胸围的相对育种值。

性状相对育种值的计算如前所述。

在后裔测定过程中，要同时比较几个公牛时，与配母牛在数量、品质、营养水平、管理方法、配种时间上应尽可能一致，被测公牛的后裔要全部计入，不可随意取舍。

(5)复合育种值的估计：即用不同来源的多项遗传记录资料，按其遗传作用大小加权后综合计算出的被选牛的育种值。计算公式为：

$$A_X = 0.4A_1 + 0.3A_2 + 0.2A_3 + 0.1A_4$$

式中：A_X——被选牛的复合育种值；

　　　A_1——性状的后裔资料；

　　　A_2——性状的自身资料；

　　　A_3——性状的半同胞资料；

　　　A_4——性状的祖先资料。

(三)肉牛的选种方法

　　肉牛的选种方法主要包括单一性状选择法、独立淘汰法和指数选择法。

1. 单一性状选择法

　　即按顺序逐一选择所要改良的性状，也就是当第一个性状得到改良后再选择第二个性状，直至使全部性状均得到改良，因此此法也称逐一选择法。这种方法简单易行，就某一性状而言，选择效果良好，但就总的性状而言，改良时间延长，改良效果低下，而且如果公牛存在与此性状呈负相关的性状，可能还会导致其他性状质量下降。另外，在只注重一个性状的改良时还可能将别的性状较差的牛只留在牛群中，影响整个牛群质量。

2. 独立淘汰法

　　是指同时选择几个性状，对每个性状规定最低的独立标准，采用一票否决制，淘汰任何一个性状不够标准者。此法简单易行，能够较全面地提高选择效果，但是，由于对各性状的经济重要性和遗传力高低没有加权考虑，有时会留下一些平庸的个体，把一些某个或多个重要性状表现十分优秀而单个普通性状不够标准的个体淘汰。

3. 综合指数选择法

　　即把几个性状的表型值，根据其遗传力高低、相对经济重要性、性状间的表型相关和遗传相关给予不同的适宜权值,运用数量遗传学原理综合计算出一个使个体间可以相互比较的数值。综合指数选择法的基本公式为:

$$I = w_1 h_1^2 (P_1/P_1) + w_2 h_2^2 (P_2/P_2) + w_3 h_3^2 (P_3/P_3)$$
$$+ \cdots + w_n h_n^2 (P_n/P_n)$$

$$= \sum_{i=1}^{n} w_i h_i^2 (p_i/\overline{p_i})$$

式中:I——综合选择指数;

w_i——性状 i 的加权值,各性状加权值相加之和应等于 1;

h_i^2——性状 i 的遗传力;

p_i——个体该性状 i 的表型值;

$\overline{p_i}$——牛群该性状 i 的平均表型值;

n——所综合的性状个数。

若把各性状都处于牛群平均水平的个体的综合选择指数定为100,综合选择指数公式即为:

$$I = \sum_{i=1}^{n} [(w_i h_i^2 p_i \times 100/\overline{p_i} \sum w_i h_i^2]$$
$$i = 1$$

其他个体与 100 相比较,超过 100 者为优良者,不足 100 者即予以淘汰。综合指数选择的效果主要取决于各性状的加权值判定是否合理。加权值制定的依据是性状的相对经济价值、遗传力及其与其他性状的遗传相关性,同时要求育种工作者在生产与实践中不断地总结和研究,以期制定更加合理的加权值。

4. 最佳线性无偏预测(BLUP)法

BLUP 法是 Hender-son 在"极大似然法"的基础上,根据人工授精技术发展的要求提出的一种种公牛评定方法,用线性函数表示,具有很高的精确度、很大的灵活性和现代统计学特征,加之现代功能强大的电子计算机运算,故为目前国际上最有效评价种公牛的方法之一,已达到通用程序化程度。根据不同育种资料来源,BLUP 法一般可分为回归模型、固定模型、随机模型、混合模型四种,应用最广的是混合模型,即根据后裔(主要是女儿)的记录估测公牛的育种值。

另外,选择肉牛种牛的先进方法还有动物模型法等。

(四)肉牛的选配

选配即有预见性、有计划地安排公母牛的交配,以期达到后代将双亲优良性状结合在一起,获得更理想的后代,培育出优秀种牛的目的。也就是在选种的基础上,向着一定的育种目标,根据公母牛自身品质(如体质外貌、生长发育、生产性能)年龄、血统和后裔表型等进行通盘考虑,按照一定的繁育方法,选择最合理的交配方案,最终获得更为优秀的后裔牛群。选配是在选种的基础上进行的,其目标必须与育种目的、繁育方法相一致。常用的选配方式如下:

1. 亲缘选配

即根据公母牛间亲缘关系的远近来安排交配组合,有意识地进行近亲繁殖(近交)或非亲缘繁殖(远交)。亲缘选配的目的是使基因的纯合频率增加,巩固遗传性,淘汰有害性状。需注意的是,选配双方都应是最为杰出的个体,不应有相同的缺点或带有缺陷性状的基因。

2. 品质选配

即根据肉牛体质外貌或生产性能的特点安排交配组合,因育种阶段与生产实践要求不同,品质选配又分为同质选配和异质选配。

(1)同质选配:其效果与近亲交配相似,目的是使纯合子频率增加,巩固双亲的优点,增加遗传稳定性,但不会造成性状退化现象,不改变基因频率,却有可能降低群体均值。

同质选配有表型同质选配和遗传同质选配之分。在杂交育种后期,牛群体质外貌和生产性能参差不齐时,可根据体质外貌或生产性能的类型进行表型同质选配。遗传同质选配是为了巩固和发展某些优良性状。应当注意的是,同质选配应绝对避免有共同缺点的交配组合。为了提高同质选配的效果,最理想的方法是了解选配双方的基因型。

(2)异质选配:也称"选异交配",即选择体格类型和生产性能不相同的公母牛进行交配。此类选配方式使产生杂合子的频率增加,对改善和提高牛群的体质外貌、生活力、适应性和生产性能均能起到良好的作用。异质选配有两种类型,一类是交配组合中公母牛具有不同优良性状(如泌乳量和乳脂率),选配的目的是将两者的优良性状在后代中结合在一起;另一类是交配组合中公母牛具有同一性状但优劣程度不同,选配的目的是改进不理想特性。异质选配的效果是在优良性状结合的同时,使牛群的生产性能趋于群体平均数,不能长期应用,应与同质选配结合应用。生产和繁殖群多用异质选配,育种群多用同质选配,在不同育种和生产阶段,两者互为主从,应用异质选配达到结合优良特性,在提高生活力和扩大了对环境的适应性后,发现异质选配再不能继续发挥优越性时,必须立即转为同质选配。应该注意的是:要避免弥补选配,即将同一性状的极端相反类型(如鲤背与凹背)的公母牛选配。

3. 等级选配

即根据公母牛的等级状况选择交配组合。等级选配必须遵循以下原则:

(1)最高等级的母牛应与最高等级的公牛交配。

(2)在任何情况下,母牛不能与低于自身总评等级的公牛交配,至少应与同等级的公牛交配,如与更高等级的公牛交配效果更好。

（3）等级选配只是选配的一种方式，不可绝对化，必要时应与品质选配相结合，同时还要考虑亲缘、年龄、饲养管理等。

(五)肉牛的纯种选育

肉牛的纯种选育又称本品种选育，即在肉牛的本品种内，通过选种、选配和培育，不断提高牛群质量及其生产性能的方法。

1. 适用范围

（1）体型外貌较为一致，生产性能较高，环境适应性好并具有稳定遗传性的地方肉牛品种，如我国的秦川牛、南阳牛、晋南牛、鲁西牛、延边牛等，为了进一步提高其生产性能，促使其体型外貌更趋一致，又保持其耐粗饲、高抗病性，需采用纯种选育法来巩固和提高某些优良性状，改进某些缺点。

（2）用于我国历年引进的国外专用肉牛品种的保种工作。如夏洛来牛、利木赞牛、皮埃蒙特牛、西门塔尔牛、海福特牛等品种产肉性能高，具有稳定的遗传性，为了增加这些牛的群体数量，并保持品种特性，不断提高品质，需要有计划地进行纯种选育。

（3）在目前看来经济价值不高，但有些性状和特性较为突出或未充分发挥其作用的地方牛种，需在一定区域内保留必要数量作为基因库时，需要纯种选育。

（4）杂交育种的最后阶段，牛群进入横交固定以后，为了使牛群质量进一步提高并趋于一致，需要进行自群繁育，严格选择，淘汰不良个体，增加良种牛的数量，提高质量，实质上就是采取本品种选育的方法。

另外，无论是地方肉牛品种还是国际专用肉牛品种，其品种形成的过程本身就是纯种选育的结果。

2. 选育方式

包括亲缘繁育(近交)和品系繁育两种。

(1)亲缘繁育:亲缘繁育的作用有:

①固定某些优良性状,使优良性状的基因纯合频率增加。在品种固定阶段或在牛群中需固定某头牛的优良特性时,亲缘繁育是一种很好的方法。

②暴露有害基因。因为基因纯合频率增加,可以使隐性不良性状暴露,发现并淘汰含有不良基因的个体。

③保持优良祖先或个体的血统。近交使优良性状的组合在它们的群体中不断得到纯合化,并无损地保留下来,对于品种质量的提高大有好处,使优秀血统长时间、较好地保持较高水平。

④使牛群同质化,有利于规范饲养管理,并保持准确的遗传参数和育种值。亲缘繁育优点突出,缺点也很突出,长时间近交繁殖的后代,其生活力、繁殖力、体质适应性、生产性能方面均有下降趋势,不可滥用。近交应用效果的好坏关键在度的把握,巧妙地应用近交可取得意想不到的效果。

(2)品系繁育:品系繁育是育种工作的高级阶段,也是纯种选育常用的育种方法。其特点是有目的地培育牛群在类型上的差异,以便使牛群的有益性状继续保持并扩大到后代中去。将在某一方面表现突出的个体或类群,采用同质选配可以将该品种这方面的优良性状继续保持下去。采用此法,在一个品种内建立若干个品系,每个品系都有其特点,以后通过品系间的结合(杂交),即可使整个牛群得到多方面的改良。故品系繁育既能达到保持和巩固品种优良特性、特征的目的,同时又可以使这些优良特性、特征在个体中得到结合。

①建立品系的方法和步骤:

a. 创造和选择系祖,建立品系的首要问题是培育系祖。系祖必须是卓越的优秀种公牛,不仅本身表现好,而且能将本身的优良特性和特征遗传给后代。当牛群中尚未发现理想的系祖时,不应急于建系,而应该从积极创造和培育系祖着手。从种子母牛群或核心群中挑选符合品系要求的母牛若干头,与较理想的种公牛进行选配,将所生公犊通过培育和后裔测定,选五留一,建立祖系。为了避免系祖后代中可能出现的遗传性不稳定,在创造和培育系祖过程中,可适当采取近交选配,以巩固遗传性。为了防止因近交而出现后代生活力降低及因某些不良基因结合而出现遗传缺陷,应避免父女或母子交配,近交系数一般以不超过 12.5% 为宜。

　　b. 挑选基础母牛,与系祖交配的母牛必须符合品系要求。另外,品系的基础母牛还必须有相当的数量,一般建立一个品系,至少需 100~150 头成年母牛,供建系的基础母牛头数越多,就越能发挥系祖的作用,特别是在应用冷冻精液配种的情况下,一个品系的基础母牛头数更应大大增加。

　　c. 选育系祖的继承者,一般个体的卓越性状延续到三代后即会逐步消失,且牛的世代间隔较长,因此在建立品系以后,要及早注意培育和选留品系公牛的继承者。方法有:继续延续已建品系,选留与原系祖亲缘关系较多的后代公牛作为品系的继承者;重新建立相应的新品系,即重新培育系祖。

　　②品系的结合:建立品系的目的是增加品种内部的差异性,保持品种丰富的遗传性,而品系的结合(即品系间的杂交)则可增加品种的同一性。通过品系的结合,使品系间的优良特性和特征得到互相补充,以提高本品种牛群质量。

　　③采用顶交,防止近交退化:在品系繁育时应首先控制近交程度,近交系数不宜过高。当出现近交退化现象时,可采取顶交,即让近交公牛与无血缘关系的母牛交配,以提高下一代牛群的生产性能、适应性和繁殖效率,并在同一品种内获得杂种优势效果,以达到增强牛群体质的作用。

④常见的品系类别:由一个突出性状的种公牛发展起来的品系称单系。另外,由于建系方法和目的的侧重点不同,还有下述几种品系类型:

a. 近交系:是由连续的同胞间交配而发展起来的一组牛群,其近交系数往往超过大群牛平均近交系数的数十倍,高达 20%以上。

b. 群系:将具有相似优良性状的牛只组成基础群(不考虑是否为同胞或近亲),然后实行群内闭锁繁育,以巩固和扩大具有该优良特性和特征的群体,由此发展的品系称群系。这种建系法称为群体继代法。

c. 专门化品系:在某一方面具有特殊性能,并专供与一定品系杂交的品系,称专门化品系。

d. 地方品系:在分布较广泛、数量较多的品种中,由于各地自然地理条件、饲料种类和管理方式不同,以及地区性的选择标准的差异而形成同一品种内的不同地方类群,称为地方品系。如我国地方黄牛品种巴山肉牛,就有宣汉牛、西镇牛、平利牛、庙垭牛等品系。

三、肉牛的引种与保种

(一)肉牛的引种

将本地(本省或本国)原来没有的品种从其他繁殖地引进到本地,用来繁殖或杂交改良本地肉牛品种,以期提高本地牛的生产性能的过程称为引种。近年来,随着我国商品肉牛生产的迅速发展,引进国外专门化肉牛品种改良我国原有牛种的产肉能力已十分普遍。目前引种的方式除了活体引种外,在人工授精技术广泛应用的地区和有条件进行冷冻胚胎移植的地区,引进肉牛冷冻精液或

胚胎是一种简捷的方式。此外,引进品种牛种质资源(细胞引种)
也属于引种范畴。引种时应注意的事项有:

1. 引种的目的要明确,不可盲目从事

在生产和研究工作中,正确了解本地牛的生产特性,清楚要改
良的性状,明确所要引进牛的特性,既要知道引进的品种是否具有
要引进的性状,又要知道引进品种有何缺点。需要注意的是,引进
品种牛是否适应引入地区的生态环境。

2. 引种时要全面了解产地疾病流行情况,并严格检疫

检查种牛的健康状况,不可将病牛(尤其是患传染病的牛)引
入;在引进品种到达目的地后,应再行检疫并隔离观察,确认健康
方可进行试验。

3. 有现成引种经验的应充分吸取

首次引进应以少、精为宜,选种时要根据原品种的种用标准加
以鉴定,并查看系谱,建立档案。引入之后要仔细观察,小范围试
验,不可贸然从事,以免造成大的经济损失。

(二)肉牛的保种

1. 保存我国牛品种资源的重要意义

我国牛品种资源丰富,有很多地方优良品种,如我国良种黄牛
产肉性能突出,耐粗饲,适应性好,这是祖先经过千百年选育的结
果。此外,还有一些目前看来经济价值不甚高的品种资源需要保
护。我国牛品种资源保存的意义:

(1)这些品种包含着进一步改进现代良种所需的基本基因
资源。

(2)人类对各种家畜的利用方式以及不同类型畜产品的社会
经济价值在未来会不断地发展变化,这些品种的社会经济价值有

待进一步认识。

(3)不同类型的品种,对各种疾病的非特异免疫性不同,这些品种的抗病性基因有待发现。

(4)一些古老的地方品种具有文化价值。

现在的紧迫任务是珍惜和保存现有的地方良种,保护和保存体现于这些品种的生态类型,避免品种的混杂、退化和濒灭。特定基因从群体中消失的原因有基因随机漂移、选择与杂交、近亲交配等,所以,保种的本质就是要保存品种基因库中全部有利基因和有价值的基因组合体系,避免基因的漂移与散失,保持品种的遗传多样性。

2. 保种的技术措施

(1)在财政条件允许情况下尽可能扩大群体规模。

(2)尽可能缩小公、母牛头数比例的差距。

(3)实行各家系等数留种。

(4)在避免亲缘关系极近个体相交配的条件下,实行各公牛随机(等量)交配母牛的原则。

(5)避免群体规模的世代间波动。

(6)延长世代间隔。

3. 保种方法

我国目前有关牛保种的方法主要有以下几种:

(1)保种区保种:保种是为了保存生物资源,为此必须保持一定的群体规模,以及在该群体进行闭锁繁育时所允许的近交增量。根据上述原则,确定每个世代的近交增量为 1%,以 10 年为一个世代,一个世代的近交总增量以 10% 为度,公母比为 1:5。按下列公式计算保种公、母牛数:

$$\Delta F = 1/2Ne = 3/32Ns + 1/Nd$$

式中:ΔF——近交系数的增量;

Ne——群体有效含量；

Ns——保种群公牛头数；

Nd——保种群母牛头数。

按上式计算出保种公牛为 10 头，母牛为 50 头，这是根据短期保种需要计算出的最低理论数。在实际保种中，可根据实际情况，选留大于此数的保种数。

所留种公母牛在进行闭锁繁育时，须采用各家系等数留种，公牛随机等量交配制度，并把世代间隔延长到 10 年。

（2）利用现代生物技术保种：

①胚胎库保种：对需要保存品种的胚胎进行低温保存。若按胚胎冷冻后成活率为 80%，公牛选择率为 13%，母牛选择率为 65% 计算，整群形成公牛 10 头、母牛 50 头的牛群规模，只需保存胚胎 800 枚。另外，为了使品种基因库得以全部保存，所保存胚胎间应彼此无亲缘关系，故保存胚胎不少于 400 组，每组胚胎不少于 2 枚。

②精液库保种：建立精液库保种是一种简单而经济的方法，恢复该品种时需借用其他品种母牛，通过四代级进杂交，使第四代杂种牛含有原品种 93.75% 的纯血，即可按原品种登记注册。按母牛情期输精两回，每受胎一头需输精 1.7 次，产犊率和犊牛成活率均按 90% 计，母畜保留率按 80% 计，第四代前不保留公牛，到第四代公牛保留率按 16% 计算，至少需保存冷冻精液 15 395 份，加上保存期间需要定期检查精子活力，保存总数以不低于 2 万份为宜。为了避开亲缘关系，所有精液应至少采自 154 头公牛，每头公牛至少保存 130 份精液。

（3）正确处理好保种与本品种选育的关系：保种的关键在于保存群体各个基因位点的全部有利基因，而本品种选育则是根据当前经济生活的需要进一步改进品种固有的优点。前者着眼于保，让后代均有机会利用祖先的遗传变异；而后者着眼于选，使品种更为符合经济生活的需要。因此,两者在本质上、繁育方法上是不同的。但是,当所要保的特性恰好是本品种选育的目标性状时,本品种选育比保种更有意义,因为保种的目的可通过品种的选育更好地实现,在这种情况下没有必要另行保种。

　　显然,在品种选育过程中,如要在一定范围内导入杂交,就可能使当前看来似乎无用的品种固有特征丧失,另辟保种群进行原种保存就必不可少。

第四章　肉牛杂交改良

第一节　我国黄牛杂交改良的必要性

我国幅员辽阔，约有黄牛 1 亿多头。全国各地的气候条件、饲料饲养等条件差异很大。对黄牛品种的改良需要根据当地的实际情况进行。

我国的黄牛传统上均为役用牛，产肉率低，育肥效果差。而国外著名的肉牛品种如利木赞牛、海福特牛、安格斯牛及西门塔尔牛等具有典型的肉牛体型，产肉效率高，生长速度快。我国的肉牛生产历史较短，改革开放 30 年来，才逐步把部分役用牛转为肉牛饲养。而肉牛生产发达国家的肉牛生产历史较长，已高度专业化。根据我国黄牛的生产性能，利用优质肉牛品种进行杂交改良，即生产杂交肉牛，用于肉牛生产是必要的。

近 30 年来，我国引进了许多优良的肉牛品种，例如利木赞牛、夏洛来牛、安格斯牛、西门塔尔牛、皮埃蒙特牛等，并开展了与本地黄牛的杂交改良工作，取得了显著的生产效果。

第二节　肉牛杂交改良技术

　　杂交是指两个或两个以上品种(系)的公、母牛相互交配,也就是指不同基因型的个体或种群间公母牛的交配,目的是改良原始低产品种,创造杂种优势,培育新品种。杂交的优点在于后代的性状表现往往优于双亲的平均数。若干品种(系)间产生杂种优势的程度称为配合力。通过杂交可以丰富和扩大牛的遗传基础,改变基因型,增加遗传变异幅度,使后代的可塑性更大,生活力和生产性能得以提高。杂交所产生的后代称为杂种。

一、杂交方法

　　根据杂交后代生物学特性和经济利用价值,杂交方法分为:

(一)品种内杂交

　　也称品系间交配,是指品系间无亲缘关系的公母个体的交配。目的在于综合各品系的优点,减少近交,改良品系的不理想性状,使品种内性状一致化,得到较高的杂种优势。

(二)品种间杂交

　　即不同品种间公母个体的交配。品种间杂交是最常见的杂交方法,任何用途的牛都可用此法提高牛群的生产性能,改良体型外貌的缺陷,培育新的肉牛品种。肉用牛与乳用牛的杂交后代,既可获得高于肉用牛的泌乳能力,又可获得优于乳用牛的生长率、胴体重、屠宰率等。

（三）种间杂交

也称异种间杂交或远缘杂交。即不同种间公母个体的交配。此法可获得经济价值很高的牛群和创建新的品种，如欧洲牛与瘤牛杂交培育的新品种抗旱王牛、婆罗福特牛等，具有良好的生产性能及抗热性和抗焦虫病能力；又如我国的黄牛与牦牛的杂交的后代犏牛，既具有良好的生产性能，又具有适应高寒草地终年放牧的特性。

二、杂交方式

肉牛的杂交因目的不同分为育种杂交和经济杂交两个类型。

（一）育种杂交

1. 级进杂交

又称改造杂交或吸收杂交。是利用优良高产品种改良低产品种最常用的一种迅速而有效的杂交方式（图 4-1）。即以优良品种（改良者）公牛与低产品种（被改良者）的母牛交配，所产杂种母牛逐步再与改良者不同公牛交配。直到杂种后代的表现性状符合理想要求时终止这种杂交，以后可选择杂种牛群中理想的杂种公母牛进行横交，以固定性状遗传性，培育出新品种。

级进杂交方式在我国应用时间已经很长，如中国西门塔尔牛就是用引进的国外纯种西门塔尔公牛对中国黄牛实行级进杂交培育而成的；又如用引进的短角牛对我国的蒙古牛实行级进杂交，横交固定，培育成我国有名的乳肉兼用品种——中国草原红牛。在生产和育种过程中，级进杂交代数不宜过高，一般为 3～4 代，即杂种含外血 75%～87.5% 为宜。

　　级进杂交时应注意:改良要适合地区条件和需求,改良目标要明确,要求改良者育成时间较长、遗传性稳定、生产性能高、适应性强,同时也要顾及地区习惯及杂种毛色等。杂交后代的饲养管理要合理,否则高代杂交后代难以表现明显的杂种优势。

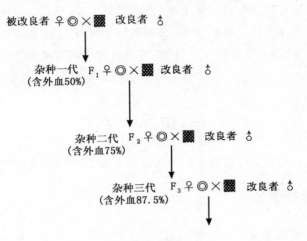

图 4-1　肉牛级进杂交示意图

2. 导入杂交

　　又称改良杂交或引入杂交。当一个品种具有多方面的优良性状,但个别性状存在较为显著的缺陷,或者需要在短时间内提高适应市场要求的经济性状,而这种缺陷或需求用本品种选育又不易得到纠正时,可利用另一理想的品种公牛与被改良者母牛交配,使杂种牛群趋于理想,再选择杂种牛群中理想的公、母牛逐代与被改良牛群母、公牛交配,这种杂交方式称为导入杂交(图 4-2)。

　　导入杂交的优点在于不改变原来的育种方向,在保留原品种的主要特征基础上克服其不足之处,是改良而不是改造。导入杂交在我国目前的肉牛生产中应用很广,在应用导入杂交时导入外

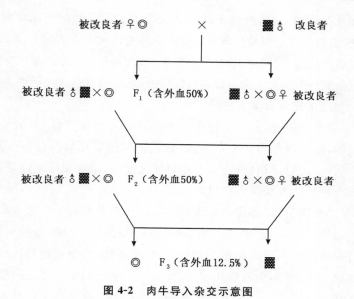

图 4-2　肉牛导入杂交示意图

血一般以 12.5%～25% 为宜,用于导入外血的母牛应占牛群的 10%～15%,以保留足够数量的原品种优良母牛群与杂种一代回交。

导入杂交应注意:导入品种的基本特性要与被改良品种基本一致,且针对后者原有某些缺点具有突出优良性状和稳定遗传性,并不具有后者所没有的缺陷;对导入外血的杂交后代和与配个体要严格选择和培育,以使导入的优良性状能够稳定遗传,否则将前功尽弃。

3. 育成杂交

也称创新性杂交。即通过两个或两个以上的品种进行杂交,使杂种后代综合几个品种的优良特性显现多品种的杂种优势,提高后代的生活力和生产性能,改进体质外貌缺点,且扩大变异范围,创造出亲本所不具有的有益性状。育成杂交分为简单育成杂交和复杂育成杂交,由两个品种杂交培育成新品种的称简单育成杂交,由两个以上的品种杂交培育成新品种的称复杂育成杂交。复杂育成杂交因杂种后代具有更为丰富的遗传基础而优于简单杂交。育成杂交以级进杂交为基础,且在某种程度上具有很大灵活性。

育成杂交分为 3 个阶段:

(1)杂交阶段:杂交可打破原有品种的遗传保守性,扩大变异的范围,创造各种特征的杂种,再根据预定的培育目标(同时可有多个目标)进行严格的选择,采用异质选配、非亲缘交配定向培育,直至杂种后代性状符合理想型。

(2)横交阶段:亦称自群繁育阶段。在杂种牛群中已有理想型公牛,且理想型牛已达 15％时,选择理想型杂种公母牛进行横交,保持和发展已获得的理想型,稳定性状遗传性,其余杂种后代可继续级进杂交,根据杂种后代表现,灵活采用横交固定。横交阶段的主要任务是建立几个无血缘关系的优良品系。在横交繁育品系的过程中要合理利用近交、同质选配和异质选配,并选择具有一定特点的优秀种公牛。

(3)纯化阶段:以同质选配的方式进行品系间杂交,使杂种后代具备多个品系的优良品质,此阶段的中心任务是创造新品种。在同质选配时要考虑杂交的亲合力,对品系间的杂种后代要严格选种选配。

我国及国外的肉牛新品种几乎都是采用育成杂交的方法培育成的。

(二)经济杂交

也称生产性杂交。主要用于商品牛生产,目的是应用杂种优势,提高商品肉牛的生产性能,增加商品牛数量,降低生产成本,获得较高的经济效益。国外研究报道,品种间杂交组合后代的产肉性能一般比纯种牛高 15％～19％。经济杂交的方法有简单经济杂交、复杂经济杂交、轮回杂交、终端公牛杂交体系等。

1. 简单经济杂交

也称二元杂交,即两个品种间的杂交。所有杂种一代牛均作商品牛肥育出售,不作种用。在生产中此法较为简单,只需做一次配合力测验。杂种一代的杂种优势明显,但要做好纯种肉牛的纯繁工作,以保证有充足的纯种牛用于组织杂交工作。

2. 复杂经济杂交

也称三元杂交,即将两个品种进行二元杂交,杂种一代母牛再与第三个品种的公牛进行杂交,杂种二代及杂种一代公牛全部肥育出售,不作种用。在生产中,此法较二元杂交获得更大的杂种优势,据测定,三元杂种后代周岁重比二元杂种后代提高约 9%,但需要做两次配合力测验和三种纯种肉牛的纯繁工作。

3. 轮回杂交

即两个品种或三个品种公、母牛之间不断轮流杂交,使各杂种后代都能保持一定杂种优势,获得高而稳定的生产性能。杂种后代母牛性状优良者均可进入基础母牛群,进入下一轮回杂交(图 4-3)。任何一次杂交或轮回杂交后代的公牛及性状不够优良的杂种后代母牛均可肥育出售。这种杂交方式的优点在于:只需引用少量的纯种公牛,除第一轮杂交外,其他杂交均可使用杂种母牛,能很好地利用个体杂种优势和母畜杂种优势,缺点是公牛个体需逐代更换,配合力不易测定。

三元轮回杂交效果优于二元轮回杂交,但较三元杂交效果略差。轮回杂交被广泛应用于国内外肉牛生产中。

4. 终端公牛杂交体系

用 A 品种公牛与 B 品种母牛配种,所产杂种一代(F_1)母牛再与第三品种 C 公牛进行杂交,所产杂种二代(F_2)全部肥育出售,

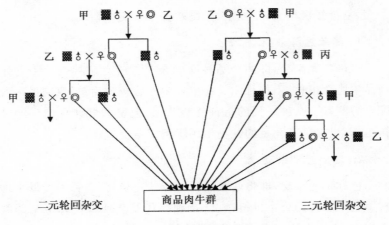

图 4-3　肉牛轮回杂交示意图

不再进一步杂交,这种停止在最终用 C 品种公牛的杂交称为终端公牛杂交体系,C 公牛称杂交终端公牛。由于终端公牛将提供商品牛群 50％的遗传物质,故它应有更高的质量。此法的优势在于能使各品种优点相互补充,减少饲料消耗,获得更高的生产性能。

5. 轮回-终端公牛杂交体系

即在轮回杂交后代母牛中保留 45％的母牛用作轮回杂交的母本,其余 55％的杂种母牛与终端公牛杂交。据研究,采用二元轮回～终端公牛杂交体系所生杂种后代犊牛平均初生重可提高 21％,三元轮回终端公牛杂交体系则可提高 24％。

6. 肉牛综合系

这是近 30 年来新的育种实践,建立综合系一般选用 4～5 个纯种牛品种,有目的地采用多种方式、多个品种杂交,形成基础牛群,然后根据需要和杂种表现,在一定时期进行封闭,停止引用纯种公牛。综合系内无论公母牛,选择时只考虑 2～3 个相应的重要经济性状,群内不设理想型。综合系繁育的主要原则是:选择重要的经济性状,尽可能缩短世代间隔,以加快遗传进展,较长久地保持群体杂种优势的交配制度。综合系可能培育不成品种,但它既能生产更高产肉性能的高整齐度群体,又能生产具有专门化肉牛性状、用以改良其他品种公牛的供应者。

三、优质肉牛生产的杂交模式

不同品种牛的遗传性存在差异,两品种杂交可以产生杂交优势,这是肉牛杂交改良的基本原理。肉牛的杂交改良可以在不同的本地品种之间进行,也可以在本地品种与国外的肉牛品种之间进行。本地品种与国外品种之间的遗传差异较大,获得的杂种优势也比较明显,因此,这种杂交改良方式应用的较多。

在国际市场上,对肉牛生产效率及牛肉质量的要求很高,例如,牛肉的质量包括嫩度、大理石花纹、牛肉外包裹适量的脂肪、牛肉的货架期及牛肉的营养成分等。单一品种的肉牛所生产的牛肉难以满足很多指标的要求,因此对肉牛进行杂交改良,以便取长补短,满足牛肉生产的要求是非常必要的。

20世纪80年代,国际上对肉牛选种的目标是选择体型高大的种牛。然而,高大的母牛与体型小的母牛所生的犊牛并没有很大差别,而体型小的母牛消耗饲料少且容易管理。因此很多人认为,理想的母牛应该是中等身高,容易管理,犊牛断奶时的体重至少能够达到母牛体重的50%。加拿大的肉牛分为三大类:(1)母本品种:包括安格斯牛、海福特牛、短角牛等,这些肉牛的体型属中等。(2)终端品种:包括夏洛来牛、利木赞牛、皮埃蒙特牛等大型肉牛品种。(3)兼用品种:包括西门塔尔牛等,我国的主要黄牛品种比较适合作为肉牛杂交的母本。

为了充分利用杂种优势,提高我国黄牛的产肉性能,开展优质肉牛遗传改良可以采用以下杂交方式。这种杂交方式的目的是生产生长速度快、牛肉质量好、能够满足市场要求的商品肉牛。如果希望通过杂交改良本地黄牛的某些性状,提高其生产性能、培育新品种,则除了进行简单的二元杂交、三元杂交以外,还需要进行回交、轮回杂交及横交固定。

优质肉牛杂交改良组合参考模式:

①优质肉牛杂交改良组合模式之一(适宜选择改良本地大、中型黄牛或杂种牛)。

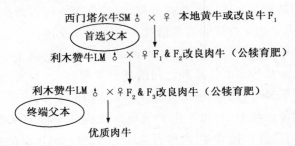

注:血统组成:优良品种≥87.5%(LM:6/8,SM:1/8),本地黄牛≤12.5%。本模式可定向"中国利木赞牛"或新品种(系)方向培育。

②优质肉牛杂交改良组合模式之二(适宜选择改良本地中、大型黄牛或杂种牛)。

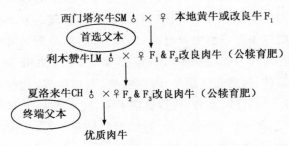

注:血统组成:优良品种≥87.5%(CH:4/8,LM:2/8,SM:1/8),本地黄牛≤12.5%。

③优质肉牛杂交改良组合模式之三（改良本地中、小型黄牛或杂种牛，适宜放牧）。

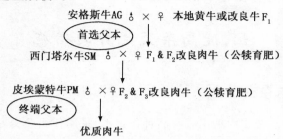

注：血统组成：优良品种≥87.5%（PM：4/8，SM：2/8，AG：1/8），本地黄牛≤12.5%。

以上②、③模式可随着社会经济发展，摈弃对毛色观念的转变，向大型肉牛方向发展。

四、杂交改良中应注意的问题

1. 在我国地方良种黄牛的保种区域内禁止引入外来品种进行杂交，特别是总存栏量不大的品种。在准许引进外血的区域内，用于杂交改良的牛只最多不超过成年母牛总数的 1‰～3‰，且必须严格管理，不可乱交。

2. 为小型母牛选择与配公牛时，种公牛的体型不宜太大。一般要求选配的两品种的成年牛平均体重之差不超过母牛体重的 30%～40%，母牛不应选择初配者，需选择经产牛，以降低难产率。

3. 在杂交改良工作实践中，禁止同一头改良品种公牛的冷冻精液在同一地方使用 3～4 年以上，以防近交，造成牛只生活力和生产性能下降。

4. 对杂种牛的饲养管理应该科学，一般良种牛都需要较高的日粮营养水平和科学的饲养管理方法，否则很难取得良好的改良效果。

5. 对杂交改良效果的优劣要科学评价,不能一哄而上,急功冒进,要实事求是有计划地组织实施和及时总结经验。

五、提高杂交优势的措施

(一)筛选杂交组合

在经济杂交中采用哪些品种作亲本,采用什么杂交方式,对于杂种优势的强弱程度具有决定性的影响。实践证明,在同样条件下,不同杂交组合的结果是不同的,选用什么杂交组合必须因地制宜,通过杂交组合试验进行筛选。注意即使采用同样两个品种,正交与反交结果也可能有明显差别。

在肉牛杂交改良中,为了获得最佳组合,要选择生长速度快、胴体品质好、饲料利用率高的几个品种,与地方黄牛进行杂交组合饲养试验,根据试验结果,选择适合的杂交父本品种和杂交类型。有条件的地方可采用三元杂交或轮回杂交方式。

(二)加强亲本选育

若没有高产、优质、纯合的杂交亲本,就谈不上最佳组合,所以加强亲本选育是提高杂种优势的前提。

当前我国搞经济杂交,多以当地品种作母本,引进少量品种作父本,进行品种间杂交。要提高杂交利用的经济效益,必须全面加强地方品种和外来品种的选育,从根本上提高杂交亲本的质量和纯度,不能用杂种的后代作父本。

(三)改善杂种饲养条件

优良杂交组合的杂种只具有产生杂种优势的遗传潜力,而这种潜力的表现,要看杂种的培育是否合理。杂交后代不能当地方品种饲养,要加强补饲,提供同杂种生长、育肥等营养需要相适应饲养条件,否则不能获得理想的杂交效果。特别是当前肉牛杂交改良多在贫困落后地区开展,部分养殖者文化程度低,缺乏科学养牛的知识,更应大力宣传科学饲养的技术。

(四)建立繁育体系,推广繁殖新技术

按父本、母本选育,有计划杂交以及杂种培育等杂交,利用各个环节分别落实到不同性质的生产单位,按照统一育种方向,分工协作,形成一个完整的体系。

推广人工授精等繁殖新技术,引进优良种公牛的冻精进行杂交改良,可提高杂种优势率。

第三节　育种工作的组织与育种制度

一、成立育种协作组织

国际上很多国家对各种家畜家禽都成立了品种协会等形式的育种组织,负责组织本品种的保种和进一步改良提高工作,如种畜鉴定、良种登记、生产性能测定、公畜后裔测定、信息交流、制订与执行畜禽选育标准等工作。

我国各牛种育种组织成立于 20 世纪 70 年代,在农业部的统一领导下,当地农牧主管部门配合,开展教学、科研与生产之间的协作,例如"肉牛繁育协作组"、"中国西门塔尔牛育种委员会"、"中国良种黄牛育种委员会"等。这些育种组织的主要职能有:

(1)开展品种普查和种质特性研究;

（2）制定和实施品种选育标准；

（3）定期鉴定、选择种牛并测定其性能，协调调换种牛；

（4）编印出版专业技术刊物，加强技术培训，推广先进技术；

（5）定期发布优秀种牛成绩；

（6）实行良种登记、组织经验与技术交流等。

二、制定育种实施方案

肉牛的育种方案主要包括产区及牛群的基本情况、育种目的、计划和措施等。育种工作的进行必须从实际出发，因地制宜。

（1）了解品种区域内品种的数量、各品种牛群的组成与结构、来源和亲缘关系、生产性能、外貌特征、现有的优缺点、当地自然条件和资源状况等。

（2）确定育种目标，根据育种所要达到的目的，一般要求选择性状不宜过多。

（3）根据育种目标和原有牛群特点确定选育方式，即根据实际情况和生产形势、市场需求采用本品种选育或杂交选育。

（4）确定选种和选配的标准和方法，培育理想的优秀公牛，严格执行选留和淘汰制度。

（5）确定培育制度，根据品种的营养需要制定适宜的饲养标准和管理方式，注重幼牛的培育和选择，使品种的遗传潜力和生产潜力得到充分发挥。

（6）选定参与选育工作的范围和场地，将选育单位和养殖场联合起来，开展相互协作的育种工作，以选育单位牛群为核心，各级育种站和配种站联合千家万户，形成庞大的繁育体系。

（7）及时做好统计总结工作。根据遗传学原理估计遗传进展，建立良种繁育基地。

育种方案的制定要集思广益，群策群力，通盘考虑各种因素和条件,力求缜密,一经确定,要坚决执行,不能中途废止或任意更改。在工作中还要及时解决新出现的问题,积极了解科技新动向,吸纳新知识、新技术,使计划更加完善。

三、建立健全育种制度

(一)牛群编号与标记制度

牛群的编号与标记是育种工作中必不可少的技术措施,在参与选育的范围内,每头牛都必须编号、标记,不能发生混乱,避免出现错标、漏标、重标、编号与标记不对应、印记不清晰等问题,且编号和标记方法要统一。近年来,标记多采用铆钉耳号牌方式,效果良好。

(二)育种记录和统计制度

记录和统计工作是育种工作的关键,特别是在我国,牛的各种性状数值记录比较少,即使有记录,也不系统、不全面,而且育种工作开展比较晚,急需比较翔实的资料。如果没有正确的、精细的各项记录,则正确的饲养管理和育种工作将无法顺利进行。例如,进行选种选配时,必须要有牛只生长发育、生产性能和系谱记载等材料;有了配种记录,才能确定母牛的预产期和犊牛的来源;有了犊牛的体重增长和母牛的产奶量、乳脂率、乳蛋白率及体重等记录,才能正确地配合日粮和进行合理的饲养管理工作。只有根据这些记录,才能了解牛只的个体特性,及时发现新问题、发现好苗头和好性状。所以建立记录和统计制度,对顺利开展育种工作、进一步提高牛群质量,具有极其重要的意义。常用的记录有以下几种:

1. 种牛卡片

登记牛的编号、品种、良种登记号、出生日期及地点、血统、体尺、体重、外貌结构及评分、后代品质、公牛的配种成绩、母牛的产奶性能和产犊成绩、鉴定成绩等,并附公、母牛照片。

2. 公牛采精记录表

登记公牛编号、出生日期、第一次配种日期、每次采精的精液质量、稀释液种类、稀释倍数、稀释后及解冻后的活力、冷冻方法等(主要由种公牛站或家畜繁育中心等完成)。

3. 母牛繁殖登记表

登记母牛配种、产犊等情况,包括发情情况、配种时间、精液来源(公牛号)、犊牛初生重及编号等。

4. 母牛产奶登记表

包括每日分次产奶记录表、全群每日产奶记录表、每月产奶记录表、各泌乳期产奶记录表。

5. 犊牛培育记录表

登记犊牛的编号、出生日期、品种、系谱、初生重、毛色、外貌特征、各阶段生长发育情况(各阶段体重、主要体尺及平均日增重)、屠宰性能(屠宰率、净肉率、眼肌面积、骨肉比等)、鉴定成绩等。

6. 牛群饲料消耗记录表

登记每头牛和全群每天各种饲草、饲料消耗数量。

7. 患病记录

登记患牛编号、所患疾病及病程、治疗结果、转归情况等。

(三)良种登记制度

良种登记制度是育种工作的一项重要措施。建立良种登记制度是为了发挥良种牛在育种工作中的作用。在国际上,牛的良种登记制度已经实行了200多年,对加快品种育种进度起到了很大的促进作用。按惯例,培养品种牛由协会、育种委员会或协作组统一组织,品种犊牛出生时即予以登记入卡,淘汰或死亡者应及时注销、存档,成年后按良种牛的标准鉴定、审查合格后,发给良种登记证书和良种登记牌,并将该牛收录在良种登记簿中,对不符合标准的牛不予登记。登记内容包括系谱、生产性能、体型外貌等。

(四)定期检查、评比、举办赛牛会或黄牛节

为保证育种进度,促进育种区域内各牛群质量很快提高,育种组织协作单位应对牛群进行联合检查,并评出优秀者,同时还可定期举行各种赛牛会或黄牛节,给广大群众提供一个学习和交流的平台和机会,使养牛场、户参与牛的评选,提高群众的育种热情,广泛宣传优良种牛和先进的育种技术,促进牛的育种工作和产业化持续发展。

第四节　牛的育种新技术

牛属单胎动物,繁殖力低,世代间隔较长,品种繁育自然作用时间较长,常规方法育成牛品种缓慢。现代生物技术的发展和应用为牛育种提供了新途径,使牛的繁育与生产效率得到进一步提高。

一、胚胎生物技术

胚胎生物技术是当前动物繁育的一个新概念,是与胚胎操作相关技术的统称,包括胚胎移植、体外培养、冷冻、克隆、性别控制,在牛的繁育改良方面发挥了重要作用。

(一)MOET 育种方案

后裔评定是目前判断个体公牛遗传性的最佳方法,长期以来一直为国内外养牛业所采用,但使用常规方法,从被测公牛出生到后裔测定结束需 5～6.5 年才能决定被测公牛的去留,使被测公牛的使用年限缩短,虽有冷冻精液技术作支撑,但饲养成本浪费较大。基于胚胎生物技术的发展,20 世纪 80 年代初,一种将胚胎移植与核心公母牛群相结合的新型育种体系应运而生,即 MOET 育种方案。

MOET 为超数排卵(Multiple Ovalaton)和胚胎移植(Embryo Transfer)英文名的缩写。通过超数排卵与胚胎移植可在短期内获得大量同胞和半同胞牛只及其后代,这些牛只处于一个核心群,不仅数量大而且所处环境和饲养条件相同,批间差异小,数据准确性高,每次可进行多个性状资料统计。可用同胞、半同胞姐妹的生产性能评定公牛,代替传统的后裔测定方法,这种方法比公牛后裔生产性能测定提前 2～3.5 年,每年可望获得比人工授精育种方案高 30％～100％的遗传进展,缩短了世代间隔。目前牛的胚胎移植和超数排卵技术已商业化,在良种牛的扩繁工作中产生了巨大的经济效益,美国和加拿大最优秀的公牛 50％～60％来自胚胎移植。具体操作如下:

(1)经过严格选择,组建一个 600～1 000 头的高产母牛核心群,在核心群中,对所有母牛实施可靠的性能测定。

(2)每年根据性能测定的结果,通过育种值估计,选择一定数量的优秀母牛作为胚胎移植的供体母牛。

(3)对供体母牛进行超数排卵处理,并使用核心公牛或进口的优秀公牛精液配种,以期获得足够数量的可用胚胎。

(4)在核心群内,把其他的母牛均作为受体,接受胚胎移植。

(5)在得到的胚胎移植犊牛中,母犊育成后第一胎全部作为受体母体使用,在其获得第一泌乳期成绩后,使用群体内动物模型BLUP法进行母牛自体和同胞、半同胞兄弟遗传评定。无论公母犊,育成后根据评定成绩每一组全同胞中留一头最优秀者,等待进一步选择,其余肥育,进行肉用成绩评定。

(6)选留的公牛等到其全同胞、半同胞的成绩评定后选择一定数量作为核心公牛。

(7)在核心群以外的生产牛群,还可组织一个测定群,为核心群青年公牛的遗传评定提供更多的半同胞信息。

(二)体外生产胚胎技术

体外生产胚胎是应用牛活体采卵技术、卵子体外成熟培养及体外受精技术、受精卵体外培养技术等生产大量可移植胚胎的方法。应用牛的活体采卵技术,可将母牛的后代出生时间提前1年,结合胚胎冷冻、解冻、移植技术,可有效再现已肯定母牛的后代数。

此外,牛性别控制、胚胎克隆及体细胞克隆技术的研究也引起了较大关注,并取得了重大进展。通过胚胎分割、早期胚胎细胞核移植等技术,实现既定性别胚胎的无性繁殖,产生多个同基因个体,使优良牛的基因型散布加速,且通过修饰细胞群体实现遗传改良。

二、数量性状位点(QTL)与标记辅助选择

(一)数量性状位点(QTL)

影响性状的单个基因或DNA片段称为数量性状位点(QTL)。当一个QTL就是一个单个基因时,它即为主效基因。对影响数量性状的各单个基因的清楚了解,会使人们对数量性状选择更加有效,并利用基因克隆和转基因等分子生物学技术对动

物群体进行遗传改良。标记——QTL 连锁分析是利用分子生物学技术进行 QTL 检测的方法之一。这类方法是基于遗传标记位点等位基因与 QTL 等位基因之间的连锁不平衡关系,通过对遗传标记从亲代到子代遗传过程的追踪以及它们在群体中的分离与数量性状表现之间的关系分析,来判断 QTL 是否存在、它们在染色体上的相对位置及它们的效应大小。只要有理想的遗传标记且标记数目足够多、有合适的群体用于分析、且在群体中仍有分离的 QTL,就能用这种方法辅助选择。这种方法的成功率较高,而且可以在整个基因组中搜索,并检测出基因组中所有效应较大的 QTL。候选基因分析是另一种利用分子生物学技术进行 QTL 检测的方法,是从一些可能是 QTL 的基因(候选基因)中筛选 QTL。候选基因是已知在性状的发展生理过程中具有某种生物学功能并经过测序的基因,可以是结构基因,也可以是在调控或生化路径中影响性状表达的基因。由于这种方法不是对整个基因组进行扫描,而且可以用于任何群体,只需一个世代,因此统计检验效率较高,应用范围广,一旦确定了某个候选基因是 QTL,就可以直接应用在个体遗传评定中,而不需借助其他标记的信息,而且对经过候选基因分析发现的 QTL 可直接利用克隆和转基因等技术进行畜群改良。

(二)标记辅助选择

通过直接测定 QTL 或主效基因的基因型,选择具有理想基因型的个体即称为基因辅助选择。但目前已发现并得到证实的这类基因并不多,而且有的基因中可能存在多个突变位点(可以引起该基因的有利效应),或者在候选基因中,基因本身对所考察的性状没有影响,但与真正影响性状的 QTL 处于连锁不平衡状态,有时会错将此基因当成影响性状的主效基因,因此要根据标记信息推测主效基因,即标记辅助选择。通过探测一种 DNA 片段长度的变化所获得的标记可以示踪一个等位基因或一条染色体区段从亲代传递到子代的情况。利用与重要经济性状有关的遗传标记可以加强传统的选择方法,提高具有理想特性个体的应用前景。对于那些采用目前常规育种技术难以改进的性状,如屠宰性能、抗病性与免疫力、繁殖力与成活率等,应用标记辅助选择可望有较广的用途。

三、转基因技术

转基因技术是指将外源基因通过显微注射、载体系统导入、电融合等手段导入动植物细胞,并整合到基因组中稳定表达的技术,是胚胎生物技术与基因工程交叉领域的技术。转基因技术是直接改变动物自身基因组(遗传物质),使其获得真正的遗传改变,因此转基因动物是唯一适合研究某些生物学问题的模型动物,也是最能充分表现育种目的的理想动物。转基因的方法较多,主要有DNA 显微注射、胚胎干细胞转移、反转录病毒感染、胚胎分裂球融合、癌细胞转移、电融合、核移植、精子介导转移等。目前已经成功得到的转基因动物有小鼠、山羊、牛,1991 年荷兰科学家得到了转人乳铁蛋白的奶牛,使奶牛业有可能成为具有高额利润的产业。但现在的转基因技术效率相当低,成本非常高,仍然处于研究探讨阶段。

四、体细胞克隆技术

哺乳动物的体细胞克隆技术,就是将取材于动物身体的细胞进行无性繁殖的技术。该技术的使用对动物种质资源的保存,濒危和优良动物品种繁育及产业化开发具有重要意义。

2002 年初,中国首批 14 头本土克隆牛在山东曹县诞生,改写了中国及至世界动物克隆史,创造了克隆牛胚胎移植受胎率、妊娠出生率、繁殖成活率和群体规模四项世界第一,翻开了生物克隆史上崭新的一页。2004年3月末4月初,首批本土体细胞克隆牛相继产子,实现了克隆牛从无性繁殖到有性繁殖的转变,成为中国生物工程技术发展史中的一个里程碑,也是人类历史上一项重大生命科学的突破。

第五章　标准化肉牛场设计

第一节　肉牛场环境控制

肉牛生产性能的高低不仅取决于其本身的遗传因素,还受到外界环境条件的制约。环境恶劣,不仅使肉牛生长缓慢,饲养成本增高,甚至会使机体抵抗力下降,诱发各种疾病。肉牛场是肉牛生活和生产的场所,必须对牛场进行科学布局,搞好牛舍建筑,为肉牛提供适宜的生活、生产必要条件和环境,才能养好肉牛。

一、环境条件对肉牛的影响

外界环境常指大气环境,其中包括气温、气湿、气流、光辐射以及大气卫生状况等因素。局部小环境,包括局部的气温、气湿、气流、光辐射以及大气卫生等因素,更直接地对牛体产生着明显的作用,这是肉牛生产上不可忽视的重要因素。

(一)温度

肉牛适宜的环境温度为 $5\sim21℃$,增重速度最快。温度过高,食欲下降,肉牛增重缓慢;温度过低,饲料转化率降低,同时用于维持体温的能量增加,同样影响牛体健康及其生产力的发挥。因此,夏季要做好防暑降温工作,牛舍安装电扇或喷淋设备,运动场栽树或搭建凉棚,以使高温对肉牛育肥所造成的影响降到最低程度。冬季要注意防寒保暖,提供适宜的环境温度(幼牛育肥 6~8℃,成年牛育肥 5~6℃,哺乳犊牛不低于 15℃)。

(二)空气湿度

肉牛适宜的空气湿度为 55%~80%。一般来说,当气温适宜时,湿度对肉牛育肥效果影响不大。但湿度过大会加剧高温或低温对肉牛的影响。

一般是湿度越大,体温调节范围越小。高温高湿会导致牛的体表水分蒸发受阻,体热散发受阻,体温很快上升,机体功能失调,呼吸困难,最后致死,形成"热害"。低温高湿会增加牛体热散发,使体温下降,生长发育受阻,饲料报酬率降低,增加生产成本。另外,高湿环境还为各类病原微生物及各种寄生虫的繁殖发育提供了良好条件,使肉牛患病率上升。

(三)气流

气流(又称风)通过对流作用,使牛体散发热量。牛体周围的冷热空气不断对流,带走牛体所散发的热量,起到降温作用。炎热季节,加强通风换气,有助于防暑降温,并排出牛舍中的有害气体,改善牛舍环境卫生状况,有利于肉牛增重和提高饲料转化率。寒冷季节,若受大风侵袭,会加重低温效应,使肉牛的抗病力减弱,尤其对于犊牛,易患呼吸道、消化道疾病,如肺炎、肠炎等,对牛的生长发育有不利影响。

(四)光照(日照、光辐射)

冬季牛体受日光照射有利于防寒,对牛健康有好处;夏季高温下受日光照射会使牛体体温升高,导致热射病(中暑)。因此,夏季应采取遮阳措施,加强防暑。阳光中的紫外线在太阳辐射中占 1%~2%,没有热效应,但它具有强大的生物学效应。照射紫外线可使牛体皮肤中的 7-脱氢胆固醇转化为维生素 D_3 促进牛体对钙的吸收。紫外线还具有强力杀菌作用,具有消毒效应。紫外线还使牛体血液中的红细胞、白细胞数量增加,可提高机体的抗病能力。

但紫外线的过强照射也有害于牛的健康,会导致日射病(中暑)。光照对肉牛繁殖有显著作用,并对肉牛生长发育也有一定影响。在舍饲和集约化生产条件下,采用 16 小时光照 8 小时黑暗制度,育肥肉牛采食量增加,日增重得到明显改善。

(五)尘埃

新鲜的空气是促进肉牛新陈代谢的必需条件,并可减少疾病的传播。空气中浮游的灰尘和水滴是微生物附着和生存的地方。因此为防止疾病的传播,牛舍一定要避免粉尘飞扬,保持圈舍通风换气良好,尽量减少空气中的灰尘。

(六)有害气体

封闭式牛舍,如设计不当或使用管理不善由于牛的呼吸、排泄物的腐败分解,会导致使空气中的氨气、硫化氢、二氧化碳等增多,影响肉牛生产力。所以应加强牛舍的通风换气,保证牛舍空气新鲜。

牛舍中的二氧化碳含量不超过 0.25%,硫化氢不超过 0.001%,氨气不超过 0.0026mg/L。

(七)噪声

噪声对牛的生长发育和繁殖性能产生不利影响。肉牛在较强噪声环境中生长发育缓慢,繁殖性能不良。一般要求牛舍的噪声水平白天不超过 90dB,夜间不超过 50dB。

二、环境控制技术

牛舍类型及其他许多因素都可直接或间接地影响舍内环境的变化。畜牧业发达国家对牛舍环境十分重视,制定了牛舍的建筑气候区域,环境参数和建筑设计规范等,作为国家标准而颁布执行。为了给肉牛创造适宜的环境条件,对牛舍应在合理设计的基础上,采用保暖、降温、通风、光照、空气处理等措施,对牛舍环境进行人为控制,通过一定的技术措施与特定的设施相结合来阻断疫病的空气传播和接触传播渠道,并且有效地减弱舍内环境因子对肉牛个体造成的不良影响,以获得最高的肥育效果和最好的经济效益。

(一)牛舍的防暑降温

从牛的生理特点来看,一般都是较耐寒而怕热。为了消除或缓解高温对牛健康和生产力所产生的有害影响,并减少由此而造成的严重经济损失,牛舍的防暑、降温工作在近年来已越来越引起人们的重视,并采取了许多相应的措施。对牛舍的防暑降温,可采取以下措施。

1. 搭凉棚

对于母牛,大部分时间是在运动场上活动和休息;而对于育肥牛原则是尽量减少其活动时间促使其增重。因此在运动场上搭凉棚遮阳显得尤为重要。搭凉棚一般可减少 30%～50% 的太阳辐射热。据美国的资料记载,凉棚可使动物体表辐射热负荷从 769W/m² 减弱到 526W/m²,相应使平均辐射温度从 67.2℃ 降低到 36.7℃。凉棚一般要求东西走向,东西两端应比棚长各长出

3~4m,南北两侧应比棚宽出 1~1.5m。凉棚的高度约为 3.5m,潮湿多雨的地区可低些,干燥地区则要求高一些。目前市场上出售的一种不同透光度的遮阳膜,作为运动场凉棚的棚顶材料,较经济实惠,可根据情况选用。

2. 设计隔热的屋顶,加强通风

为了减少屋顶向舍内的传热,在夏季炎热而冬季不冷的地区,可以采用通风的屋顶,其隔热效果很好。通风屋顶是将屋顶做成两层,层间内的空气可以流动,进风口在夏季正对主风。由于通风屋顶减少了传入舍内的热量,降低了屋顶内表面温度,所以,可以获得很好的隔热防暑效果。墙壁具有一定厚度,采用开放式或凉棚式牛舍。另外,牛舍场址应选在开阔、通风良好的地方,位于夏季主风口,各牛舍间应有足够距离以利通风。在寒冷地区,则不宜设通风屋顶。

3. 牛舍可设地脚窗、屋顶设天窗、通风管等方法来加强通风

在舍外有风时,地脚窗可加强对流通风,形成"穿堂风"和"扫地风",可对牛起到有效的防暑作用。为了适应季节和气候的不同,在屋顶风管中应设翻板调节阀,可调节其开启大小或完全关闭,而地脚窗则应做成保温窗,在寒冷季节时可以把它关闭。此外,必要时还可以在屋顶风管中或山墙上加设风机排风,可使空气流通加快,带走热量。牛舍通风不但可以改善牛舍的小气候,而且还有排除牛舍中水汽、降低牛舍中的空气湿度、排除牛舍空气中的尘埃、降低微生物和有害气体含量等作用。

4. 遮阳

强烈的太阳辐射是造成牛舍夏季过热的重要原因。牛舍的"遮阳"可采用水平或垂直的遮阳板,或采用简易活动的遮阳设置:如遮阳棚、竹帘或苇帘等。同时,也可栽种树木进行绿化遮阳。牛舍的遮阳应注意以下几点:①因为牛舍朝向对防止夏季太阳辐射有很大作用,所以牛舍的朝向应以长轴东西向配置为宜;②要避免牛舍窗户面积过大;③可采用加宽挑檐、挂竹帘、搭凉棚以及植树等遮阳措施来达到遮阳的目的。

5. 增强牛舍围护结构对太阳辐射热的反射能力

牛舍围护结构外表面的颜色深浅和光滑程度对太阳辐射热吸收能力各有不同,色浅而光滑的表面对辐射热反射多而吸收少;反之则相反。由此可见,牛舍的围护结构采用浅色光平的表面是经济有效的防暑方法之一。

(二)牛舍的防寒保暖

我国北方地区冬季气候寒冷,应通过对牛舍的外围结构合理设计,解决防寒保暖问题。牛舍失热最多的是屋顶、天棚、墙壁、地面。

1. 墙和屋顶保温

墙的功能除具有承重、防潮等功能外,主要的作用保温。墙的保温能力主要取决于材料、结构的选择与厚度,在畜牧业发达的国家多采用一种畜舍建筑保温隔板,其外侧为波形铝合金板,里侧为防水胶合板,其总厚度不到120mm,具有良好的防冷气渗透能力。而目前我国比较常用的是黏土空心或混凝土空心砖。这两种空心砖的保温能力比普通黏土砖高1倍,而重量轻20%～40%。牛舍朝向上长轴呈东西方向配置,北墙不设门,墙上设双层窗,冬季加塑料薄膜、草帘等。

屋顶保温是牛舍保温的关键。用做屋顶的保温材料有炉灰、锯末、膨胀珍珠岩、岩棉、玻璃棉、聚胺酯板等。此外,封闭的空气夹层可起到良好的保温作用。天气寒冷地区可降低牛舍净高,采用的高度通常为2～2.4m。

2. 地面

石板、水泥地面坚固耐用,防水,但冷、硬,寒冷地区做牛床时应铺垫草、厩草、木板。规模化养牛场可采用三层地面,首先将地面自然土层夯实,上面铺混凝土,最上层再铺空心砖,既防潮又保温。

3. 其他综合措施

寒冷季节适当加大牛的饲养密度,依靠牛体散发热量相互取暖。在地面上铺木板或垫料等,增大地面热阻,减少牛体失热。

(三)防潮排水

在现在养牛生产中,防潮很重要。在夏季多雨季节,牛的乳房炎和蹄叶炎等发病率明显增加。而保持牛舍干燥对于预防这些疾病的发生至关重要。对于牛每天排出大量粪、尿,冲洗牛舍产生大量的污水,应合理设置牛舍排水系统。

1. 排尿沟

为了及时将尿和污水排出牛舍,应在牛床后设置排尿沟。排尿沟向出口方向呈1‰~1.5‰的坡度,保证尿和污水顺利排走。

2. 漏缝地板清粪、清尿系统

规模化养牛场的排污系统采用漏缝地板,地板下设粪尿沟。漏缝地板采用混凝土较好,耐用,清洗和消毒方便。牛排出的粪尿落入粪尿沟,残留在地板上的牛粪用水冲洗,可提高劳动效率,降低工人劳动强度。定期清除粪尿,可采用机械刮板或水冲洗。

3. 合理组织通风,有效地排除舍内的水汽

一般在屋顶设4个通气孔,每个截面为60cm×60cm,总面积为牛舍面积的0.15%为宜,排气孔室外部分为百叶窗,高出屋脊

50cm,顶装通风帽,下设活门。进气孔设在南墙屋檐下 40～50cm 处的两窗之间,截面为 10cm×40cm,总面积为排气孔的 60%。孔内设为活门,以便调节进气量。

(四)牛场的绿化

牛场的绿化,不仅可以改善场区小气候,净化空气,美化环境,而且还可起到防疫和防火等良好作用,因此绿化也应进行统一的规划和布局。牛场的绿化必须根据当地的自然条件,因地制宜,如在寒冷干旱地区,应根据主风向和风沙的大小确定牛场防护林的宽度、密度和位置,并选种适宜当地生态条件的耐寒抗旱树种。

1. 防护林带

沿牛场围墙栽种乔木。同时可栽种紫穗槐,填补乔木下面的空隙。

2. 运动场遮阳林带

将树木植于运动场南面,植树 2～3 行,株距 5m 左右。

3. 道路遮阳林带

场内各道路旁应种植高大的乔木 1 行,株间距 2m,乔木下面近道路的地方栽种灌木 1 行,株间距 1m。

4. 隔离林带

指场内生活区、生产区间的林带。以单行乔木为主林带、单行灌木为副林带的双层隔离屏障。乔木株间距 2m,灌木株间距 1m。

5. 防火林带

在草垛、干粗饲料堆放处、青贮窖和仓库周围栽种防火林带。林带可种植乔木 3 行,株间距 2m。

(五)肉牛粪尿的处理和利用

牛的粪尿排泄量很大,据专家介绍,每头成年牛每天排出的粪尿量达到 30～52kg,如不及时处理,产生的异味对牛场的环境造成不利影响。

1. 粪便的处理和利用

(1)用做肥料:随着化肥对土壤的板结作用越来越严重,以及人们对无公害产品需求的增加,农家肥的使用将会重新受到重视。因此,把牛粪做成有机复合肥,有着非常广阔的应用前景。牛粪便的还田使用,既可以有效地处理牛粪等废弃物,又可将其中有用的营养成分循环利用于土壤——植物生态系统。但不合理的使用方式或连续使用过量会导致硝酸盐、磷及重金属的沉积,从而对地表水和地下水构成污染。牛粪在降解过程中,氨及硫化氢等有害气体的释放会对大气构成威胁,所以应经适当处理后再应用于农田。

①堆肥法:牛粪好氧处理的技术措施是堆肥处理——静态堆肥或装置堆肥。静态堆肥不需特殊设备,可在室内进行,也可在室外进行,所需时间一般 60～70 天;装置堆肥需有专门的堆肥设施,以控制堆肥的温度和空气,所需时间 30～40 天。为提高堆肥质量和加速腐熟过程,无论采用哪种堆肥方式,都要注意以下几点:必须保持堆肥的好氧环境,以利于好气腐生菌的活动,另外,还可添加高温嗜粪菌,以缩短堆肥时间,提高堆肥质量;保持物料氮碳比在 1:(25～35),氮碳比过大,分解效率低,需时间长,过低则使过剩的氮转化为氨而逸散损失,一般牛粪的氮碳比为 1:21.5,制作时可适量加入杂草、秸秆等,以提高氮碳比;物料的含水量以 40%左右为宜;堆内温度应保持在 50～60℃;要有防雨和防渗漏措施,以免造成环境污染。

②利用微生物菌种生产有机肥:该工艺生产有机肥分为两部

分:一是菌种培养,将发酵放线菌等与固液分离后的牛粪混合发酵生成菌种肥源;二是混合发酵,将优良菌种肥与生牛粪再混合,高温发酵,即可生成全熟化有机肥。

(2)用做饲料:牛是反刍动物,吃进去的饲料经瘤胃微生物的发酵分解,一部分营养物质被吸收利用,另一部分营养物质可被单胃动物利用的蛋白氮、微生物及瘤胃液被排出体外。据测定,干牛粪中含有粗蛋白 $10\% \sim 20\%$,粗脂肪 $1\% \sim 3\%$,无氮浸出物 $20\% \sim 30\%$,粗纤维 $15\% \sim 30\%$,因此具有一定的饲用价值。饲用前最好先与其他饲料混合后密封发酵,这样适口性较好。用牛粪喂猪、鸡,发酵方法为:将牛粪与谷糠、麸皮和其他饲料混合后,装入窖、缸或塑料袋中压实封严进行发酵;种猪、仔猪一般不宜用牛粪饲料,育肥猪日粮中的添加量以 $10\% \sim 15\%$ 为宜,鸡日粮中添加牛粪的量,可用牛粪完全替代苜蓿草粉,其饲喂效果与等量苜蓿粉相同。用牛粪喂牛、羊,发酵方法为:将牛粪与其他牧草混合后,装入窖、缸或塑料袋中压实封严进行发酵,发酵牛粪可在牛、羊的日粮中添加 $20\% \sim 40\%$。

(3)利用蚯蚓处理牛粪:目前国内外处理牛粪方法多以堆肥等方法为主,不仅占地大,用工多,而且不能有效地利用生物有机能源和营养物质生产高质量的有机肥,有时容易产生二次污染。利用蚯蚓的生命活动来处理牛粪是:经过发酵的牛粪,通过蚯蚓的消化系统,在蛋白酶、脂肪分解酶、纤维酶、淀粉酶的作用下,能迅速分解、转化,成为自身或其他生物易于利用的营养物质,即利用蚯蚓处理牛粪,既可生产优良的动物蛋白,又可生产肥沃的复合有机肥。这项工艺简便、费用低廉,不与动植物争食、争场地,能获得优质有机肥料和高级蛋白饲料,对环境不产生二次污染。

(4)生产沼气:沼气是利用厌氧菌(主要是甲烷菌)对牛粪尿和其他有机废弃物进行厌氧发酵产生的一种混合气体,其主要成分为甲烷(占 $60\% \sim 70\%$),其次为二氧化碳(占 $25\% \sim 40\%$),此外还有少量的氧、氢、一氧化碳和硫化氢。沼气燃烧后可产生大量的热能(每立方米的发热量为 20.9～271.7MJ),可作为生活、生产用燃料,也可用于发电。在沼气生产过程中,因厌氧发酵可杀灭病原微生物和寄生虫,发酵后的沼渣和沼液又是很好的肥料,这样种植业和养殖业有机的结合起来,形成一个多次利用、多次增值的生态系统(图 5-1)。

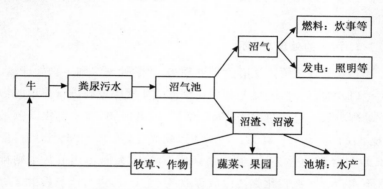

图 5-1 牛粪尿厌氧发酵利用生态系统

由于畜禽养殖场沼气工程的发酵原料以粪便为主,而粪便悬浮物多。固形物浓度较高,常见的处理工艺:一是全混合式沼气发酵装置,常温发酵,物料滞留期 40 天左右,产气率低,平均为 0.13～0.3m³/(m³·d);二是寒流式发酵工艺,并有搅拌、污泥回流和保温装置,发酵温度为 15～32℃,产气率为 1.2～2.0m³/(m³·d);三是上流式污泥床反应器(UASB)或厌氧过滤器(AF),或两者结合的工艺,其优点是能够使厌氧微生物很好地附着,进一步提高反应速度和产气量。

我国禽畜场沼气工程技术从 20 世纪 80 年代以来日益完善,已形成较为完善高效的且具有多种功能的工程技术系统。目前常规工艺包括:前处理装置、厌氧消化器、沼气收集储存及输配系统、沼液后处理装置以及沼渣处理系统,以上各个工艺环节的完善,对于产气率的提高、系统的稳定运行、减少污染与排放达标以及确保用户使用到高效稳定的燃气均已具备了较为先进的技术条件。

一般大型沼气工程规模的产气量为 1 000～2 000m³/d,其工程总投资在 300 万～1 000 万元;中型沼气工程的产气量为 50～1 000m³/d,其工程总投资为 80 万～300 万元。今后的发展方向是向大型集约化养殖发展,因此 21 世纪以后重点是发展大型沼气工程。

2. 污水的处理与利用

污水处理主要方法有物理处理法、化学处理法和生物处理法。

(1)物理处理法:就是利用化粪池或滤网等设施进行简单的物理处理方法。此法可除去 40%～65% 的悬浮物,并使生化需氧量(BOD)下降 25%～35%。污水流入化粪池,经 12～24 小时后,使 BOD 量降低 30% 左右,其中的杂质下降为污泥,流出的污水则排入下水道。污泥在化粪池内应存放 3～6 个月,进行厌氧发酵。

(2)化学处理:就是根据污水中所含主要污染物的化学性质,用化学药品除去污水中的溶解物质固体或胶体物质的方法。如化学消毒处理法,其中最方便有效的方法是采用氯化消毒法;混凝处理,即用三氯化铁、硫酸铝、硫酸亚铁等混凝剂,使污水中的悬浮物和胶体物质沉淀而达到净化的目的。

(3)生物处理:就是利用污水中微生物的代谢作用分解其中的有机物,对污水进一步处理的方法。可分为好氧处理、厌氧处理及厌氧＋好氧处理法。

一般情况下,牛场污水 BOD 值很高,并且好氧处理的费用较高,所以很少完全采用好氧的方法处理牛场污水。厌氧处理又称甲烷发酵,是利用兼氧微生物和厌氧微生物的代谢作用,在无氧的条件下,将有机物转化为沼气(主要成分为甲烷、二氧化碳等)、水和少量的细胞物质。与好氧处理相比,厌氧处理效果好,可除去污水中绝大部分病原菌和寄生虫卵;能耗低,占地少;不易发生管孔堵塞等问题;污泥量少,且污泥较稳定。

厌氧+好氧法是最经济、最有效的处理污水工艺。厌氧法BOD负荷大,好氧法BOD负荷小,先用厌氧处理,然后再用好氧处理是高浓度有机污水常用的处理方法(图5-2)。

图 5-2 污水厌氧+好氧的处理工艺
注:SBR法又称为间歇式活性污泥法或序批式活性污泥法

第二节 肉牛场的建设

一、场址的选择

(一)地势及地形

建肉牛场要选在地形宽阔,地势高燥、平坦、背风向阳、有适当坡度(1%～3%)、排水良好、地下水位低(应在2m以下)的场所。低洼潮湿的场地不宜作肉牛场场址。

(二)土壤与水源

应选择土质干燥、透水性强、保温性能良好的沙壤土地,被有害物质及病原微生物污染的土壤不宜建牛场。肉牛场场址的水量应充足,水质良好,以保证生活、生产及牛等的正常饮水。通常以井水、泉水等地下水为好,而河、湖、塘等水应尽可能经净化处理后再用。水质应符合中华人民共和国农业行业标准——无公害食品畜禽饮水水质(NY 5027—2001)标准,见表 5-1。

表 5-1　无公害食品畜禽饮用水水质标准

项目		标准值	
		畜	禽
感官性状及一般化学指标	色(°)	色度不超过 30°	
	浑浊度(°)	不超过 20°	
	臭和味	不得有异臭、异味	
	肉眼可见物	不得含有	
	总硬度(以 CaCO$_3$ 计)(mg/L) ≤	1 500	
	pH	5.5~9.0	6.4~8.0
	溶解性总固体(mg/L) ≤	4 000	2 000
	氯化物(以 Cl$^-$ 计)(mg/L) ≤	1 000	250
	硫酸盐(以 SO$_4^-$ 计)(mg/L) ≤	500	250
细菌学指标	总大肠菌群(个/100ml) ≤	成年畜 10,幼畜和禽 1	
毒理学指标	氟化物(以 F$^-$ 计)(mg/L) ≤	2.0	2.0
	氰化物(mg/L) ≤	0.2	0.05
	总砷(mg/L) ≤	0.2	0.2
	总汞(mg/L) ≤	0.01	0.001
	铅(mg/L) ≤	0.1	0.1
	铬(六价)(mg/L) ≤	0.1	0.05
	镉(mg/L) ≤	0.05	0.01
	硝酸盐(以 N 计)(mg/L) ≤	30	30

(三)饲料条件

选择场址时,还要考虑当地饲料饲草的资源能否满足牛群的需要,尽可能做到就近解决。有条件的地方,可自己征购或承租一定数量的饲料地,确保饲料的供应。

(四)周围环境

场址应远离沼泽地和易生蚊蝇的地方,也不宜选在化工厂、屠宰厂、制革厂及其他排污点的附近。牛场应位于居民区的下风处,并保持300m以上的间隔距离。选择场地还应考虑交通便利、电力供应充足,以保证奶产品的及时运输、市场供应和正常生产。

二、育肥场的布局

根据肉牛的饲养工艺,科学地划分牛场各功能区,合理地配置场区各类建筑设施,可以达到节约土地、节约资金、提高劳动效率和有利于兽医卫生防疫的目的。通常牛场的占地面积,依据牛群大小,按每头牛所需面积(10.0~15.0m²),结合长远规划来计算,牛舍及房舍的面积一般占场地总面积的15%~20%。根据生产需求,牛场内部可划分行政管理及职工生活区、生产区和病牛隔离区(图5-3)。

(一)办公、生活区

应与生产区分开,安排在全场的上风处,也可设在场外。办公区,要尽可能靠近大门口,以便对外联系和防疫隔离。

(二)肉牛生产区

生产区是肉牛场主体部分,包括育肥牛舍、饲草饲料库、饲料

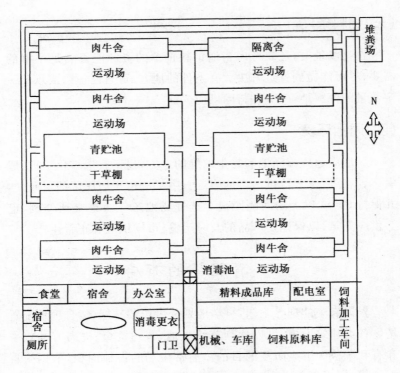

图 5-3　肉牛场区平面布置图

加工间、青贮及氨化池。如果采取自繁自育形式,还应有母牛舍、犊牛舍、青年牛舍、育成牛舍、产房等。

　　牛舍应建在牛场中心。修建数栋牛舍时,应采取长轴平行放置,两牛舍间距 10～15m,这样即便于饲养管理,又利于采光和防风。

　　各类牛舍的建造应按下列顺序:犊牛舍建在牛场的上风区,之后依次为青年牛舍、育成牛舍、母牛舍、产房、育肥牛舍。育肥牛舍离场门应较近,以便出场运输方便。

　　饲料饲草加工间及饲料库,要设在下风向,也可设在生产区外,自成体系。饲草饲料库应尽可能靠近饲料加工间,草垛与周围建筑场至少保持 50m 以上距离,要注意防火安全。

青贮窖、氨化池应设在牛舍两侧或牛场附近便于运送和取用的地方,但必须防止舍内或运动场及其他地方的污水渗入。

(三)兽医诊疗室及病畜隔离区

为了防止疾病传播与蔓延,这个区应建在下风向和地势低处,特别是病牛隔离室,至少与牛场保持 50m 以上的距离。

此外,牛场内要搞好绿化工作,改善小气候状况,如在道路两旁和运动场周围种植生长快、遮阳大的树种,在空闲地种植牧草、花卉、灌木等。

三、牛舍的建筑

建造肉牛舍应力求就地取材,经济实用,还要符合兽医卫生要求,科学合理。有条件的可建造质量好的、经久耐用的牛舍。

(一)建筑牛舍的要求

1. 选址与朝向

选择干燥向阳、地势高的地方建舍便于采光保暖,牛舍要坐北朝南,并以南偏东 23°角为好,这在寒冷地区尤为重要。

2. 屋顶

屋顶应隔热保温性能好,结构简单,经久耐用。样式可采用单坡式、双坡式、平顶式等。为了在夏季加强牛舍通风,可将双坡式屋顶建筑成"人"字形,"人"字形左侧房顶朝向夏季主风向,双坡式屋顶接触处留 10～15cm 的空隙。

3. 墙壁

要求坚固耐用和保温性能良好。在寒冷地区还可适当降低墙的高度。砌砖墙的厚度为 24～37cm。双坡式牛舍前后墙高2.5～3m,脊高 4.5～5.0m。单坡式牛舍前墙高 3m,后墙高 2.0m。平顶式牛舍前后墙高 2.2～2.5m。从地面算起,牛舍内壁应抹1.0～1.2m 的水泥墙裙。

4. 门与窗

大型双列式牛舍,一般设有正门和侧门,门向外开或建成铁制左右拉动门,正门宽 2.2～2.5m,侧门宽 1.5～1.8m,高 2.0m。南窗 1.0m×1.2m,北窗 0.8m×1.0m。窗台距地面高度 1.2～1.4m。要求窗的面积与牛舍面积的比例为 1：(10～16)设计。

5. 地面

可采用砖地面或用水泥抹成的粗糙地面,这种地面坚固耐用防滑,便于清扫与消毒。

6. 牛床

一般牛床的长度为 1.8～1.9m,宽度为 1.1～1.2m,床面用水泥抹成粗糙地面,向后倾斜坡度为 1.5%,寒冷地区可采用三层地面,首先将地面自然土层夯实,上面铺混凝土,最上层再铺空心砖,既防潮又保温。

7. 饲槽

设在牛床前面,有固定式和活动式两种,一般为固定式水泥饲槽,其规格尺寸因牛大小而异(表 5-2)。一般槽底都呈弧形,在槽的一端留排水孔,另外在槽的内缘应建造有拴牛缰绳的铁环。每头牛占饲槽的长度为 0.8～1.0m。

表 5-2　肉牛饲槽尺寸 cm

牛别	槽口宽	槽底宽	槽内沿高	槽外沿高
成年牛	60	40	30～35	60～80
青年牛	50～60	30～40	25	60～80
犊牛	40～50	30～35	15	35

8. 通道

一般来说通道宽度应以送料车能通过为原则。如采用对头式饲养的双列式牛舍,中间通道宽 1.0～1.5m;若采用全混合饲料搅拌车(TMR)投料饲喂,其中间通道宽应在 3.0～3.5m 为宜。如采用对尾式饲养的双列式牛舍,中间通道宽 1.3～1.5m,两侧饲料通道 1.0～1.1m。

9. 粪尿沟和污水池

一般可采用明沟(有条件的也可采用暗沟)。原则上应易于清除粪尿,并不损伤牛蹄,不致使牛跌倒。宽度 32～35cm,深 5～18cm。沟底向出粪口(或尿)有 0.6%～1.0% 的倾斜度,以利于排水。也可以沟宽 30cm,深 3～7cm。并在最低处放入铁箅子,以清除杂草和其他垃圾。出粪口要以暗沟通入污水池,污水池要远离牛舍 6～8m,其容积根据牛的数量而定。舍内粪便必须天天清除,运到远离牛舍 50m 远的粪堆处。

10. 运动场

运动场大小根据牛数量而定,每头牛占用面积 8～15m²。育肥牛一般限制运动,饲喂后拴系在运动场上休息。

(二)肉牛育肥场的类型

1. 舍饲式育肥场

一般按屋顶的样式分为单坡式、双坡式。按牛舍墙壁分为敞棚式、开敞式、半开敞式、封闭式。按牛床在牛舍内的排列分为单列式、双列式。

(1)单坡式牛舍:一般多为单列开敞式牛舍,由三面围墙组成,设有饲槽和走廊,在北面墙上开有小窗。多利用牛舍南面空地做运动场。这种牛舍采光好、空气流通、造价低,缺点是舍内温、湿度不易控制,常随舍外气温和湿度的变化而变化,但由于三面有墙,冬季可减轻寒风的侵袭。

(2)双坡式牛舍:牛舍内牛床排列为双列式或多列式,牛体排列为对头式或对尾式。可以是四面无墙的敞棚式,也可以是开敞式、半开敞式或封闭式。食槽均设在舍内。

敞棚式牛舍适合于气候较温和的地区。开敞式牛舍在北、东、西三面墙和设门窗,以防冬季寒风侵袭,如果在南面垒半墙即为半开敞式牛舍。封闭式牛舍适合于较寒冷的地区,所建牛舍四边均有墙,以利于冬季防寒,但应注意夏季通风、防暑。

(3)塑料暖棚:在我国北方冬季寒冷、无霜期短的地区,可将敞棚式或半开敞式牛舍用塑料薄膜封闭敞开部分,利用阳光热能和牛自身体温散发的热量提高舍内温度,实现暖棚养牛。

①塑料暖棚的建造:暖棚应建在背风向阳、地势高燥处。若在庭院要靠北墙,使其坐北朝南,以增加采光时间和光照强度,有利于提高舍温,切不可建在南墙根。所用塑料薄膜要选用白色透明的农用膜,厚 0.02~0.05mm。棚架材料要因地制宜,可用木杆、竹竿、铅丝、钢筋等。防寒材料用草帘、棉帘、麻袋等均可。

暖棚舍顶类型可采用平顶式、单坡式或平拱式。据养殖户反映,以联合式(基本为双坡式、但北墙高于南墙,故舍顶不对称)暖棚为好,优点是扣棚面积小,光照充足,不积水,易保温,省工省料,易于推广。塑料薄膜的扣棚面积占棚面积的1/3为佳。

现以联合式塑料暖棚为例介绍扣棚方法。首先确定扣棚角度。扣棚角度是指暖棚棚面与地面的夹角,只有合适的扣棚角度才能最有效地发挥暖棚的保暖作用。它可根据太阳高度角(h)来计算:

$$扣棚角度 = 90 - h$$

式中:h为太阳高度角,可由下式求出:

$$h = 90° - \phi \pm \delta$$

式中:ϕ为当地地理纬度,δ为赤道纬度(在冬至节气时,太阳直射南回归线,$\delta = -23.5°$;夏至时太阳直射北回归线,$\delta = 23.5°$;春分和秋分时,太阳直射赤道,$\delta = 0$)。

举例说明:某市县位于北纬$35°14' \sim 35°37'$,那么该市冬至时的太阳高度角$h = 90° - 35° - 23.5° = 31.5°$,扣棚角度$= 90° - 31.5° = 58.5°$;春分节气时$h = 90° - 35° = 55°$,扣棚角度$= 90° - 55° = 35°$,由此可见,该市县冬季联合式塑料暖棚的扣棚角度可掌握在$35° \sim 58.5°$。这样,中午太阳光线在棚面上基本直射,光照强度大,辐射热量多,能最大限度地提高塑料暖棚牛舍内的温度。

②塑料暖棚的使用:塑料暖棚建造后,必须合理使用才能达到预期目的。使用时,首先应确定适宜的扣棚时间。根据无霜期的长短,我国北方寒冷地区一般的适宜扣棚时间是从11月上旬至翌年的3月中下旬。扣棚时,塑料薄膜应绷紧拉平,四边封严,不透风;夜间和阴雪天要用草帘、棉帘或麻袋片将棚盖严以保温;及时清理棚面的积霜或积雪,以保证光照效果良好和防止损伤棚面薄膜;舍内的粪尿每天要定时清除。

为保证棚舍内空气新鲜,暖棚必须设置换气孔或换气窗,有条件时要装上换气扇,以排除过多水分,维持舍内适宜温、湿度,清除有害气体并可防止水汽在墙壁和塑料薄膜上凝结。一般进气孔设在暖棚南墙 1/2 处的下部,排气孔设在 1/2 处的上部或塑料棚面上。每天应通风换气 2 次,每次 10~20 分钟。育肥肉牛在棚内的饲养密度以每头牛占有 4m² 左右为宜。

据试验表明,在北方冬季塑料暖棚内的温度比一般牛舍高 10℃左右,在喂相同饲料的情况下,通过 90 天的肥育,始重 254kg 的 16 头育肥牛,在暖棚内的平均日增重为 1 175g;而在一般牛舍始重为 226.2kg 的 5 头育肥牛,因气温过低,非但没增重,反而减重(每天平均减重 125g)。另据试验表明,在冬季外界气温 -30℃ 左右时,塑料暖棚内的温度很少低于 0℃。可见,在冬季,寒冷地区使用塑料暖棚育肥肉牛,经济效益十分显著,值得推广。

2. 露天式育肥场

露天式肉牛育肥场可分为 3 种形式:一是无任何挡风屏障或牛棚的全露天式育肥场;二是仅有挡风屏障的全露天式育肥场;三是有简易棚的露天式育肥场。根据饲养方式还可分为散放式露天育肥场和拴系式露天育肥场,露天育肥场,每头牛占地 8~10m²。据在美国中西部气候条件下试验,饲养在露天育肥场的肉牛比有棚的增重慢 12%,饲料成本高 14%,这种育肥场适宜机械化喂料,食槽设在育肥场任意一侧,中心部位设凉棚。

四、养牛设备

(一)附属设施

1. 运动场与围栏

犊牛、育成牛和繁殖母牛应设运动场,运动场设在牛舍南面,离牛舍 5m 左右,以利于通行和植树绿化。运动场地面,以砖铺地和土地各一半为宜,并有 1‰~1.5‰的坡度,靠近牛舍处稍高,东西南面稍低并设排水沟。每头牛需运动场面积:成年牛 20m²、育成牛和青年牛 15m²,犊牛 8m²。

运动场四周设围栏,栏高 1.5m,栏柱间距 2m。围栏可用钢管焊接,也可用水泥柱做栏柱,再用钢筋棍串联在一起。围栏门宽 2m。肉牛育肥可在牛舍南面,用水泥筑桩,把牛拴起来限制其运动,每头牛所需面积 3~4m²。

2. 补饲槽与饮水槽

补饲槽设在运动场北侧靠近牛舍门口,便于把牛吃剩下的草料收起来放到补饲槽内。饮水槽设在运动场的东侧或西侧,水槽宽 0.5m,深度 0.4m,水槽的高度不宜超过 0.7m,水槽周围应铺设 3m 宽的水泥地面,以利于排水。

3. 地磅

对于规模较大的肉牛场,应设地磅,以便对运料车等进行称重。

4. 粪尿污水池和贮粪场

牛舍和污水池、贮粪场应保持 200~300m 的卫生间距。粪尿污水池的大小应根据每头牛每天平均排出粪尿和冲污污水量多少而定:成年牛 70~80kg、育成牛 50~60kg、犊牛 30~50kg。

5. 凉棚

一般建在运动场中间,常为四面敞开的棚舍建筑,建筑面积按每头牛 3~5m²即可。凉棚高度以 3.5m 为宜,棚柱可采用钢管、水泥柱、水泥电杆等,顶棚支架可用角铁或木架等,棚顶面可用石棉瓦、油毡材料,凉棚一般采用东西走向。

6. 装卸牛的场地

使用卡车装运牛时需要装卸场地。在靠近卡车的一侧堆土坡便于往车上赶牛。运送牛多时,应制一个高 1.2m、长 2m 左右的围栅,方便把牛装入栅内向别处运送,这种围栅亦可放在运动场出入口处,将一端封堵,将牛赶入其中即可抓住牛,这种形式适用于大规模饲养。运动场宽阔的散放式牛舍,人少赶牛很难。圈出一块场地用两层围栅围好,赶牛、圈牛就方便得多。运动场狭小时,可以用梯架将牛赶至角落再牵捉。用 1m 长的 8 号铁丝顶端围一圆圈,勾住牛的鼻环后再捉就容易了。

7. 消毒池

一般在牛场或生产区入口处,便于人员和车辆通过时消毒。消毒池常用钢筋水泥浇筑,供车辆通行的消毒池,长 4m、宽 3m、深 0.1m;供人员通行的消毒池,长 2.5m、宽 1.5m、深 0.05m。消毒液应维持经常有效。人员往来在场门两侧应设紫外线消毒走道。

(二)常用器具和设备

随着饲养规模的扩大,各种附属设施和设备也将随之增加,现代化的养牛业需要先进的养牛设备。

1. 管理器具

无论规模大小,管理器具必须备齐,管理用具种类很多,主要的有以下几项:

牛刷拭用的铁抓子(或建筑用过的铁刷子亦可)、毛刷,拴牛的鼻环、缰绳、旧轮胎制的颈圈(特别是拴系式牛舍),清扫畜舍用的叉子、三齿叉、翻土机、扫帚,测体重的磅秤、耳标、削蹄用的短削刀、镰、无血去势器、体尺测量器械等。

2. 饲料收获机械

(1)青饲收获机:青贮饲料联合收获机械按其结构大体可分为直接切碎式、直流式和通用式 3 种。由于通用式青饲收获机适应性广,切碎质量好,因此应用日益广泛。通用式青饲收割机由收割、切碎和输送部分组成,其收割部分可配换3种割台。第1种是全幅割台,用来收割牧草及饲料作物;第2种是中耕作物割台,用来收获青饲玉米;第3种是捡拾器,用来捡拾割后稍凋萎的青贮饲料和集成草条的牧草,以便进行低水分的青贮。切碎部分相当于一台铡草机,切碎的饲料由抛送机抛入拖车。

(2)玉米收获机:专门用于收获玉米,一次可完成摘穗、剥皮、果穗收集、茎叶切碎、装车进行青贮等项工作。

(3)割草压扁机:也称割晒机。是较先进的割草机,集收割、茎秆压扁和搂草等功能为一体。操作简单,田间作业灵活,功能多,功率大。

(4)压捆机:压捆机是将散乱秸秆和牧草压成捆,便于运输和储存。压捆机分固定式和捡拾压捆机2种。根据压成的草捆形状分为方捆活塞式压捆机和圆捆卷式压捆机。根据草捆密度还可以分为高密度($200\sim300kg/m^2$)、中密度($100\sim200kg/m^2$)和低密度($<100kg/m^2$)压捆机。

3. 加工机械

(1)铡草机:也称切碎机,主要用于牧草和秸秆类干饲料的切短,也可用于铡短青贮料。铡草机按机型大小分大型、中型、小型3种机型;按切碎器形式又分为滚筒式和圆盘式2种,小型以滚筒式为多,大中型为了便于抛送青贮饲料,一般都为圆盘式;按喂入方式不同分为人工喂入式、半自动喂入式和自动喂入式;按切碎段处理方式不同分为自落式、风送式和抛送式3种。选择铡草机需特别注意:切割段长度可以调整($3\sim100mm$);通用性能好,可以切割各种作物秸秆、牧草等;能把粗硬的秸秆压碎,切茬平整无斜茬;抛送高度对于青贮塔不小于10m,并可任意调整;结构简单,调整和磨刀方便。

(2)揉搓机:揉搓机是 1989 年问世的一种新型机械。它介于铡切与粉碎两种加工方法之间的一种新方法。其工作原理是将秸秆送入料槽,在锤片及空气流的作用下,进入揉搓室,受到锤片、定刀、斛齿板及抛送叶片的综合作用,把物料切断,揉搓成丝状,经出料口送出机外。

(3)粉碎机:目前国内生产的粉碎机类型有锤片式、劲锤式、齿爪式和对辊式 4 种。锤片式粉碎机是一种利用高速旋转的锤片击碎饲料的机器。生产率高,适应性广,既能粉碎谷物类精饲料,又能粉碎含纤维、水分较多的青草类、秸秆类饲料,粉碎粒度好;劲锤式粉碎机与锤片式类似,不同之处在于它的锤片不是用销于连接在转盘上,而是固定安装在转盘上,因此它的粉碎能力更强些;齿爪式粉碎机是利用固定在转子上的齿爪将饲料击碎,这种粉碎机结构紧凑、体积小、重量轻,适合于粉碎含纤维较少的精饲料;对辊式粉碎机是由一对回转方向相反,转速不等的带有刀盘的齿辊进行粉碎,主要用于粉碎油料作物的饼粕、豆饼、花生饼等。

(4)小型饲料加工机组:主要由粉碎机、混合机和输送装置等组成。其特点是:生产工艺流程简单,多采用主料先配合后粉碎再与副料混合的工艺流程;多数用人工分批称量,只有少数机组采用容积式计量和电子秤重量计量配料,添加剂采用人工分批直接加入混合机;绝大多数机组只能粉碎谷物类原料,只有少数机组可以加工秸秆料和饼类料;机组占地面积小,对厂房要求不高,设备一般安置在平房建筑物内,小型饲料加工机组有时产 0.5～1.5t,可根据实际需要在当地农机或农资市场选购。

(5)袋装青贮装填机:主要由切碎、装填等装置组成,与传统青贮窖等生产方式比较具有如下优点:设备投资少,不需要修建青贮窖等设备,不占用土地;可较好地控制青贮饲料质量,原料损失少,营养保存率高,当采用半干青贮技术时,干物质含量较窖、塔青贮高 1 倍;取用方便,可减轻人工劳动强度;生产灵活性强,小袋青贮便于运输,为青贮的商品化创造了条件;为豆科优良牧草的加工储存提供了有效的方法和设备。

(6)拉伸膜青贮打捆包裹机:成套设备主要包括牧草(鲜草或半干)打捆机和裹包机,机型有大小之分,草捆有圆、方 2 种。小捆(52cm×55cm)重达 40~50kg,适宜养殖专业户用;大捆(120cm×120cm)重达 500~700kg,适宜大型养殖场使用。拉伸膜青贮的优点是便于运输、贮存和利用,不用建设青贮窖或青贮塔,青贮质量好,适宜各种规模的机械化作业。

(7)全混合日粮搅拌喂料车(TMR):全自动全混合日粮搅拌喂料车,主要由自动抓取、自动称量、粉碎、搅拌、卸料和输送装置等组成。可以自动抓取青贮,自动抓取草捆,自动抓取精料、啤酒糟等,可以大量减少人工,简化饲料配制及饲喂过程,提高肉牛饲料转化率。

4. 牛舍通风及防暑降温设备

牛舍通风设备有电动风机和电风扇两种。轴流式风机是牛舍常见的通风换气设备,这种风机既可排风,又可送风,而且风量大。电风扇也常用于牛舍通风,一般以吊扇多见。

牛舍防暑降温可采用喷雾设备,即在舍内每隔 6m 装 1 个喷头,每个喷头的有效水量为 1.4~2.0L/min,一般常用深井水作为降温水源,降温效果良好。目前有一种进口的喷头喷射角度是 90°和 180°,喷射呈淋雾状态,喷射半径 1.8m 左右,安装操作方便,并能有效合理的利用水资源。喷淋降温设备包括:PVC、PE工程塑料管、球阀、连接件、进口喷头、进口过滤器、水泵等。

第三节　牛场建设投资概算

牛场建设所需资金投入依生产规模、管理水平和地区条件等而变化，资金投入包括土地、建筑、公用工程、设备与流动资金几个部分。现以饲养规模按 500 头牛计算，以近期价格举例说明，共建设时参考。为便于计算，所征租用土地按非耕地计，每年每 667 ㎡（亩）租金按 2 000 元计算，各项投资费用在第 1 年，第 2 年以后的固定资产提留折旧计入成本。在此只对建设费用做出估算，对启动后的收入、税款、利润均未加考虑。

一、经济指标

经济指标是该牛场计划要求达到的生产规模、相应的管理人员与建设范围，见表 5-3。

表 5-3　牛场建设主要经济指标

项目	单位	指标	备注
存栏牛	头	500	
年出栏	头	1 500	年计划出栏 3 批
占用土地	667m²（亩）	30	
员工	人	20	
土建面积	m²	18 286	

二、建筑面积与经费估算

建筑面积与经费估算见表 5-4。

表 5-4 牛场建筑面积与经费估算

项目	单位	数量	参考价(元/m²)	金额(万元)
1. 牛舍主体	m²	4 250	400	170.0
2. 饲料仓库	m²	400	500	20.0
3. 办公宿舍	m²	140	500	7.0
4. 机修工房	m²	100	300	3.0
5. 青贮氨化池	m²	2 400	50	12.0
6. 地磅	m²	60	500	3.0
7. 门卫值班室	m²	48	500	2.4
8. 装卸牛台	m²	25	200	0.5
9. 配电机房	m²	40	500	2.0
10. 锅炉房	m²	60	500	3.0
11. 水塔泵房	m²	24	500	1.2
12. 堆草场棚	m²	4 700	50	23.5
13. 堆粪场地	m²	3 500	50	17.5
14. 污水沉淀池	m²	100	300	3.0
15. 场部道路	m²	2 100	150	31.5
16. 停车场	m²	500	150	7.5
17. 绿化带	m²	1 540	150	23.5
合计		18 286		330.6

注:实际预算时,项目可根据需要增减;价格应以当地现行市场价为准。

三、设备投资预算

设备投资预算见表 5-5。

表 5-5　牛场设备投资预算

名称	规格	数量	参考价(元/m²)	金额(万元)
1. 饲料粉碎机	0.5~1.0t/h	2	0.6	1.2
2. 铡草机	1.5~6t/h	4	1.3	5.2
3. 锅炉	0.5~1.0t	1	7.5	7.5
4. 给排水设备				5.0
5. 地磅	15t	1	1.5	1.5
6. 变压器	50kW	1	1.0	1.0
7. 电气设备				5.0
8. 运输车	5t,2t	2		15.0
9. 饲料配送车	1.5t	2	1.5	3.0
10. 手推车		10		0.5
11. 兽医器械				1.5
12. 饲养工具				3.0
13 办公家具				3.0
合计				52.4

注:实际预算时,项目可根据需要增减;价格应以当地当时市场价为准。

四、设备安装费估算

重要的或安装难度较大的设备应由专业人员安装调试,估计约 33.4 万元。主要项目与费用(万元)如下:料库 1.5,水塔、泵房

5.7,地磅 1.2,维修车间 0.5,变电房 6.0,污水处理 2.5,锅炉房 6.0,场区给排水工程等 10.0。一般此部分也可包含在设备购置费中,应在购置合同中说明并界定清晰。

五、建设资金概算

建设 1 个存栏 500 头牛的肥育场,其建筑设施、土地与设备构成牛场固定的资产。由以上例子中计算需投资 383.0 万元,设备安装费用 33.4 万元。预计用于买架子牛、饲料,人员工资,水、电、暖费以及办公经费等流动资金,约 286.0 万元。若有贷款,每年尚需支付银行利息。从以上几项计算,建筑与设备及安装费 416.4 万元,土地租用费每年 6 万元,流动资金 286.0 万元,合计总经费 702.4 万元(可根据实际需要增减)。

第六章 肉牛的营养调控和饲料配制

第一节 肉牛的营养需要

一、消化道的特点与消化过程

牛是反刍动物,在消化道结构和消化生理方面和单胃动物相比有明显的不同,牛有其独特的能力,它可以把低等非食用的饲草饲料转化为高品质的肉等畜产品,这种独特能力,与其解剖生理学、营养学的特点密切相关。

(一)肉牛消化道的结构特点

牛的消化道起于口腔,经咽、食道、胃(瘤胃、网胃、瓣胃和皱胃)、小肠(包括十二指肠、空肠和回肠)、大肠(包括盲肠、结肠和直肠),止于肛门。附属消化器官有唾液腺、肝脏、胰腺、胃腺和肠腺。

1. 口、舌和牙齿

牛没有上切齿和犬齿,在采食的时候,依靠上颌的肉质齿床(即牙床)和下颌的切齿与唇及舌的协同动作采食。

2. 唾液腺和食道

唾液腺位于口腔,分泌唾液。牛的唾液腺有腮腺、颌下腺、舌下腺、咽腺、舌腺、颊腺、唇腺等。反刍动物唾液分泌的数量很大,据统计,每日每头牛的唾液分泌量为 100～200L。唾液分泌具有两种生理功能,一是促进形成食糜;二是对瘤胃发酵具有巨大的调控作用。唾液中含有大量的盐类,特别是碳酸氢钠和磷酸氢钠,这些盐类担负着缓冲剂的作用,使瘤胃 pH 稳定在 6.0～7.0,为瘤胃发酵创造良好条件。同时,唾液中含有大量内源性尿素,对反刍动物蛋白质代谢的稳衡控制、提高氮素利用效率起着十分重要的作用。

食道是自咽通至瘤胃的管道,成年牛长约 1.1m,草料与唾液在口腔内混合后通过食道进入瘤胃,瘤胃内容物又定期地经过食道反刍回到口腔,经细嚼后再行咽下。

3. 复胃结构

牛的胃为复胃,包括瘤胃、网胃、瓣胃和皱胃 4 个室。前 3 个胃的黏膜没有腺体分布,相当于单胃的无腺区,总称为前胃。皱胃黏膜内分布有消化腺,机能与单胃相同,所以又称之为真胃。其中以瘤胃和网胃的容量最大,成年牛的容量大型牛种可达到 200L,小型牛 50L。这个体积相当于皱胃体积的 7～10 倍。瘤胃中有着数量庞大的微生物群落,瘤胃细菌数每 ml 容积中多达 250 亿～500 亿,原生虫数达 20 万～50 万。因为牛采食的饲料种类不同,瘤胃内微生物的种类和数量会发生极大的变化,这些微生物能消化纤维素,因此牛能利用粗饲料把纤维素和戊聚糖分解成酸、丙酸和丁酸等可利用的有机酸,这些有机酸也称挥发性脂肪酸。因为挥发性脂肪酸能通过胃壁被吸收,为牛体提供 60%～80%的能量需要。微生物的另一个作用是能合成 B 族维生素和大多数必需氨基酸,微生物能将非蛋白氮化合物,如尿素等转化成蛋白质。当这些微生物被牛的消化液所消化时,可转化为牛体可利用的蛋白质及其他营养物质。4个胃室的相对容积和机能随牛的年龄变化而发生很大变化。初生犊牛皱胃约占整个胃容积的80%或以上,前两胃很小,而且结构很不完善,瘤胃黏膜乳头短小而软,微生物区系还未建立,此时瘤胃还没有消化作用,乳汁的消化靠皱胃和小肠。随着日龄的增长,犊牛开始采食部分饲料,瘤胃和网胃迅速发育,而皱胃生长较慢。正常饲养条件下,3月龄牛瘤网胃的容积显著增加,比初生时增加约10倍,是皱胃的2倍;6月龄牛的瘤网胃的容积是皱胃的4倍左右;成年时可达皱胃的7～10倍。瘤胃黏膜乳头也逐渐增长变硬,并建立起较完善的微生物区系,3～6月龄时已能较好地消化植物饲料。

(1)瘤胃:瘤胃由柱状肌肉带分成4个部分:1个背囊、1个腹囊和2个后囊。肌肉柱的作用在于迫使瘤胃中草料作旋转方式的运动,使其与瘤胃液体充分混合,类似"搅拌机"的作用。许多指状突起、乳头状小突起布满于瘤胃壁,大大地增加了从瘤胃吸收营养物质的面积。瘤胃容积最大,通常占据整个腹腔的左半,为4个胃总容积的78%～85%,是暂时储存饲料的场所。瘤胃虽不能分泌消化液,但胃壁强大的纵行肌环能够强有力地收缩和松弛,进行节律性蠕动,以搅拌食物。胃黏膜表面有无数密集的角质化乳头,尤其是瘤胃背囊部的黏膜乳头特别发达,有利于增加食糜与胃壁的接触面积和揉磨。瘤胃内存在大量微生物,对食物分解和营养物质合成起着极其重要的作用,从而使瘤胃成为牛体的一个庞大的、高度自动化的饲料特殊"发酵罐"。犊牛的瘤胃自1月龄左右开始有功能,3月龄已能反刍消化,6月龄能良好地采食粗饲料时才可断奶。提早断奶能促进瘤胃尽早发挥消化作用,但刚断奶时对植物蛋白的消化不良,要有一定量的动物蛋白,否则早期生长会受一定的影响。

(2)网胃:由网-瘤胃褶与瘤胃分开,瘤胃与网胃的内容物可自由混杂,因而瘤胃与网胃往往合称为瘤网胃。网胃壁像蜂巢,故也叫做蜂巢胃。网胃的右端有一开口通入瓣胃,草料在瘤胃和网胃经过微生物作用后即进入瓣胃,网胃中在食道与瓣胃之间有一条沟,叫做食管沟。食管沟是犊牛吮吸乳汁时把奶直接送到皱胃的通道,它可使吮吸的乳中营养物质躲开瘤胃发酵,直接进入皱胃和小肠,被机体利用。这种功能随犊牛年龄的增长而减退,到成年时只留下一些痕迹,闭合不全。因此,犊牛如果因咽奶过快,食管沟闭合不全,牛奶就可能进入瘤胃,这时由于瘤胃消化功能不全,极易导致消化系统疾病。

网胃在 4 个胃中容积最小,成年牛的网胃约占 4 个胃总容积的 5％。网胃的上端有瘤网口与瘤胃背囊相通,瘤网口下方有网瓣孔与瓣胃相通。网胃壁黏膜形成许多网格状皱褶,形似蜂巢,并布满角质化乳头。网胃的功能如同筛子一样,将随饲料吃进去的重物(如铁丝、铁钉等)储藏起来。

(3)瓣胃:内容物在瘤胃、网胃经过发酵后,通过网胃和瓣胃之间的开口——网瓣孔而进入瓣胃,瓣胃黏膜形成 100 多片瓣叶。瓣胃内存有干细食糜,其作用是压挤水分和磨碎食糜。瓣胃呈球形,很坚实,位于右季肋部、网胃与瘤胃交界处的右侧。成年牛瓣胃约占 4 个胃总容积的 7％～8％。瓣胃的上端经网瓣口与网胃相通,下端有瓣皱口与皱胃相通。瓣胃黏膜形成百余叶瓣叶,从纵剖面上看,很像一叠“百叶”,所以俗称“百叶肚”。瓣胃的作用是对食糜进一步研磨,并吸收有机酸和水分,使进入真胃的食糜更细,含水量降低,利于消化。

(4)皱胃:皱胃是牛的真胃。反刍动物只有皱胃分泌胃液,皱胃壁具有无数皱襞,这就能增加其分泌面积。皱胃位于右季肋部和剑状软骨部,与腹腔底部紧贴。皱胃前端粗大,称胃底,与瓣胃相连;后端狭窄,称幽门部,与十二指肠相接。皱胃黏膜形成 12～14 片螺旋形大皱褶。围绕瓣皱口的黏膜区为贲门腺区;近十二指肠黏膜区为幽门腺区;中部黏膜区为胃底腺区。皱胃分泌的胃液含有胃蛋白酶和胃酸,其功能与单胃动物相同,消化来自前胃中的食糜。

犊牛的胃,尤其是新生幼犊,皱胃很发达,而前三个胃则出生后才发育起来的。犊牛吸入的奶,直接进入皱胃,由皱胃产生的凝乳酶和其他化合物进行消化,吸奶过快则得不到应有的消化。犊牛在开始啃食草料时,一些细菌随之进入瘤胃,在那里定居,使瘤胃得到发育,犊牛才开始倒嚼,而成为真正的反刍动物。

4. 反刍和嗳气

这是牛的特点,反刍也叫做倒磨或倒嚼,即已进入瘤胃的粗料由瘤胃返回到口腔重新咀嚼的过程。每一口倒磨的食团,约咀嚼1分钟左右又咽下,通常牛每天反刍需 8 个多小时,食入的粗饲料比例越高,反刍的时间越长。虽反刍不能直接提高消化率,但是饲料经过反复咀嚼后,颗粒变小,才能通过瘤胃消化吸收,因此能更多地采食,增加营养,这是有很大意义的。

在瘤胃细菌的发酵作用下,产生大量的二氧化碳和甲烷,在嗳气时可以排出;如果不排出就会引起牛发生膨胀病。正常情况下嗳气是自由地由口腔排出的,小部分是瘤胃吸收后从肺部排出。

5. 肠

据测定,牛的肠长和体长比为 27∶1,牛的小肠特别发达,长27～49m。食糜进入小肠后,在消化液的作用下,大部分可消化的营养物质可被充分消化吸收。

另据报道,牛等反刍动物的盲肠和结肠两大发酵罐能同时进行发酵作用,能消化饲料中纤维素的 15%～20%。纤维素经发酵产生大量挥发性脂肪酸,可被吸收利用。

(二)消化过程

牛消化道各部位对食入的饲料起着不同的消化作用,这些部位按各自的区段划分为:口腔区、咽喉食道区、胃区、胰区、肝区、小肠盲肠结肠区。

1. 口腔区

牛的口腔起采食、咀嚼和吞咽的作用。将食物摄入口腔的过程称作采食,牛是靠舌、唇和牙齿的协作进行的;将食物撕裂、磨碎、润湿并拌成食团,再由颊部的唾液掺入酶等进行消化的过程称作咀嚼;完成咀嚼的食团由舌推送到口腔后部,接触到咽部时,在不随意与随意动作反射作用下关闭喉部呼吸道,推入食道的过程称作吞咽。

(1)牙齿:它将食物撕裂并磨碎,将食物碎裂成小片,使之与消化液有尽量大的接触面积。牛是揪住草撕断而进食的,不用牙齿来撕裂食物。因没有犬齿,只用下门牙抿紧上颌牙床折断草的茎叶,故不能采食粗劣枝条和纤维化严重的草茎。

(2)牛舌:它是采食的主要器官。舌面覆满粗糙的乳状突起,能将牧草摄入口腔并送到臼齿部供咀嚼,在渗入唾液磨细后形成食团。舌面有大量味蕾,在感受食入物的味道后,对不适口的食物由神经传导停止采食,对适口的大量采食。牛舌的舌尖和舌根部味蕾很发达,而舌体中部分布甚少。当食团送到口腔后部,味蕾感受器对滋润均匀的食团由神经传导产生吞咽动作将其咽下。

(3)唾液腺:由腮腺、颌下腺和舌下腺 3 对腺体组成,其具有 6 种作用:①滑润,有助于咀嚼、形成食团和吞咽;②缓冲,唾液分泌大量的碳酸氢盐,对食入物起中和缓解作用;③唾液中有大量的尿素、磷、镁、氯和黏蛋白为瘤胃微生物提供营养原;④制沫,唾液可起表面活性剂的作用,能防止瘤胃气体的聚积,避免瘤胃膨胀;

⑤溶剂,对食入物进行溶解,感受其释放的化学物质具有的味道;
⑥保护,对口腔黏膜起保护作用。

2. 咽和食道区

咽部是控制空气和食团通道的交汇部,开口于口腔,后接食道、后鼻孔、鼻咽管和喉部。吞咽时软腭上抬关闭鼻咽孔,盖住喉孔,防止饲料进入呼吸道。食团进入食道,食道的肌肉组织产生蠕动波,形成一个单向性运动,由平滑肌协调地收缩和松弛将食团推到胃的贲门。

3. 胃区

瘤胃体积最大,其表面积很大,有大量的乳状突起,有对食团进行搅拌和吸收的作用、蜂巢胃的内表面呈蜂窝状,食入物暂时逗留于此,微生物在这里充分消化饲料,由此产生二氧化碳和挥发性脂肪酸,如乙酸、丙酸和丁酸,当其被瘤胃吸收后,牛得到大量能量。当喂精料过多时,会产生大量乳酸,使瘤胃 pH 值降低,抑制一些微生物的活动,不利于消化从而引起消化机能障碍,形成急性消化病。类脂化合物在瘤胃微生物的作用下分解成脂肪酸和甘油。其中甘油主要转化为丙酸和长链脂肪酸,运行到小肠内被吸收。蛋白质中高度可溶性蛋白质被迅速分解,形成细菌蛋白质;而高度不溶性蛋白质则相对完整地下行,与细菌蛋白质一起进入肠道。在蛋白质分解时产生的一部分氨被胃壁吸收,另一部分为细菌蛋白质的合成提供氮原。如果日粮中糖和淀粉成分高,氨的浓度就低。瘤胃细菌能合成维生素 K 和 B 族维生素,同时产生的维生素 C 可以部分地由瘤胃中得到补益。成年牛不需由饲料来提供,犊牛的维生素 K 和 B 族维生素是从牛奶中获得的。

幼牛的瘤胃不发达,缺乏以上的营养来源。幼犊吮奶时,奶汁通过由瘤胃和蜂巢胃合壁的临时性食管沟,直接流入皱胃。在皱胃奶汁与凝乳酶接触,被凝固,进而被消化。当犊牛长大时,固体饲料刺激瘤胃发育,才会改变犊牛的消化特点。

瓣胃的生理功能未被全部熟知,已知的是有助于磨碎摄入的饲料和吸收水分。皱胃与单胃动物的胃一样,是唯一的含有消化腺的胃室。

4. 胰区

胰区由胰脏和胰管组成,是消化系统。其分泌两种激素,一种是由内分泌腺分泌的胰岛素和胰高血糖素;另一种是由外分泌腺分泌的胰液,是小肠消化所必需的。

5. 肝区

肝区包括肝脏、胆囊和胆管。当养分由胃和小肠吸收后,经过门静脉,被送到肝脏。肝脏的功能有:①分泌胆汁;②对有害化合物进行解毒;③蛋白质、糖类、类脂化合物的代谢;④贮存维生素;⑤贮存糖类;⑥破坏红细胞;⑦构成血浆蛋白质;⑧弱化多肽激素。其中胆汁是促进脂肪分解和吸收的,并排出一些废弃物,如胆固醇和血红蛋白分解的副产物等。胆汁是绿色的,为红细胞破坏的最终产物胆绿素和胆红素所致。胆汁中含有许多钠、钾,与胆酸结合形成盐类,这些胆盐与小肠内的类脂化合物结合成胶态分子团。胶态分子团是吸收已经乳化和增溶的甘油酸酯和不易溶解的脂肪酸合成物。胶态分子团形成后,可消化类脂化合物,脂肪酸和甘油可穿过小肠黏膜屏障进入淋巴系统,胆盐在进入肠肝后继续循环,不像类脂化合物那样被消化。胆汁的生成量依动物饥饱情况不同而异,饥饿的个体只生成少量胆汁,而饲喂高脂肪日粮的个体生成大量的胆汁,这种调节是由血流量、个体的营养状况、饲喂日粮的类型和肠、肝、胆盐循环等因素所决定的。

6. 肠、盲肠、结肠区

小肠在解剖学上分 3 段:十二指肠、空肠和回肠。十二指肠自胃的幽门部括约肌至空肠,被一段短的肠系膜紧紧附着在体壁,胆汁和胰液均流注在此。空肠与回肠之间无明显交界。小肠的管腔表面布满伸展的绒毛,呈手指状凸出,形成网状系统,每个绒毛含有一个称作乳糜管的淋巴管和许多细血管,绒毛表面还具有大量的微绒毛,极大地扩展了吸收的表面积。

小肠的终端为回盲瓣,回盲瓣是控制摄入物由小肠流向盲肠和大肠的括约肌组织,也防止摄入物回流。

盲肠和结肠由多层肌肉组成。结肠是以环形肌为基础的,是形成肠蠕动的根本。大肠纵向有 3 条纵行肌。在结肠整段有一连串的残室或囊袋,摄入物在纳入袋状结构中时水分被排出。结肠中还有无数能分泌黏液的杯状细胞。盲肠位于结肠的近端,是一个盲袋,其消化作用不大,但能吸收一些挥发性脂肪酸。

(三)肉牛对饲料营养物质的消化代谢

由于牛复胃和肠道长的缘故,食物在牛消化道内存留时间长,一般需 7~8 天甚至 10 天的时间,才能将饲料残余物排尽。因此,牛对食物的消化吸收比较充分。

1. 唾液腺的分泌作用

牛的唾液分泌的数量很大。据统计,每日每头牛的唾液分泌量为 100~200L,唾液分泌具有两种生理功能:一是促进形成食糜;二是对瘤胃发酵具有巨大的调控作用。唾液中含有大量的盐类,特别是碳酸氢钠和磷酸氢钠,这些盐类担负着缓冲剂的作用,使瘤胃 pH 稳定在 6.0~7.0,为瘤胃发酵创造良好条件。同时,唾液中含有大量内源性尿素,对反刍动物蛋白质代谢的稳衡控制、提高氮素利用效率起着十分重要的作用。

2. 瘤胃内容物的特性

(1)瘤胃内容物的干物质:瘤胃内容物中干物质的比例直接受

饲料干物质进食量、饮水量及唾液分泌量的影响。要保持瘤胃发酵的适宜环境,干物质与水分的比例应保持相对稳定。

　　瘤胃、网胃不同部位的干物质有所不同,据报道,用奶用母牛每日饲喂 3、5 或 7kg 干草,在瘤胃顶部或背盲囊、腹囊及网胃采样,所有饲养水平的平均值见表 6-1。

表 6-1　瘤胃、网胃不同采样部位的干物质含量(%)

采样时间[1]（小时）	采样部位[2]		
	A 或 B	C 或 D	E
2.0	13.7	3.7	3.9
4.5	13.8	3.8	4.3
7.5	13.3	3.8	4.8
11.5	12.9	4.7	4.9
19.5	11.7	5.7	6.1
23.5	10.7	5.4	5.5
平均	12.7	4.5	4.9

注:(1)从饲喂开始到结束时的中点时间。

　　(2)A 或 B 为瘤胃顶部或背盲囊,C 或 D 为瘤胃腹囊,E 为网胃。

　　(2)比重:据研究,瘤胃内容物的比重平均为 1.038(1.022～1.055)。放牧母牛有的报道为 0.80～0.90,有的报道平均为1.01。瘤胃内容物的颗粒越大则比重越小,颗粒越小则比重越大。

　　(3)瘤胃温度:瘤胃正常温度为 39～41℃。采食快的牛能提高瘤胃温度。饲料在瘤胃中的发酵能影响瘤胃温度,如饲喂苜蓿温度能上升到 41℃,且瘤胃温度高于网胃。瘤胃的温度变化比网胃大,部分原因是由于饮水温度往往较低,当饮入 25℃水时,可使瘤胃温度下降 5～10℃,饮水后往往经 2 小时才能达到正常温度。

　　(4)瘤胃 pH:瘤胃 pH 一般应稳定在 6.8～7.8 为宜,日粮特性和采食后测定时间对瘤胃 pH 影响较大。

(5)缓冲能力:瘤胃 pH 在 6.8~7.8 时具有良好的缓冲能力,超出这个范围则缓冲力显著降低。缓冲力的差变与碳酸氢盐、磷酸盐、挥发性脂肪酸的浓度有关,通常在瘤胃 pH 范围内,重要的缓冲物为碳酸氢盐和磷酸盐。饲料粉碎后对缓冲力的影响很小。饮水的影响主要是由于稀释了瘤胃液。对绝食的牛,碳酸氢盐比磷酸盐更重要。当 pH 小于 6 时,对于发酵来说,磷酸盐相对比较重要。

3. 瘤胃的发酵与调控

(1)瘤胃对蛋白质和非蛋白氮(NPN)的利用:

①饲料蛋白质在瘤胃的降解:牛能同时利用饲料的蛋白质和非蛋白氮,构成微生物蛋白质,供机体利用。进入瘤胃的蛋白质约有 60% 被微生物所降解,生成肽、游离氨基酸,氨基酸再经脱氨基作用产生挥发性脂肪酸、二氧化碳、氨及其他产物,微生物同时又利用这些分解产物合成微生物蛋白质。少量的氨基酸可直接被瘤胃壁吸收,为机体所利用。一部分氨通过瘤胃壁吸收进入血液,在肝脏合成尿素,或随尿排出体外,或进入唾液再返回到瘤胃重新被利用(此过程称瘤胃氮素循环)。

尽管大多数瘤胃微生物能利用氨和氨基酸作为氮源生长,但是肽合成微生物蛋白质的效率高于氨基酸。肽能够加快瘤胃微生物的繁殖速度、缩短细胞分裂周期,瘤胃细菌的生长速度有肽比有氨基酸快 70%。肽是瘤胃微生物合成蛋白质的重要底物。肽在瘤胃内的代谢主要由瘤胃微生物的肽酶完成,以外切酶为主。肽相对分子质量的大小对其利用途径有影响,细菌对大分子肽的摄取速度比对小分子肽和氨基酸的摄取速度快,所以大分子肽更易转化为菌体蛋白。瘤胃微生物对饲料蛋白质的降解和合成的作用体现在两方面,一方面它将品质低劣的饲料蛋白质转化成高质量的微生物蛋白质,另一方面它又可将优质的蛋白质降解。在瘤胃被降解的蛋白质中有很大部分被浪费掉了,使饲料蛋白质在牛体内消化率降低。因此,蛋白质在瘤胃的降解度将直接影响进入小肠的蛋白质数量和氨基酸的种类,也关系到牛对蛋白质的利用。

根据饲料蛋白质降解率的高低,可将饲料分为低降解率饲料(<50%),如干燥的苜蓿、玉米蛋白、高粱等;中等降解率饲料(50%～70%),如啤酒糟、胡麻饼、棉子饼、豆饼等;高降解率饲料(>70%),如小麦麸、菜籽饼、葵花饼、青贮苜蓿等。

②影响饲料蛋白质瘤胃降解率的因素

a. 蛋白质分子结构:蛋白质的结构特性形成降解的阻力。如蛋白质分子中的二硫键有助于稳定其三级结构,增加抗降解力。羽毛蛋白含有很多交互键,另外用甲醛处理饲料时,甲基与蛋白质中交互性作用,可降低蛋白质在瘤胃的分解。

b. 蛋白质可溶性:可溶性蛋白在瘤胃比不可溶性蛋白更易降解,酪蛋白是一种高可溶蛋白质,大约95%被瘤胃微生物降解。

c. 在瘤胃的停留时间:饲料蛋白质在瘤胃停留时间长短可影响蛋白质的降解量。饲料在瘤胃停留时间短,某些可溶性蛋白质也可躲过瘤胃的降解,如停留时间长。不易被降解的蛋白质也可能在瘤胃中大量降解。

d. 采食量:随着采食量的提高,日粮蛋白质在瘤胃的降解率显著降低。有试验表明,采食量高时,葵花饼蛋白的降解率为72%,低采食量时则为81%。

e. 稀释率:增加瘤胃液的稀释率,可提高反刍动物瘤胃蛋白质流量,其中一部分来自微生物蛋白,另一部分来自日粮非降解蛋白。饲喂碳酸氢钠或氯化钠,均可提高稀释率,增加蛋白质从瘤胃流出。

f. 饲喂频率:肉牛在低进食水平下,增加饲喂频率可提高瘤胃排出非降解蛋白质的比例。

g. pH:瘤胃 pH 影响日粮蛋白质在瘤胃的降解率。提高采食量或增加日粮精料比例,可降低瘤胃液 pH,若偏离细菌适宜的作用范围,降解率低。高粗饲料日粮,瘤胃 pH 较高,饲料蛋白质降解率高。

h. 饲料加工与储藏:饲料的各种物理和化学处理均可改变蛋白质在瘤胃的降解率。如加热、甲醛处理、包被等。以加热为例,随着加热温度的提高,降解蛋白下降,非降解蛋白增加,不能被动物利用的蛋白质量也增加,所以供给小肠可消化吸收蛋白量则出现由少到多又到最少的变化趋势。

③非蛋白氮在瘤胃的降解:青绿饲料和青贮饲料中含有很多非蛋白氮,如禾本科(黑麦草)青草中非蛋白氮占总氮量的 11%,而禾本科(黑麦草)青贮中非蛋白氮占其总氮量的 65%。牛瘤胃微生物能把饲料中的这些非蛋白氮和尿素类饲料添加剂转变为微生物蛋白质,最后被牛消化利用。

牛利用尿素等非蛋白氮(NPN)的过程如下:

$$尿素\ [CO(NH_2)_2] \xrightarrow[\text{脲酶}]{\text{瘤胃微生物}} 氨\ (NH_3) + 二氧化碳\ (CO_2)$$

$$碳水化合物 \xrightarrow[\text{酶}]{\text{瘤胃微生物}} 挥发性脂肪酸+酮酸(碳链)$$

$$氨\ (NH_3) + 酮酸 \xrightarrow[\text{酶}]{\text{瘤胃微生物}} 氨基酸$$

$$氨基酸 \xrightarrow[\text{酶}]{\text{瘤胃微生物}} 微生物蛋白(菌体蛋白)$$

$$微生物蛋白 \xrightarrow[\text{酶}]{\text{真胃、小肠酶}} 游离氨基酸$$

$$游离氨基酸 \longrightarrow 牛体组织(沉积)$$

瘤胃微生物利用非蛋白氮的形式主要是氨,氨的利用效率直接与氨的释放速度和氨的浓度有关。当瘤胃中氨过多,来不及被微生物全部利用时,一部分氨通过瘤胃上皮由血液送到肝脏合成尿素,其中很大数量经尿液排出,造成浪费,当血氨浓度达到1mg/ml 时,便可出现中毒现象。因此,在生产中应设法降低氨的释放速度,以提高非蛋白氮的利用效率。

此外,保证瘤胃微生物对氨的有效利用,还必须为其提供微生物蛋白合成过程中所需的能源、矿物质和维生素。碳水化合物中,提供微生物养分的速度,纤维素太慢,糖过快,而以淀粉的效果最好,并且熟淀粉比生淀粉好。所以,在生产中饲喂低质粗饲料为主导日粮,用尿素补充蛋白质时,加喂高淀粉精料可以提高尿素的利用效率。

(2)瘤胃对碳水化合物的利用:淀粉、可溶性糖类能被牛体分泌的消化酶分解,也能被瘤胃微生物所消化;而纤维素、半纤维素和果胶等只能由瘤胃微生物作用而被消化。对于大多数谷物(玉米和高粱除外),90%以上的淀粉通常是在瘤胃中发酵,玉米大约70%是在瘤胃中发酵。淀粉的结构和组成,淀粉同蛋白质的结构互吸影响淀粉的降解和消化。淀粉在瘤胃内降解是由于瘤胃微生物分解的淀粉酶和糖化酶的作用。纤维素、半纤维素等在瘤胃的降解是由瘤胃真菌产生的纤维素分解酶、半纤维素分解酶和木聚糖酶等 13 种酶的作用。

碳水化合物在瘤胃内的降解可分为两大步骤:第一步是高分子碳水化合物(淀粉、纤维素、半纤维素等)降解为单糖,如葡萄糖、果糖、木糖、戊糖等。第二步是单糖进一步降解为挥发性脂肪酸,主要产物为乙酸、丙酸、丁酸、二氧化碳、甲烷和氢等。

瘤胃发酵生成的挥发性脂肪酸大约有 75%直接从瘤网胃壁吸收进入血液,约 20%在瓣胃和真胃吸收,约 5%随食糜进入小肠,可满足牛维持和生产所需能量的 65%左右。牛从消化道吸收的能量主要来源于挥发性脂肪酸,而葡萄糖很少。这里应指出的是,牛体内代谢需要的葡萄糖大部分由瘤胃吸收的挥发性脂肪酸——丙酸在体内转化生成,如果饲料中部分淀粉避开瘤胃发酵而直接进入皱胃,在皱胃和小肠内受消化酶的作用分解,并以葡萄糖的形式直接吸收(这部分淀粉称之为"过瘤胃淀粉"),可提高淀粉类饲料的利用率,改善牛的生产性能。

瘤胃发酵过程中一部分能量以 ATP 形式释放出来,作为微生物本身维持和生长的主要能源;甲烷及氢则以嗳气排出,造成牛饲料中能量的损失。甲烷是乙酸型发酵的产物,丙酸型发酵不生成甲烷,因此,丙酸发酵可以向牛提供较多的有效能,提高牛对饲料的利用率。

正常情况下,瘤胃中乙酸、丙酸、丁酸占总挥发性脂肪酸的比例分别为 50%～65%、18%～25% 和 12%～20%,这种比例关系受日粮的组成影响很大。精饲料在瘤胃中的发酵率很高,挥发性脂肪酸产量较高,丙酸比例提高;粗饲料细粉碎或压粒,也可提高丙酸比例。粗饲料发酵产生的乙酸比例较高。

乙酸是牛脂肪合成的主要前体物;丙酸是牛体内糖异生的主要前体物质;丁酸在通过瘤胃上皮细胞吸收时,大部分转变为酮体。对于肉牛,瘤胃中丙酸比例提高,会致使体脂肪沉积增加,体重加大,有利于牛的育肥。

纤维性饲料在牛的日粮中比例很大,研究影响瘤胃中纤维素消化率的因素,提高其利用率有重要意义。当牛饲喂粗料型日粮时,瘤胃 pH 处于中性环境,分解纤维的微生物最活跃,对粗纤维的消化率最高;当喂精料型日粮时,瘤胃 pH 下降,纤维分解菌的活动受抑制,消化率降低,所以,要保持瘤胃内环境接近中性或微碱性。

日粮中应有适宜的蛋白质、可溶性糖类和矿物质元素,以保证微生物活动需要。粗纤维的木质化程度越高,消化率越低。粗饲料经化学或物理方法处理,可使纤维素消化率大幅度提高,这一方面是由于提高了微生物所产生的纤维素酶对纤维素的化学键的敏感性,另一方面则是由于使木质素——碳水化合物键断裂,细胞壁结构发生变化和纤维素超显微结构暴露等。

葡萄糖是所有动物碳水化合物代谢中居中心位置的一种单糖,同时它也是动物机体内惟一能通过血浆和细胞在全身循环的碳水化合物。葡萄糖作为能量载体物质给机体提供能源,而且还与机体多种重要生理功能有着密切关系。对于反刍动物来说,葡萄糖营养和代谢的重要性已逐渐为人们所认识。20世纪末,低质粗饲料固有的葡萄糖营养障碍以及人们对预防和治疗妊娠毒血症和酸中毒的迫切要求,极大地推动了反刍动物葡萄糖营养和代谢理论研究的深入发展。在大量使用同位素稀释技术的基础上,当前反刍动物葡萄糖营养研究已经取得了突破性进展,实现了由定量化研究向模型化研究、由理论研究向营养调控技术实用化的两次重要飞跃。总结现有的反刍动物葡萄糖营养和代谢的研究成果,建立现代反刍动物葡萄糖营养调控理论体系,研究其在实际生产中的应用,对于推动这一领域的研究和应用具有重要意义。

①内源葡萄糖是获得葡萄糖的主要来源:据测定,在大量进食粗饲料的日粮条件下,反刍动物从日粮来源获得的葡萄糖几乎可以忽略不计。即使饲喂高精料日粮,由消化道吸收的日粮葡萄糖也仅占反刍动物体内葡萄糖周转量不到1/3。也正因为反刍动物由肠道吸收的日粮葡萄糖很少,肝脏就不需要去大量利用门静脉的葡萄糖,肝脏内葡萄糖激酶和己糖激酶的活性也就相当低。而反刍动物体内所需要的葡萄糖则主要靠糖异生作用产生的内源葡萄糖来供应。这就是反刍动物葡萄糖营养和代谢的主要特点之一。

a. 反刍动物体内葡萄糖来源:动物体内葡萄糖来源不外通过以下3种途径:第一,由日粮中的糖类经过动物消化道内消化酶消化形成的葡萄糖,经吸收通过血流进入整个组织代谢层次;第二,日粮中的糖类首先经过动物消化道内微生物发酵产生的一些终产物(比如丙酸、乳酸)经吸收进入肝脏后合成的葡萄糖;第三,日粮中的蛋白质或动物消化道内微生物合成的蛋白质,经消化以肽或氨基酸形式被吸收后,一部分生糖氨基酸经糖异生作用形成的葡萄糖。通常第一种途径来源的葡萄糖称为外源葡萄糖,后二种途径来源的葡萄糖统称为内源葡萄糖。

瘤胃功能发育完全的反刍动物则主要是利用第二种途径来获取葡萄糖供应。以肉牛为例,33%的体内葡萄糖是来源于第一种途径,44%是来源于第二种途径,23%则来源于第三种途径。

动物从哪种途径获取葡萄糖尚取决于日粮碳水化合物的种类。日粮来源的碳水化合物主要有以下四大类:游离的碳水化合物,包括乳糖(乳)、果糖(蜂蜜)和海藻糖(血淋巴);细胞内碳水化合物,又分为溶于细胞溶胶的可溶性碳水化合物和贮存性的碳水化合物。后者又分为淀粉(直链淀粉、支链淀粉和糖原)和果聚糖(β2-6 果聚糖和 β2-1 果聚糖);细胞壁的碳水化合物,包括纤维素、半纤维素、果胶、树胶和木质素;壳多糖。其中,前两类日粮碳水化合物可以直接被动物吸收或经过一定程度酶消化后才能被转化为可吸收形式。而后两类碳水化合物则需依靠消化道内微生物帮助才能被吸收、利用。

b. 反刍动物葡萄糖营养和代谢特点:据报道,反刍动物 70%以上的能量摄入量是由瘤胃发酵所生产的挥发性脂肪酸提供的。但是其体内的组织和器官还是需要有葡萄糖供应,才能维持其正常生理功能。与非反刍动物相比,反刍动物葡萄糖营养具有其不同的特点。

在反刍动物体内通过糖异生作用合成葡萄糖的主要器官是肝脏和肾脏。由肾脏合成的葡萄糖约占反刍动物体内葡萄糖周转量的 10%,在饥饿、泌乳和妊娠时,由肾脏合成的葡萄糖所占比重会增高。肝脏是合成葡萄糖最重要的器官。在大量进食粗饲料的日粮条件下或处于绝食状态下,反刍动物肝脏通过糖异生作用合成的葡萄糖占其体内葡萄糖周转量的比例高达85%～90%。

②小肠对淀粉消化、吸收能力较非反刍动物低:像非反刍动物一样,小肠内存在酶对淀粉的消化过程。这一消化过程主要依靠胰腺分泌的a-淀粉酶和寡糖酶来完成。但是,反刍动物消化道内a-粉酶活性低,蔗糖酶活性几乎检测不到,因而它们主要靠麦芽糖酶和异麦芽糖酶来产生葡萄糖,以供吸收。据报道,瘤胃后(小肠),只有5%～20%进食的淀粉可被消化。另据报道,青年母牛或阉牛的小肠淀粉消化率在17.3%～84.9%范围内。研究表明,将反刍动物小肠对淀粉消化吸收能力低归结为以下几点:淀粉水解酶活性低;小肠对葡萄糖吸收有一定限度;小肠内淀粉水解时间不足;消化淀粉的酶类不适当。与非反刍动物相比,胰淀粉酶活性不足是成年反刍动物小肠对淀粉消化能力低的主要原因。

然而,反刍动物小肠对淀粉消化能力也不是一成不变的。胰淀粉酶的活性也会随淀粉的进食量而增加。研究表明,随着阉牛小肠内可供消化的蛋白质数量增高,进入门静脉的葡萄糖也增高,这可能是胰腺对于进入小肠的蛋白质流通量增高作出的反应,为提高小肠对淀粉的消化能力提供了一种可行的技术途径。

(3)瘤胃对脂肪的利用:与单胃动物相比,牛体脂含较多的硬脂酸。乳脂中还含有相当数量的反式不饱和脂肪酸和少量支链脂肪酸,而且体脂的脂肪酸成分不受日粮中不饱和脂肪酸影响。这些都是肉牛对脂类消化和代谢的特点所决定的。

进入瘤胃的脂类物质经微生物作用,在数量和质量上发生了很大变化。一是部分脂类被水解成低级脂肪酸和甘油,甘油又可被发酵产生丙酸;二是饲料中不饱和脂肪酸在瘤胃中被微生物氢化,转变成饱和脂肪酸,这种氢化作用的速度与饱和度有关,不饱和程度较高者,氢化速度也较快。另外饲料中脂肪酸在瘤胃还可发生异构化作用;三是微生物可合成奇数长链脂肪酸和支链脂肪酸。瘤胃壁组织也利用中、长链脂肪酸形成酮体,并释放到血液中。未被瘤胃降解的那部分脂肪称"过瘤胃脂肪"。在牛日粮中直接添加没有保护的油脂,会使采食量和纤维消化率下降。油脂不利于纤维消化可能是由于:①油脂包裹纤维,阻止了微生物与纤维接触;②油脂对瘤胃微生物的毒性作用,影响了微生物的活力和区系结构;③长链脂肪酸与瘤胃中的阳离子形成不溶复合物,影响微生物活动需要的阳离子浓度,或因离子浓度的改变而影响瘤胃环境的 pH。如果在牛日粮中添加保护完整的油脂即过瘤胃脂肪,就可以消除油脂对瘤胃发酵的不良影响。

(4)瘤胃对矿物质的利用:瘤胃内无机盐有常量元素和微量元素,这些无机盐主要由日粮供给,另一部分来源于唾液和瘤胃壁分泌物。瘤胃液中矿物质元素又由微生物的无机盐元素和可溶性元素组成。据测定,瘤胃细菌的钾、磷、钠、硫含量远比日粮高,而钙、镁变化不大。菌体内微量元素以钴的浓度增加最多,其次为硒、铝、锌、铜、锰和镍,可见瘤胃微生物具有对无机元素的浓缩作用。瘤胃对无机盐的消化能力强,消化率为 $30\% \sim 50\%$。无机盐对瘤胃微生物的作用,通常通过两条途径:一方面瘤胃微生物需要各种无机元素作为养分;另一方面无机盐可改变瘤胃内环境,进而影响微生物的生命活动。

常量元素除是瘤胃微生物生命活动所必需的营养物质外,还参与瘤胃生理生化环境因素(如渗透压、缓冲能力、氧化还原电位、稀释率等)的调节。微量元素对瘤胃糖代谢和氮代谢也有一定影响。某些微量元素影响脲酶的活性,有些参与蛋白质的合成。瘤胃维生素 B_{12} 的合成取决于钴的水平。适当添加无机盐对瘤胃的发酵有促进作用。

(5)瘤胃对维生素的利用:牛体内维生素来源有两条途径:一是外源性维生素,即由饲料中摄取;二是牛体内微生物合成的内源性维生素,消化道微生物和某些器官组织是内源性维生素的合成场所。

幼龄牛的瘤胃发育不全,全部维生素需要由饲料供给。当瘤胃发育完全,瘤胃内各种微生物区系健全后,瘤胃中微生物可以合成 B 族维生素及维生素 K,不必由饲料供给,但不能合成维生素A、维生素 D、维生素 E,因此在日粮中应经常提供这些维生素。

瘤胃微生物对维生素 A、胡萝卜素和维生素 C 有一定破坏作用。据测定,维生素 A 在瘤胃内的降解率达 60%～70%。维生素C 注入瘤胃 2 小时即损失殆尽。同时,血液和乳中维生素 C 含量并不增加,说明维生素 C 被瘤胃微生物所破坏。

瘤胃中 B 族维生素的合成受日粮营养成分的影响,如日粮类型、日粮的含氮量、日粮中碳水化合物量及日粮矿物质元素。适宜的日粮营养成分有利于瘤胃微生物合成 B 族维生素。

(6)瘤胃的发酵调控:瘤胃发酵是牛最为突出的消化生理特点和优势,它通过对饲料养分的分解和微生物菌体成分的合成,为牛提供了必需的能量、蛋白质和部分维生素。研究证明,瘤胃中合成的微生物蛋白,除可满足牛维持需要外,还能满足一般肉牛生长和育肥所需的蛋白质和氨基酸需要。然而,瘤胃发酵本身也会造成饲料能量和氨基酸的损失。因此,正确控制瘤胃的发酵,提高日粮的营养价值,减少发酵过程中养分损失,是提高牛的饲料利用率,改善生产性能的重要技术措施。

①瘤胃发酵类型的调控:瘤胃发酵类型是根据瘤胃发酵产物——乙酸、丙酸、丁酸的比例相对高低来划分的。乙酸/丙酸比值:大于 3.5 为乙酸发酵类型;其比值等于 2.0 为丙酸发酵类型;丁酸占总挥发性脂肪酸摩尔比 20% 以上为丁酸发酵类型。

瘤胃发酵类型的变化明显地影响能量利用效率。瘤胃中乙酸比例高时,能量利用率下降;丙酸比例高时,可向牛体提供较多的有效能。

饲料和饲养是决定瘤胃发酵类型最重要的因素。日粮中精料比例越高,发酵类型越趋于丙酸类型;相反,粗料比例增高则趋于乙酸类型。饲料粉碎、颗粒化或蒸煮可使瘤胃中丙酸比例增高。提高饲养水平,乙酸比例下降,丙酸比例升高。先喂粗料,后喂精料,瘤胃中乙酸比例增高;相反,先喂精料,后喂粗料,丙酸比例增高。在高精料日粮条件下,增加饲喂次数(如由 2 次改为 3 次),瘤胃中乙酸比例增高,乳脂率提高。此外,瘤胃素是一种最典型的瘤胃发酵调控剂,可提高瘤胃中丙酸的产量,降低乙酸和丁酸的产量,并广泛用于肉牛育肥生产。

②饲料养分在瘤胃降解的调控:增加饲料中过瘤胃淀粉、蛋白质和脂肪的量,对于改善牛体内葡萄糖营养状况、增加小肠中氨基酸吸收量、调节能量代谢、提高肉牛生产水平,具有十分重要的意义。

a. 利用天然饲料的过瘤胃蛋白质和淀粉资源。豆科牧草常作为过瘤胃蛋白的来源,玉米是一种理想的过瘤胃淀粉来源。

b. 加热会降低蛋白质在瘤胃的降解率。一般认为,$103\ 420.5 \times 10^3\ Pa$ 压力和 $121℃$ 处理饲料 $45 \sim 60$ 分钟较宜。研究表明,加热以 $150℃$,45 分钟最好。

c. 化学处理。具有较强还原性的甲醛,可与蛋白质分子的氨基、羧基、硫氢基发生烷基化反应而使其变性,免于瘤胃微生物降解。甲醛与蛋白分子间的反应在酸性环境下是可逆的。因此,如果处理适当,不仅可降低蛋白质在瘤胃中的降解率,而且不影响过瘤胃蛋白质在小肠的正常消化与吸收,使小肠内吸收的氨基酸数量增加,提高肉牛的生产性能。

据研究表明,每 $100g$ 粗蛋白质加 $0.6g$ 甲醛,兑 20 倍的水,再与饲料拌匀,常温下堆放 1 天即可。淀粉饲料的处理方法是:将谷物磨碎能通过 $1.0mm$ 筛孔,用 2% 甲醛溶液处理即可。脂肪亦可采用甲醛处理蛋白质饲料的方法进行。脂肪酸钙盐是脂肪过瘤胃保护的较好形式,国外已作为商品性脂肪补充料。

③甲烷的调控:甲烷主要由数种甲烷菌通过 CO_2 和 H_2 进行还

原反应产生的,化学性质极稳定,一旦生成后很难在瘤胃内代谢,它以嗳气的方式经口排出体外,反刍动物每天产生的甲烷能占饲料能的8%左右,造成不小的能量损失。由于甲烷菌具有增殖速度慢和大多附着在原虫体表,因此可加快瘤胃内容物通过的速度、消化速度及控制原虫达到抑制甲烷菌的目的。具体如下:

a.改善饲料供给技术。甲烷产生量受饲料种类、精粗比、饲养水平及供给方法的影响,一般喂高纤维饲料甲烷产生量高,而与精饲料搭配或喂高蛋白饲料则下降。精饲料的种类也影响甲烷的生成,大麦在瘤胃产生的甲烷能大于玉米。如使用全价饲料可降低甲烷的产生量。

b.使用甲烷抑制剂。已试用的甲烷抑制剂包括两大类:一类是阴离子载体化合物,如莫能菌素、拉沙里菌素和盐霉素等,可减少5%~6%的饲料能消耗,但抑制作用持续时间较短;另一类是多卤素化抑制剂,如水合氯醛、氯化的脂肪酸和溴氯甲烷等,虽能抑制20%~80%甲烷排放的效果,但瘤胃微生物会产生适应性,作用不能持久。目前对于甲烷抑制剂还缺乏深入的研究。

④脲酶活性抑制剂:抑制瘤胃微生物产生的脲酶的活性,控制氨的释放速度,以达到提高尿素利用率的目的。最有效的脲酶抑制剂是乙酰氧肟酸。此外,尿素衍生物(羟甲基尿素、磷酸脲)、某些阳离子(Na^+、K^+、Co^+、Zn^{2+}、Cu^{2+}、Fe^{2+})和磷酸钠也有此作用。

⑤瘤胃 pH 调控:控制瘤胃液 pH 对于饲喂高精料饲粮的牛尤为重要,补充碳酸氢钠(小苏打)可稳定瘤胃内 pH,加快瘤胃食糜的外流速度,提高乙酸/丙酸值,提高乳脂率,防止乳酸中毒等。常用 pH 调控剂是 0.4%氧化镁+0.8%碳酸氢钠(占日粮干物质)。

综合上述,正确地调控瘤胃发酵,是养牛生产中一项新技术,是提高牛生产性能,降低饲养成本的有效方法。在运用这些技术时,若方法不当,会产生相反作用,在生产中应加以注意。

4. 真胃和肠对饲料营养物质的消化作用

在瘤胃中约有 40% 未被微生物分解的蛋白质与菌体蛋白(瘤胃细菌和纤毛原虫)一起转移到真胃,受到胃液中胃蛋白酶和盐酸的作用分解成蛋白胨,进入小肠后在胰蛋白酶、糜蛋白酶、羧基肽酶和氨基肽酶作用下分解为肽和氨基酸,最后被肠壁吸收,由血液送至肝脏,合成体蛋白。

饲料中一部分淀粉可躲过瘤胃降解而进入真胃及小肠,通过本身分泌的消化液将其分解为葡萄糖而被吸收。葡萄糖直接被吸收利用,避免了发酵过程的能量损失。从这一点来看,淀粉在真胃和小肠被消化吸收的能量利用率比在瘤胃降解的效率要高。纤维素、半纤维素进入真胃和小肠后不被消化吸收,只有在进入大肠后才可能被其中的微生物降解为挥发性脂肪酸,吸收进入血液,但其效率远远低于瘤胃内降解。

牛消化道中,中、长链脂肪酸主要在小肠吸收。过瘤胃脂肪通过网胃、瓣胃时,基本上无变化,进入真胃和小肠后,在胆汁、胰液及肠液等作用下,进一步被分解为脂肪酸被牛体吸收利用。

在瘤胃中未被吸收的矿物质,主要在小肠中被吸收利用,小肠中所吸收的矿物质,占总吸收的 75%。未被瘤胃破坏的脂溶性维生素,经过真胃进入小肠后被吸收利用,在瘤胃合成的 B 族维生素也主要在小肠被吸收。

据报道,肉牛的盲肠和结肠也进行发酵作用,能消化饲料中纤维素的 15%~20%。纤维素经发酵产生大量挥发性脂肪酸,可被吸收利用。

二、能量需要

(一)能量的来源和营养作用

　　肉牛所需的能量主要来源于碳水化合物、脂肪和蛋白质三大营养物质。最重要的能源是从饲料中的糖类(单糖、寡糖、淀粉、粗纤维等)在瘤胃的发酵产物——挥发性脂肪酸中取得的。脂肪和脂肪酸提供的能量约为糖类的 2.25 倍,但作为饲料中能源来说并不占主要的地位。蛋白质和氨基酸在动物体内代谢也可以提供能量,但是从资源的合理利用及经济效益考虑,用蛋白质做能源价值昂贵,并且产生过多的氨,对肉牛有害,不宜作能源物质。在配制日粮时尽可能以糖类提供能量是比较经济的。

　　饲料中的营养物质进入机体以后,如同煤碳被装入火炉,经过分解氧化"燃烧"后大部分以热量的形式表现为能量。动物生命的全过程和机体活动,如维持体温、消化吸收、营养物质的代谢、以及生长、繁殖、泌乳等均需消耗能量才能完成。当能量水平不能满足动物需要时,则生产力下降,健康状况恶化,饲料能量的利用率降低(维持比重增大)。生长牛如能量不足,则生长停滞。能量营养水平过高对动物生产和健康同样不利。能量营养过剩,可造成机体能量大量沉积(过肥),繁殖力下降。由此可见,合理的能量营养水平对提高肉牛能量利用效率,保证牛的健康,提高生产力具有重要的实践意义。

(二)饲料能量在肉牛体内的转化

　　饲料能量并不能全部被牛所利用,在体内转化过程中有相当部分流失(图 6-1)。

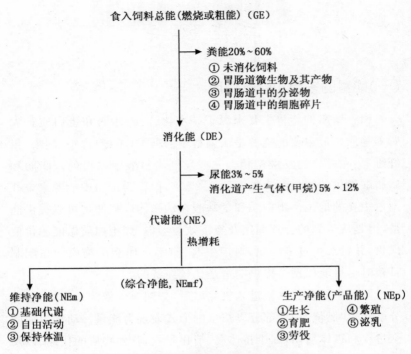

图 6-1　饲料能量在牛体内的利用与消耗

(三)饲料能值的计算

目前,世界各国肉牛营养学界所采用的能量体系不尽相同,但总的趋势是采用净能,少数国家采用代谢能。我国采用的是综合净能(将维持净能和增重净能合并为一个综合指标,NEmf),为了在生产实践中应用方便,在肉牛饲养标准(NY/T 815—2004)采用了肉牛能量单位(RND)。

1. 总能(GE)

为单位千克饲料在测热仪中完全燃烧后所产生的热量,单位为 kJ/kg。具体测算如下式：

$$GE=239.3\times CP+397.5\times EE+200.4\times CF+168.6\times NFE$$
$$\cdots\cdots\cdots\cdots\cdots\cdots\cdots\cdots\cdots\cdots\cdots\cdots\cdots\cdots\cdots\cdots\cdots\cdots\quad(1)$$

式（1）中：

GE——饲料总能，单位为千焦每千克（kJ/kg）；

CP——饲料中粗蛋白含量，单位为百分率（%）；

EE——饲料中粗脂肪含量，单位为百分率（%）；

CF——饲料中粗纤维含量，单位为百分率（%）；

NFE——饲料中无氮浸出物含量，单位为百分率（%）。

2. 消化能（DE）

为饲料总能（GE）扣除粪能损失（FE）后的差值，单位为 kJ/kg。测算按式（2）计算，式（2）中能量消化率按式（3）或式（4）计算：

$$DE=GE\times 能量消化率 \cdots\cdots\cdots\cdots\quad(2)$$

$$能量消化率=91.6694-91.3359\times(ADF\_OM)$$
$$\cdots\cdots\cdots\cdots\cdots\cdots\cdots\cdots\cdots\cdots\cdots\cdots\cdots\cdots\cdots\cdots\quad(3)$$

$$能量消化率=94.2808-61.5370\times(NDF\_OM)$$
$$\cdots\cdots\cdots\cdots\cdots\cdots\cdots\cdots\cdots\cdots\cdots\cdots\cdots\cdots\cdots\cdots\quad(4)$$

式（2）、（3）、（4）中：

GE——饲料总能，单位为千焦每千克（kJ/kg）；

ADF_OM——饲料有机物中酸性洗涤纤维含量，单位为百分率（%）；

NDF_OM——饲料有机物中中性洗涤纤维含量，单位为百分率（%）。

3. 净能（NE）

从动物食入饲料消化能中扣除尿能和被进食饲料在体内消化代谢过程中的体增热（HI）即为饲料净能值（NE），也是单位进食饲料能量在体内的沉积量。

(1)维持净能(NEm):是根据饲料消化能乘以饲料消化能转化为维持净能的效率(Km)计算得到的,测算公式为式(5),式(5)中 Km 测算公式为式(6):

$$NEm = DE \times Km \quad \cdots\cdots\cdots\cdots\cdots \quad (5)$$

$$Km = 0.1875 \times (DE/GE) + 0.4579 \quad \cdots\cdots\cdots \quad (6)$$

式(5)和式(6)中:

NEm——维持净能,单位为千焦每千克(kJ/kg);

Km——消化能转化为维持净能的效率。

(2)增重净能(NEg):是根据饲料消化能乘以饲料消化能转化为增重净能的效率(Kf)计算得到的,测算公式为式(7)和式(8):

$$NEg = DE \times Kf \quad \cdots\cdots\cdots\cdots\cdots \quad (7)$$

$$Kf = 0.5230 \times (DE/GE) + 0.00589 \quad \cdots\cdots\cdots \quad (8)$$

式(7)和式(8)中:

NEg——增重净能,单位为千焦每千克(kJ/kg);

Kf——消化能转化为增重净能的效率。

(3)综合净能(NEmf):是根据饲料消化能乘以饲料消化能转化为净能的综合效率(Kmf)计算得到的,DE 同时转化为 NEm 和 NEg 的 Kmf 因日粮饲养水平不同而存在很大的差异。其测算公式为式(9)和(10):

$$NEmf = DE \times Kmf \quad \cdots\cdots\cdots\cdots \quad (9)$$

$$Kmf = Km \times Kf \times 1.5/(Kf + 0.5 \times Km) \quad \cdots\cdots \quad (10)$$

式(9)和(10)中:

Kmf——饲料消化能转化为净能的综合效率;

DE——消化能,单位为千焦每千克(kJ/kg);

1.5——饲养水平值;

Km——消化能转化为维持净能的效率;

Kf——消化能转化为增重净能的效率。

4. 肉牛能量单位(RND)

是采用 1kg 中等玉米(二级玉米,干物质 88.5%,粗蛋白 8.6%,粗纤维 2.0%,粗灰分 1.4%,消化能 16.40MJ/kgDM, $Km=0.6214$, $Kf=0.4619$, $Kmf=0.5573$, $NEmf=9.13MJ/kgDM$),所含的综合净能值 8.08MJ(1.93Mcal)为一个"肉牛能量单位(RND)",具体测算公式为式(11):

$$RND=NEmf/8.08 \quad\cdots\cdots\cdots\cdots \quad (11)$$

式(11)中:

RND——肉牛能量单位,单位为个;

NEmf——饲料综合净能,单位为千焦每千克(kJ/kg)或兆焦每千克(MJ/kg)。

(四)肉牛能量需要

1. 生长牛净能需要量

包括生长育肥牛净能需要量和生长母牛净能需要量。

(1)维持净能需要量(NEm):根据国内所做绝食呼吸测热试验和饲养试验的平均结果,肉牛在全舍饲条件下,维持净能需要为 $322kJW^{0.75}$(或 77kcal)。因此,我国肉牛饲养标准(NY/T 815—2004)的计算公式为:

$$NEm=322LBW^{0.75} \quad\cdots\cdots\cdots\cdots \quad (12)$$

式(12)中:

NEm——维持净能,单位为千焦每天(kJ/d);此值适合于中立温度、舍饲、有轻微活动和无应激环境条件下使用,当气温低于12℃时,每降低1℃,维持能量消耗需增加1%。

LBW——活重,单位为千克(kg);

$LBW^{0.75}$——代谢体重,即体重的 0.75 次方。体重与代谢体重换算见表 6-2。

表 6-2　体重与代谢体重换算表(单位:kg)

体重 LBW	代谢体重 W$^{0.75}$	体重 LBW	代谢体重 W$^{0.75}$	体重 LBW	代谢体重 W$^{0.75}$	体重 LBW	代谢体重 W$^{0.75}$	体重 LBW	代谢体重 W$^{0.75}$
30	12.82	80	26.75	128	38.05	280	68.45	520	108.89
32	13.45	82	27.25	130	38.50	290	70.27	530	110.46
36	14.70	84	27.75	132	38.94	300	72.08	540	112.02
38	15.31	86	28.24	134	39.38	310	73.88	550	113.57
40	15.91	88	28.73	136	39.82	320	75.66	560	115.12
42	16.50	90	29.22	138	40.26	330	77.43	570	116.66
44	17.08	92	29.71	140	40.70	340	79.18	580	118.19
46	17.66	94	30.19	142	41.14	350	80.92	590	119.71
48	18.24	96	30.67	144	41.57	360	82.65	600	121.23
50	18.80	98	31.15	146	42.00	370	84.36	610	122.74
52	19.36	100	31.62	148	42.43	380	86.07	620	124.25
54	19.92	102	32.10	150	42.86	390	87.76	630	125.75
56	20.47	104	32.57	160	44.99	400	89.44	640	127.24
58	21.02	106	33.04	170	47.08	410	91.11	650	128.73
60	21.56	108	33.50	180	49.14	420	92.78	660	130.21
62	22.10	110	33.97	190	51.18	430	94.43	670	131.69
64	22.63	112	34.43	200	53.18	440	96.07	680	133.16
66	23.16	114	34.89	210	55.17	450	97.70	690	134.63
68	23.68	116	35.35	220	57.12	460	99.33	700	136.09
70	24.20	118	35.80	230	59.06	470	100.94	710	137.55
72	24.72	120	36.26	240	60.98	480	102.55	720	138.99
74	25.23	122	36.71	250	62.87	490	104.15	730	140.44
76	25.74	124	37.16	260	64.75	500	105.74	740	141.88
78	26.25	126	37.61	270	66.61	510	107.32	750	143.32

(2)增重净能需要量(NEg):生长牛的能量沉积就是增重净能。

①生长育肥牛增重净能需要量:其计算公式如下:

$$NEg=(2092+25.1\times LBW)\times ADG/(1-0.3\times ADG)$$

$$\cdots\cdots\cdots\cdots\cdots\cdots\cdots\cdots\cdots\cdots\cdots\cdots\cdots\cdots (13)$$

式(13)中:NEg——增重净能,单位为千焦每天(kJ/d);

　　　　　ADG——平均日增重,单位为千克每天(kg)。

②生长母牛的增重净能需要量:在式(13)计算的基础上增加10%,其计算公式如下:

$$NEg=[(2092+25.1\times LBW)\times ADG/(1-0.3$$
$$\times ADG)]\times 110/100 \cdots\cdots\cdots\cdots\cdots (14)$$

(3)综合净能需要量:其计算公式如下:

$$NEmf=\{322LBW^{0.75}+[(2092+25.1\times LBW)$$
$$\times ADG/(1-0.3\times ADG)]\}\times F \cdots\cdots\cdots (15)$$

式中:F——综合净能校正系数,具体见表6-3。

表6-3　不同体重和日增重肉牛综合净能需要的校正系数(F)

体重 (kg)	日增重(ADG)(kg/d)										
	0	0.30	0.40	0.50	0.60	0.70	0.80	0.90	1.00	1.10	1.20
150~200	0.850	0.960	0.965	0.970	0.975	0.978	0.988	1.000	1.020	1.040	1.060
250	0.877	0.987	0.992	0.997	1.002	1.005	1.015	1.027	1.047	1.067	1.087
300	0.904	1.014	1.002	1.024	1.029	1.032	1.054	1.054	1.074	1.094	1.114
350	0.915	1.025	1.030	1.035	1.040	1.043	1.053	1.065	1.085	1.105	1.125
400	0.927	1.037	1.042	1.047	1.052	1.055	1.065	1.077	1.097	1.117	1.137
450	0.932	1.042	1.047	1.052	1.057	1.060	1.070	1.082	1.102	1.122	1.142
500	0.937	1.047	1.052	1.057	1.062	1.065	1.075	1.087	1.107	1.127	1.147

2. 妊娠母牛净能需要量

(1)维持净能需要量(NEm):同生长牛的维持净能需要量计算式(12)。

(2)妊娠净能需要量(NEc):其计算公式如式(16):

$$NEc(MJ/d) = Gw \times (0.19769 \times t - 11.76122) \quad \cdots \quad (16)$$

式(16)中:Gw——胎日增重,单位为千克每天(kg/d);

t——妊娠天数。不同妊娠天数(t)、不同体重母牛的胎日增重(Gw)计算公式如式(17):

$$Gw = (0.00879 \times t - 0.8545) \times (0.1439 + 0.000\ 355\ 8 \times LBW)$$
$$\cdots\cdots\cdots\cdots\cdots\cdots\cdots\cdots\cdots\cdots\cdots\cdots\cdots\cdots\cdots\cdots\cdots (17)$$

式(17)中:LBW——活重,单位为千克(kg)。

(3)综合净能需要量:其计算公式如式(18):

$$NEmf = (NEm + NEc) \times 0.82 \quad \cdots\cdots\cdots\cdots (18)$$

3. 泌乳母牛净能需要量

(1)维持净能需要量(NEm):同生长牛的维持净能需要量计算式(12)。

(2)妊娠净能需要量(NEL):其计算公式如式(19)或式(20):

$$NEL(kJ/d) = M \times 3.138 \times FCM \quad \cdots\cdots\cdots (19)$$

$$NEL(kJ/d) = M \times 4.184 \times (0.092 \times MF + 0.049 \times SNF$$
$$+ 0.0569) \quad \cdots\cdots\cdots\cdots\cdots\cdots (20)$$

式(19)和式(20)中:

M——每日产奶量,单位为千克每天(kg/d);

FCM——4%乳脂率标准乳,单位为千克(kg),具体计算公式如式(21):

$$FCM = 0.4 \times M + 15 \times MF \quad \cdots\cdots\cdots\cdots (21)$$

MF——乳脂肪含量,单位为百分率(%);

SNF——乳非脂肪固形物含量,单位为百分率(%)。

由于代谢能用于维持和用于产奶的效率相似,故泌乳母牛的饲料产奶净能供给量可以用维持净能来计算。

(3)综合净能需要量:其计算公式如式(22):

泌乳母牛综合净能(NEmf)=(NEm+NEL)×校正系数

$$\cdots\cdots\cdots\cdots\cdots\cdots\cdots\cdots\cdots\cdots\cdots\cdots\cdots\cdots\cdots\cdots\cdots\cdots\cdots\cdots\cdots (22)$$

三、蛋白质需要

蛋白质是生命的重要物质基础。它主要由碳、氢、氧、氮 4 种元素组成,有些蛋白质还含有少量的硫、磷、铁、锌等。蛋白质是三大营养物质中惟一能提供牛体氮素的物质。因此,它的作用是脂肪和碳水化合物所不能代替的。常规饲料分析检所测得的蛋白质包括真蛋白质和氨化物,通常称粗蛋白质,其数值等于样品总含氮量乘以 6.25,即 N×6.25。

(一)蛋白质的营养作用

蛋白质是维持正常生命活动,修补和重建机体组织、器官的重要物质,如肌肉、内脏、血液、神经、毛等都是由蛋白质作为结构物质而形成的。由于构成各组织器官的蛋白质种类不同,所以各组织器官具有各自特异性生理功能;蛋白质是体内多种生物活性物质的组成部分,如牛体内的酶、激素、抗体等都是以蛋白质为原料合成的;蛋白质是形成牛产品的重要物质,如肉、乳的主要成分都是蛋白质;当日粮中缺乏蛋白质时,幼龄牛生长缓慢或停止,体重减轻,成年牛体重下降,长期缺乏蛋白质,还会发生血红蛋白减少的贫血症;当血液中免疫球蛋白数量不足时,则牛抗病力减弱,发病率增加。蛋白质缺乏的牛,食欲不振,消化力下降,生产性能降低。日粮蛋白质不足还会影响牛的繁殖功能,如母牛发情不明显,不排卵,受胎率降低,胎儿发育不良,公牛精液品质下降。反之,过多地供给蛋白质,不仅造成浪费,而且还可能是有害的。蛋白质过多时,其代谢产物的排泄加重了肝、肾的负担,来不及排出的代谢产物可导致中毒。蛋白质水平过高,对繁殖也有不利影响,公牛表现为精子发育不正常,降低精子的活力及受精能力,母牛则表现为不易形成受精卵或胚胎的活力下降等。

(二)非蛋白质含氮物的营养作用

　　除蛋白质外,动植物中还存在许多其他的含氮化合物,这类化合物不是蛋白质,即不是由氨基酸组成,但它们都含有氮元素,其结构不同,功能各异,统称之为非蛋白氮。非蛋白氮有很重要的营养作用,因为它在饲料氮中占有重要地位。饲料中非蛋白氮除嘌呤、嘧啶(DNA 和 RNA 的组成成分,也是体内某些酶的成分)外,起主要营养作用的是酰胺和氨基酸。非蛋白氮在植物快速生长期含量很高,约占草原牧草或早期刈割干草总氮的 30%,青贮作物氮的 50%。成熟的籽实及副产品中含量较少。饲料中(或人工合成)的非蛋白氮可充分地被瘤胃功能发育完善的牛所利用,合成微生物蛋白,满足牛体蛋白质的部分需要,降低饲养成本。

(三)氨基酸营养问题

　　蛋白质营养问题实质上是氨基酸的营养,蛋白质品质的好坏取决于其中各种氨基酸的含量和比例。构成动物体的蛋白质含有 20 多种氨基酸,其中有些氨基酸不能在体内合成,或能合成但合成的速度和数量远远不能满足动物的需要,必须由饲料提供,这类氨基酸称为必需氨基酸,而将那些体内能合成的氨基酸称之为非必需氨基酸。在必需氨基酸中,与需要量相比,含量最低且因其含量限制了其他氨基酸的利用者称为限制性氨基酸。不同种类的饲料所含蛋白质的氨基酸组成及含量不同,不同种类及生理状态的动物对氨基酸的需要亦不一致,因而限制性氨基酸的种类、顺序也不是固定的。它因构成日粮的饲料背景、饲料配比和饲喂对象而变动。在绝大多数肉牛日粮中,蛋氨酸为第一限制性氨基酸,其次为赖氨酸和苯丙氨酸。

必需氨基酸必须由饲料提供,非必需氨基酸并非完全不需要,动物所需的非必需氨基酸可由必需氨基酸合成。因此,当动物体内摄入的饲料中非必需氨基酸数量不足时,需消耗更多的必需氨基酸以补偿非必需氨基酸的缺乏;反之,可节省必需氨基酸的消耗。因此,日粮中含有足够数量的非必需氨基酸,也是很重要的营养条件。从生理需要考虑,牛与猪、禽一样也有必需氨基酸与非必需氨基酸之分。牛组织至少需要 9 种必需氨基酸——组氨酸、异亮氨酸、亮氨酸、赖氨酸、蛋氨酸、苯丙氨酸、苏氨酸、酪氨酸和缬氨酸。上述 9 种氨基酸能够被瘤胃微生物合成以满足牛的需要。所以,一般无须由饲料中提供必需氨基酸。但犊牛由于瘤胃发育不完全,瘤胃内没有微生物或微生物合成功能不完善,在此阶段至少需提供上述 9 种必需氨基酸,随着前胃的发育成熟,对日粮中必需氨基酸的需要量逐渐减少。成年牛一般无须由饲料提供必需氨基酸。牛由小肠吸收的氨基酸来源于 4 个方面:瘤胃微生物蛋白质、过瘤胃蛋白质、过瘤胃氨基酸和内源氮。研究表明,微生物细胞的最大产量为发酵饲料的 $10\%\sim20\%$,而它们又降解饲料中易发酵的蛋白质,使高质量的蛋白质不能到达小肠。在生长快的肉牛仅靠瘤胃微生物提供必需氨基酸是不够的。现在反刍动物蛋白质营养研究的热点实际上是必需氨基酸问题。

(四)蛋白质需要

1. 生长肥育牛的粗蛋白质需要量

(1)维持的粗蛋白质需要量:根据国内的最新氮平衡试验结果,在新版肉牛饲养标准(NY/T 815-2004)中,肉牛维持的粗蛋白

质需要量计算公式为式(23):

$$维持的粗蛋白质需要量(g/d) = 5.43 \times LBW^{0.75}$$

$$\cdots\cdots\cdots\cdots\cdots\cdots\cdots\cdots\cdots\cdots\cdots\cdots (23)$$

(2)增重的粗蛋白需要量:增重的蛋白质沉积量,以系列氮平衡试验或对比屠宰试验确定。每日增重的蛋白质沉积量计算公式如式(24):

$$(g/d) = ADG \times (168.07 - 0.16869LBW + 0.000\ 163\ 3LBW^2)$$

$$\times (1.12 - 0.1233ADG)/0.34 \cdots\cdots\cdots\cdots\cdots (24)$$

(3)生长肥育牛的粗蛋白质需要量(CP):其计算公式如式(25)

$$CP(g/d) = 5.43 \times LBW^{0.75} + ADG \times (168.07 - 0.168\ 69LBW$$

$$+ 0.000\ 163\ 3LBW^2) \times (1.12 - 0.1233ADG)/0.34$$

$$\cdots\cdots\cdots\cdots\cdots\cdots\cdots\cdots\cdots\cdots\cdots\cdots (25)$$

2. 妊娠后期母牛的粗蛋白质需要量

在维持量($5.43 \times LBW^{0.75}$)的基础上,增加相应的子宫内容物蛋白质沉积量。在妊娠的最后 4 个月子宫内容物每日蛋白质沉积量分别增加为:6 个月时为 77g,7 个月时 145g,8 个月时 255g,9 个月时 403g。

3. 泌乳母牛的粗蛋白质需要量

在维持量($5.43 \times LBW^{0.75}$)的基础上,按每生产 1kg 4%乳脂率标准乳需要增加粗蛋白质 85g 计算。

4. 小肠可消化粗蛋白质需要量

进入到反刍家畜小肠消化道并在小肠中被消化的粗蛋白质为小肠可消化粗蛋白质(IDCP),由饲料瘤胃非降解蛋白质(UDP)、瘤胃微生物蛋白质(MCP)及小肠内源性蛋白质组成,单位为克(g)。在具体测算中,小肠内源性蛋白质可以忽略不计,其测算公

式为式(26):

$$IDCP(g) = UDP \times Idg1 + MCP \times 0.70 \cdots\cdots (26)$$

式(26)中:$Idg1$——UDP 在小肠中的消化率;

0.70——MCP 在小肠中的消化率。

鉴于国内对饲料成分表中各单一饲料小肠消化率次数缺乏,对精饲料 $Idg1$ 暂取 0.65,对青粗饲料 $Idg1$ 取 0.60,对秸秆则忽略不计,即 $Idg1$ 取 0。

(1)维持小肠可消化粗蛋白质需要量(IDCPm):肉牛维持小肠可消化粗蛋白质需要量(IDCPm)计算公式为式(27):

$$IDCPm(g/d) = 3.69 \times LBW^{0.75} \cdots\cdots\cdots (27)$$

(2)增重小肠可消化粗蛋白质需要量(IDCPg):肉牛增重的净蛋白质需要量(NPg)为动物体组织中每天蛋白质沉积量,它是根据从单位千克增重中蛋白质含量和每天活增重计算而得的。增重蛋白质沉积量也随动物活重、生长阶段、性别、增重率变化而变化。以育肥肉牛上市期望体重 500kg,体脂肪含量为 27% 作为参考,增重的小肠可消化蛋白质需要量计算如式(28)、式(29)和式(30):

$$NPg(g/d) = ADG \times [268 - 7.026 \times (NEg/ADG)]$$
$$\cdots\cdots\cdots\cdots\cdots\cdots\cdots\cdots\cdots\cdots\cdots (28)$$

当 LBW≤330kg 时,

$$IDCPg(g/d) = NPg/(0.834 - 0.000\ 9 \times LBW)$$
$$\cdots\cdots\cdots\cdots\cdots\cdots\cdots\cdots\cdots\cdots\cdots (29)$$

当 LBW>330kg 时,

$$IDCPg(g/d) = NPg/0.492 \cdots\cdots\cdots (30)$$

式中:0.492——小肠可消化粗蛋白质转化为增重净蛋白质的效率;

NEg——增重净能,单位为兆焦每天(MJ/d)。

NPg——净蛋白质需要量,单位为克每天(g/d)。

(3)小肠可消化粗蛋白质需要量(IDCP):肉牛小肠可消化蛋白质需要量等于用于维持、增重、妊娠、泌乳的小肠可消化粗蛋白质的总和。详见新版肉牛饲养标准(NY/T 815—2004)。

四、矿物质需要

肉牛所必需的有 20 多种矿物质元素。这些元素依其在体内的含量分为常量元素和微量元素两类:常量元素指在动物体内含量大于 0.01% 的矿物质元素,属于这类的有钙、磷、钠、氯、钾、镁、硫;微量元素指含量小于 0.01% 的矿物质元素,属于此类的有铁、铜、钴、锌、锰、硒、钼、氟等。矿物质元素是牛生长、繁殖、泌乳、育肥、健康不可缺少的营养物质。正确的矿物质营养不仅要满足牛生理上的需要,而且还应考虑牛生产力的提高,矿物质营养的缺乏是造成养牛生产损失的重要原因。因此,在牛的营养与饲养过程中,需重视矿物质元素的合理供应。

(一)钙(Ca)和磷(P)

1. Ca 和 P 的营养作用

钙和磷是牛体内含量最多的无机元素,是骨骼和牙齿的重要成分,约有 99% 的钙和 80% 的磷存在于骨骼和牙齿中。钙是细胞和组织液的重要成分,参与血液凝固,维持血液 pH 以及肌肉和神经的正常功能。磷是磷脂、核酸、磷蛋白的组成成分,参与糖代谢和生物氧化过程,形成含高能磷酸键的化合物,维持体内的酸碱平衡。

日粮中缺钙会使幼牛生长停滞,发生佝偻病。成年牛缺钙引起骨软症或骨质疏松症。泌乳母牛的乳热症是由钙代谢障碍所致,由于大量泌乳使血钙急剧下降,甲状旁腺功能未能充分调动,未能及时释放骨中的钙贮补充血钙。此病常发生于产后,故亦称产后瘫痪。以吃草为主的牛最易缺磷,缺磷会使牛食欲下降,出现"异食癖",如爱啃骨头、木头、砖块和毛皮等异物,牛的泌乳量下降。钙、磷对牛的繁殖影响很大。缺钙可导致难产、胎衣不下和子宫脱出。牛缺磷的典型症状是母牛发情无规律、乏情、卵巢萎缩、卵巢囊肿及受胎率低,或发生流产,产下生活力很弱的犊牛。高钙日粮可引起许多不良后果。因元素间的拮抗而影响锌、锰、铜等的吸收利用,因影响瘤胃微生物区系的活动而降低日粮中有机物质消化率等。日粮中过多的磷会引起母牛卵巢肿大,配种期延长,受胎率下降。

2. Ca 和 P 的需要量

（1）钙推荐需要量:肉牛的钙需要量(g/d)＝[0.0154×体重(kg)＋0.071×日增重的蛋白质(g)＋1.23×日产奶量(kg)＋0.0137×日胎儿生长(g)]÷0.5

（2）磷推荐需要量:肉牛的磷需要量(g/d)＝[0.0280×体重(kg)＋0.039×日增重的蛋白质(g)＋0.95×日产奶量(kg)＋0.0076×日胎儿生长(g)]÷0.85。

（3）钙和磷的比例:日粮中钙、磷比例不当也会影响牛的生产性能及钙、磷在牛消化道的吸收。实践证明,理想的钙磷比是(1～2)：1。

(二)钠(Na)与氯(Cl)

1. Na 与 Cl 的营养作用

钠与氯主要存在于体液中,对维持牛体内酸碱平衡、细胞及血液间渗透压有重大作用,保证体内水分的正常代谢,调节肌肉和神经的活动。氯参与胃酸的形成,为饲料蛋白质在真胃消化和保证胃蛋白酶作用所需的 pH 所必需。缺乏钠和氯,牛表现为食欲下降、生长缓慢、减重、泌乳量下降、皮毛粗糙、繁殖功能降低。从环境保护考虑,牛食入过量的食盐时,会多饮水、多排尿,尿多盐多,污染土壤和水源(加剧土壤盐泽化)。

2. Na 与 Cl 的推荐需要量

牛日粮中需补充食盐来满足钠和氯的需要。肉牛的食盐给量应占日粮干物质的 0.3%,或放置盐槽或舔砖,让其自由舔食。牛饲喂青贮饲料时,需要食盐的量比饲喂干草时多;供给高粗料日粮要比高精料日粮时多;喂青绿多汁饲料时要比喂枯老饲料时多。

(三)镁(Mg)

1. Mg 的营养作用

动物体内的镁大约 70% 存在于骨骼中,镁是碳水化合物和脂肪代谢中一系列酶的激活剂,它可影响神经、肌肉的兴奋性,浓度低时可引起痉挛。成年牛的低镁痉挛(亦称草痉挛或泌乳痉挛)最易发生的是放牧群体的泌乳牛,尤其是放牧于早春良好的草地采食幼嫩牧草时,更易发生。表现为泌乳量下降,食欲减退,兴奋和运动失调,如不及时治疗可导致死亡。

2. Mg 的推荐需要量

肉牛镁的需要量占日粮 0.16%。一般肉牛日粮中不用补充镁。

(四)钾(K)

1. K 的营养作用

在牛体内以红细胞内钾含量最多,具有维持细胞内渗透压和调节酸碱平衡的作用。对神经、肌肉的兴奋性有重要作用。另外,钾还是某些酶系统所需的元素。牛缺钾时表现为食欲减退,被毛无光泽,生长发育缓慢,饲料利用率下降。

2. K 的推荐需要量

肉牛钾的需要量占日粮 0.65％。一般肉牛日粮中不用补充钾。夏季给牛补充钾,可缓解热应激对牛的影响。高钾日粮会影响镁和钠的吸收。

(五)硫(S)

1. S 的营养作用

在牛体内主要存在于含硫氨基酸(蛋氨酸、胱氨酸和半胱氨酸)、含硫维生素(硫胺素、生物素)和含硫激素(胰岛素)中。硫是瘤胃微生物活动中不可缺少的元素,特别是对瘤用微生物蛋白质合成,能将无机硫结合含硫氨基酸和蛋白质中。

2. S 的推荐需要量

肉牛硫的需要量占日粮 0.16％。一般肉牛日粮中不用补充硫。但肉牛日粮中添加尿素时,易发生缺硫。缺硫能影响牛对粗纤维的消化率,降低氮的利用率。用尿素作为蛋白补充料时,一般认为日粮中氮和硫之比为 15∶1 为宜,例如每补 100g 尿素加 3g 硫酸钠。

(六)铁(Fe)、铜(Cu)、钴(Co)

1. Fe、Cu、Co 的营养作用

这 3 种元素都与牛体的造血机能有密切关系。

铁是血红蛋白的重要组成成分。铁作为许多酶的组成成分,参与细胞内生物氧化过程。长期喂奶的犊牛常出现缺铁,发生低色素性小红细胞性贫血(血红蛋白过少及红细胞压积降低),皮肤和黏膜苍白,食欲减退,生长缓慢,体重下降,舌乳头萎缩。

铜促进铁在小肠的吸收,铜是形成血红蛋白的催化剂。铜是多酶的组成成分或激活剂,参与细胞内氧化磷酸化的能量转化过程。铜还可促进骨和胶原蛋白的生成及磷脂的合成,参与被毛和皮肤色素的代谢,与肉牛的繁殖有关。缺铜时,牛易发生巨细胞性低色素型贫血,被毛退色,犊牛消瘦,运动失调,生长发育缓慢,消化紊乱。牛缺铜还表现为体重减轻,胚胎早期死亡,胎衣不下,空怀增多;公牛性欲减退,精子活力下降,受精率降低。牛也易受高铜的危害。牛对铜的最大耐受量为 $70 \sim 100 mg/kg$ 日粮,长期用高铜日粮喂牛对健康和生产性能不利,甚至引起中毒。

钴的主要作用是作为维生素 B_{12} 的成分,是一种抗贫血因子。牛瘤胃中微生物可利用饲料中提供的钴合成维生素 B_{12}。钴还与蛋白质、糖类代谢有关,参与丙酸和糖原异生作用。钴也是保证牛正常生殖功能的元素之一。牛缺钴表现为食欲丧失,消瘦,黏膜苍白,贫血,幼牛生长缓慢,被毛失去光泽,生产力下降。缺钴直接影响牛的繁殖机能,表现为受胎率显著降低。缺钴的牛往往血铜降低,同时补充铜钴制剂,可显著提高受胎率。

2. Fe、Cu、Co 的推荐需要量

肉牛铁的需要量为 $50 mg/kg$ 日粮干物质,铜的需要量为 $8 mg/kg$ 日粮干物质,钴的需要量为 $0.10 mg/kg$ 日粮干物质。

(七)锌(Zn)

1. Zn 的营养作用

锌是牛体内多种酶的组成成分,直接参与牛体蛋白质、核酸、碳水化合物的代谢。锌还是一些激素的必需成分或激活剂。锌可以控制上皮细胞角化程度和修复过程,是牛创伤愈合的必需因子,并可调节体内的免疫机能,增强机体的抵抗力。日粮中缺锌时,牛食欲减退,消化功能紊乱,异嗜,角化不全,创伤难愈合,发生皮炎(特别是牛颈、头及腿部),皮肤增厚,有痂皮和皲裂。产奶量下降,生长缓慢,唾液过多,瘤胃挥发性脂肪酸产量下降。公、母牛缺锌可使其繁殖力受损害。

2. Zn 的推荐需要量

肉牛锌的需要量为 40mg/kg 日粮干物质。

(八)锰(Mn)

1. Mn 的营养作用

锰是许多参与碳水化合物、脂肪、蛋白质代谢酶的辅助因子,参与骨骼的形成,维持牛正常的繁殖功能。锰具有增强瘤胃微生物消化粗纤维的能力,使瘤胃中挥发性脂肪酸增多,瘤胃中微生物总量也增加。缺锰牛生长缓慢、被毛干燥或色素减退,犊牛出现骨变形和跛行、运动共济失调。缺锰导致公、母牛生殖机能退化,母牛不发情或发情不正常,受胎延迟,早产或流产;公牛发生睾丸萎缩,精子生成异常,活力下降,受精能力降低。

2. Mn 的推荐需要量

肉牛锰的需要量为 40mg/kg 日粮干物质。

(九)碘(I)

1. I 的营养作用

碘是牛体内合成甲状腺素的原料,在基础代谢、生长发育、繁殖等方面有重要作用。日粮中缺碘时,牛甲状腺增生肥大,幼牛生长迟缓,骨骼短小成侏儒型。母牛缺碘可导致胎儿发育受阻,早期胚胎死亡,流产,胎衣不下。公牛性欲减退,精液品质低劣。

2. I 的推荐需要量

肉牛碘的需要量为 0.25mg/kg 日粮干物质。

(十)硒(Se)

1. Se 的营养作用

硒具有某些与维生素 E 相似的作用。硒是谷胱甘肽过氧化物酶的组成成分,可还原过氧化脂类,保证细胞生物膜的完整性。硒能刺激牛体内免疫球蛋白的产生,增强机体的免疫功能。硒为维持牛正常繁殖机能所必需。缺硒地区的牛常发生白肌病,精神沉郁,消化不良,运动共济失调。幼牛生长迟缓,消瘦,并表现出持续性腹泻。缺硒导致牛的繁殖机能障碍,母牛胎盘滞留、死胎、胎儿发育不良等。公牛缺硒,精液品质下降。研究发现,补硒的同时补充维生素 E 对改善牛的繁殖功能比单补任何一种效果更好。

2. Se 的推荐需要量

肉牛硒的需要量为 0.3mg/kg 日粮干物质。

五、维生素需要

维生素是一类化学结构不同、生理功能和营养作用各异的低分子有机化合物。它既不是构成牛体组织器官的主要原料,也不是有机体能量的来源,但却是维持牛体正常代谢所必需,对维持牛的生命和健康、生长和繁殖有十分重要的作用。到目前为止,至少有 15 种维生素为牛所必需。这些维生素按其溶解特性分为两大类:即脂溶性维生素和水溶性维生素,前者包括维生素 A、维生素 D、维生素 E、维生素 K;后者包括 B 族维生素及维生素 C。

(一)维生素 A

1. 维生素 A 的营养作用

维生素 A 仅存在于动物体内。植物性饲料中的胡萝卜素作为维生素 A 原,可在动物体内转化为维生素 A。它与动物正常视觉有关,是构成视紫质的组分,为暗光中视觉所必需。对维持黏膜上皮细胞的正常结构有重要作用。它还参与性激素的合成,促进幼牛生长发育,增强犊牛的抗病能力。

维生素 A 是牛最重要的维生素之一。缺乏维生素 A 时,牛食欲减退,采食量下降,增重减缓,最早出现的状态是夜盲症。严重缺乏时,上皮组织增生,角质化,牛的抗病能力明显降低。幼牛生长停滞、消瘦。公牛性机能减退,精液品质下降;公犊可出现睾丸生精上皮退化,精子生成减少或停止。母牛受胎率下降,性周期紊乱,流产,胎衣不下等。牛从饲料中获得的胡萝卜素作为机体获得维生素 A 的主要来源,也可补饲人工合成制品。

2. 维生素 A 的需要量

肉用牛维生素 A 的需要量(按每 kg 日粮干物质计):生长育肥牛 2 200IU(5.5mgβ-胡萝卜素);妊娠母牛为 2 800IU(7.0mg β-胡萝卜素);泌乳母牛为 3 800IU(9.75mg β-胡萝卜素);1 mg β-胡萝卜素相当于 400IU 维生素 A。

(二)维生素 D

1. 维生素 D 的营养作用

维生素 D 促进小肠对钙和磷的吸收,维持血中钙、磷的正常水平,有利于钙、磷沉积于牙齿与骨骼中,增加肾小管对磷的重吸收,减少尿磷排出,保证骨骼的正常钙化过程。维生素 D 缺乏会影响钙磷代谢,牛食欲减退,体质虚弱,被毛粗糙。对幼牛影响骨骼的正常发育,引起佝偻病或软骨病,四肢呈"O"形或"X"形,脊柱弯曲,四肢关节肿大,步态拘谨。对于成年牛(特别是妊娠母牛和泌乳母牛)往往导致钙、磷代谢负平衡,引起骨质疏松症,表现为骨质不坚,易发生骨折、跛行。

2. 维生素 D 的需要量

肉牛的维生素 D 需要量为每 kg 饲料干物质 275IU。犊牛、生长牛和成年母牛每 100kg 体重需 660IU。青绿饲料中的麦角固醇,经日光紫外线照射转化为维生素 D_2。牛皮下的 7-脱氢胆固醇经日光紫外线照射转化为维生素 D_3。所以,让牛晒太阳和喂太阳晒过的草,都是补充维生素 D 的简便方法。

(三)维生素 E

1. 维生素 E 的营养作用

维生素 E 是一种抗氧化剂,能防止易氧化物质的氧化,保护富含脂质的细胞膜不受破坏,维持细胞膜的完整。犊牛时期若日粮中缺乏维生素 E,可引起肌肉营养不良或白肌病,如同时缺硒时又能促使其症状加重。维生素 E 缺乏同缺硒一样,都影响牛的繁殖机能,公牛表现为睾丸发育不全,精子活力降低,性欲减退,繁殖能力明显下降;母牛性周期紊乱,受胎率降低。日粮中适宜水平的硒和维生素 E 可以防治子宫炎和胎衣不下。维生素 E 和硒与乳房炎发病率密切相关。试验表明,牛每日每头添加维生素 E 1.0g,肌内注射亚硒酸钠 0.10mg/kg,乳房炎发病率减少 37%。因此,保持牛日粮中适宜维生素 E 和硒水平,以提高乳腺对疾病的自然抵抗力,可控制乳房炎的发生。

2. 维生素 E 的需要量

正常饲料中不缺乏维生素 E。犊牛日粮中需要量为 25IU/kg

干物质,成年牛为 15~16IU/kg 干物质。青饲料及禾谷类籽实料均含有维生素 E,尤以青饲料中含量较高。

(四)B 族维生素

B 族维生素包括 10 余种生化性质各异的维生素,均为水溶性。它们均为辅酶或酶的辅基,参与牛体内碳水化合物、脂肪、蛋白质代谢。幼龄牛(瘤胃功能发育尚不全)必须由饲料中经常供给。成年牛瘤胃中可合成 B 族维生素,一般情况下不必由饲料供给。犊牛易出现缺乏症的维生素有 7 种:即硫胺素(B_1)、核黄素、吡哆醇、泛酸、生物素、尼克酸和胆碱。

维生素 B_{12} 在牛瘤胃微生物丙酸代谢中特别重要。肝中维生素 B_{12} 缺乏,则丙酸盐不能有效地转变为琥珀酸盐,并且甲基丙二酰辅酶 A 有积累现象,导致糖原异生作用受阻。牛维生素 B_{12} 缺乏常常由日粮中缺微量元素钴所致,瘤胃微生物没有足够的钴则不能合成最适量的维生素 B_{12}。牛缺乏维生素 B_{12} 表现为食欲丧失,脂肪肝,贫血,幼牛消瘦,被毛粗乱生长迟缓,母牛受胎率和繁殖率下降。

近年来研究发现,虽然牛瘤胃中能合成 B 族维生素,但由于牛生产水平的提高,并不能满足其机体的需要,也须对它们在牛营养代谢中的功能作重新估计。报道较多的是尼克酸,它可促进微生物蛋白质的合成,降低甲烷的产量,防止饲料蛋白质在瘤胃中降解。每 kg 日粮干物质添加 100mg 尼克酸,日增重提高 3.6%。

(五)维生素 C

牛能在肝或肾脏中合成维生素 C,参与细胞间质中胶原的合成,维持结缔组织、细胞间质结构及功能的完整性,刺激肾上腺皮质激素的合成。维生素 C 具有抗氧化作用,保护其他物质免受氧化。缺乏维生素 C 时,周身出血,牙齿松动,贫血,生长停滞,关节

变软等。近年研究发现,维生素 C 对牛的繁殖影响很大,维生素 C
有助于维持妊娠。发情期血液中维生素 C 浓度升高,其机制尚不
清楚。维生素 C 可改善牛的配种能力,刺激精子的生成,提高精
液品质和精子活力。研究表明,适量维生素 C 可缓解酷暑期牛的
热应激。

六、干物质需要

(一)干物质的营养作用

　　肉牛日粮必须保持一定的干物质采食量,来满足其营养需要。
许多试验表明,如果仅满足肉牛的营养需要,但干物质供给不足,
不仅不能充分发挥肉牛的生产能力,而且消化障碍增多。

(二)干物质采食量(DMI)

　　DMI 受牛体重、增重水平、饲料能量浓度、日粮类型、饲料加
工、饲养方式和气候环境等因素的影响。

1. 生长育肥牛干物质采食量

　　根据国内生长育肥牛的饲养试验总结资料,日粮能量浓度在
$8.37\sim10.46MJ/kgDM$ 的干物质进食量的参考计算公式如下:

$$DMI(kg)=0.062\times LBW^{0.75}+(1.529\ 6+0.0037\times LBW)ADG$$

$$\cdots\cdots\cdots\cdots\cdots\cdots\cdots\cdots\cdots\cdots\cdots\cdots\cdots\cdots\cdots\cdots (31)$$

2. 妊娠母牛干物质采食量

　　根据国内繁殖母牛的饲养试验结果,妊娠母牛干物质采食量
参考计算公式如下:

$$DMI(kg)=0.062\times LBW^{0.75}+(0.790+0.005587\times t)$$

$$\cdots\cdots\cdots\cdots\cdots\cdots\cdots\cdots\cdots\cdots\cdots\cdots\cdots\cdots\cdots\cdots (32)$$

式(32)中:t——妊娠天数。

3. 哺乳母牛干物质采食量

其参考计算公式如下:

$$DMI(kg)=0.062\times LBW^{0.75}+0.45\times FCM \cdots\cdots (33)$$

$$FCM(kg)=0.4\times M+15\times MF \cdots\cdots\cdots\cdots (34)$$

式(33)、(34)中:FCM——4%乳脂率的标准乳,单位为 kg;

M——每日产奶量,单位为 kg;

MF——乳脂肪含量,单位为 kg。

七、粗纤维需要

(一)粗纤维的营养作用

粗纤维是牛必需的营养物质,除能提供能量及合成葡萄糖和乳脂的原料外,也是维持牛消化机能正常所必需的。粗纤维性质稳定,不易消化,容积大,吸水性强,能充填消化道给动物以饱感。它也能刺激消化道黏膜,促进消化道蠕动,促使未消化物质的排出,保证消化道的正常功能。

当牛日粮中粗纤维含量太低时,会出现一系列消化系统疾病或代谢病,如乳酸症、真胃移位等。然而,在肉牛强度育肥期,粗料过多,则难以满足其能量需要和达到高产,因而应适当提高精料的用量。精料中含有大量淀粉,并在瘤胃内迅速发酵,使瘤胃 pH 下降,严重时导致代谢发生紊乱。因此,在生产中要特别重视精料与粗料搭配比例,并科学地使用缓冲剂等瘤胃发酵调控剂。

(二)粗纤维给量

肉牛日粮粗纤维含量以 17%为宜,下限不低于日粮干物质的

13％。由于粗纤维是粗饲料的主要成分,在实际配料时,应以日粮干物质为基础的粗饲料比例不少于 40％。

八、水需要

(一)水的营养作用

水是一种极易被忽略而且对维持牛生命来说极其重要的营养物质。构成牛机体的成分中以水分最多,初生犊牛身体含水 74.5％,肥牛含水 50％。动物失去全部脂肪或半数蛋白质,仍能存活。若脱水 5％则食欲减退,脱水 10％则生理失常,脱水 20％即可死亡。由此可见,水对动物的生命活动和生产有重要意义。

水是牛体内的良好溶剂,各种营养物质的吸收、运送和代谢物的排出都需要水;牛体内的化学反应也必须在水媒介中进行,水不但参与蛋白质、脂肪和碳水化合物的水解过程,而且与许多需要加入或释放水的中间代谢反应有关;水对体温的调节起重要作用,水的比热大,体内产热量过多时,由水吸收而不使体温升高。水的蒸发热大,天热时牛通过喘息和出汗使水分蒸发散热,以保持体温恒定;水具有很高的表面张力,可保持畜体细胞、组织具有一定的形态、硬度和弹性;水是一种润滑剂,如含大量水分的唾液使牛能顺利地吞咽食物,关节囊液能使牛体的关节活动无阻;水是乳汁的主组成成分,乳中的含水量占 80％以上;水是影响产奶量高低的重要因素之一。

缺水可使牛的生产力下降,健康受损,幼龄牛生长发育滞缓。轻度缺水往往不易被发现,但常在不知不觉中造成很大经济损失。因此,在生产中必须给牛提供足够自由饮水的条件,以确保清洁充足的饮水。

牛体内水的主要来源是饮水,还有饲料中的水和牛体内有机物质代谢过程中生成的代谢水。供牛饮用的水要充足,同时要注意水质,应符合《中华人民共和国农业行业标准——无公害食品畜禽饮用水标准》(NY 5027—2001)。饲料中含水在 10%～95%。饲料水中含有很多易吸收的营养物质。

(二)水的需要量

在生产实践中,满足肉牛对水的需要非常重要。肉牛的需水量因体重、环境温度、饲料种类、采食量和生产性能不同而异。肉牛每天对水的需要量见表 6-4。

表 6-4　肉牛每天对水的需要量

类别	体重(kg)	环境温度(℃)					
		4.4	10.0	14.4	21.1	26.6	32.2
生长牛	182	15.1	16.3	18.9	22.0	25.4	36.0
	273	20.1	22.0	25.0	29.5	33.7	48.1
	364	23.8	25.7	29.9	34.8	40.1	56.8
育肥牛	273	22.7	24.6	28.0	32.9	37.9	54.1
	364	27.6	29.9	34.4	40.5	46.6	65.9
	454	32.9	35.6	40.9	47.7	54.9	78.0
怀孕牛	409	25.4	27.3	31.4	36.7	—	—
	500	22.7	24.6	28.0	32.9	—	
产奶牛	409	43.1	47.7	54.9	64.0	67.8	61.3
成年公牛	636	30.3	32.6	37.5	44.3	50.7	71.9
	724	32.9	35.6	40.9	47.7	54.9	78.0

第二节　肉牛的饲料开发与利用

根据国际分类原则,按照饲料的营养特性,目前我国将饲料分为八大类:青绿饲料、青贮饲料、粗饲料、能量饲料、蛋白质饲料、矿物质饲料、维生素饲料和饲料添加剂。

一、青绿饲料

青绿饲料是指天然水分含量 60% 及其以上的青绿多汁饲料,以富含叶绿素而得名,包括:草地青草、田间杂草、栽培牧草、树枝嫩叶、菜叶类,以及非淀粉质的块根、块茎类及瓜果类(如饲用甜菜、胡萝卜、马铃薯、南瓜等)。青绿饲料因水分含量大,能量较低,易吃个"水饱";青绿饲料含较多草酸,具有轻泻作用,易引起拉稀,影响钙的吸收;叶菜类含较多的硝酸盐,贮存不当时易变成亚硝酸盐,饲喂过量会引起亚硝酸盐中毒。因此在饲喂此类青绿饲料时应注意与能量饲料、蛋白质饲料搭配使用。青绿饲料补饲量不要超过日粮干物质的 20%。

(一)营养特性

青绿饲料新鲜茎叶在自然状态下水分含量高(70%~95%),富含叶绿素;含有丰富的粗蛋白质,且蛋白质生物学价值较高,尤其含有对泌乳家畜特别有利的叶蛋白;含各种维生素,胡萝卜素尤为丰富,在青饲季节,牛体内贮存大量胡萝卜素及维生素 A,供枯草期消耗;含丰富的钙、钾等元素,尤其是豆科牧草中,钙的含量更为丰富,且钙、磷比例适宜,所以以青绿饲料作为主要饲料的牛不会出现缺钙现象；粗纤维含量低，木质素少，无氮浸出物较高；青绿饲料幼嫩多汁，适口性好，具有刺激消化腺分泌的作用，消化率高，并可提高日粮的利用率。但青绿饲料水分含量高，能量相对较低。现介绍几类青绿饲料的特性及其利用。

(二)常见青绿饲料

1. 天然牧草

主要指草地牧草及田间杂草，一般认为田间杂草质量较佳，河滩、池塘边的青草质量次之，干旱半干旱荒地的青草品质较差。野草、野菜在农区也是重要的饲料资源，是肉牛蛋白质、维生素和钙的重要来源。

利用天然牧草应注意以下问题：天然牧草木质化快，因此，无论放牧或青刈利用均需及时，在抽穗、开花前后利用较为适宜，结籽后的野草，粗纤维含量增高，适口性差，营养价值大减；要注重均衡供应，延长青饲时间，放牧时最好实行分区轮牧。使用田间杂草，必须注意是否在近期内使用过农药，以免误食而导致中毒；在春季刚开始利用(放牧)青草时，青草数量少，应优先给怀孕母牛和幼牛，饲喂时要逐渐增加。

2. 栽培牧草

通常栽培的有紫花苜蓿、草木栖、沙打旺、苏丹草、披碱草、羊草、冬牧 70 黑麦、燕麦等。

3. 青刈饲料作物

种植大田作物用来青饲，在肉牛业发达国家或地区已被普遍采用。这类饲料产量较高，适用于各种家畜。目前广泛使用的有青刈玉米、甜高粱等。

4. 其他

叶菜类饲料,如萝卜叶、胡萝卜叶、甜菜叶等;枝叶饲料,如榆、杨、柳、桑、槐枝叶等。

二、青贮饲料

青贮饲料是指将新鲜的青刈饲料作物、牧草或收获籽实后的玉米秸秆等青绿多汁饲料直接或经适当处理后,铡短切碎、装填压实于青贮窖、池(壕)内,然后隔绝空气密封,在厌氧环境下,通过微生物的发酵而成具有醇香气味、适口性好、营养丰富的饲料。青贮是养牛业最主要的饲料来源,在各种粗饲料加工中保存的营养物质最高(保存83%的营养),粗硬的秸秆在青贮过程中还可以得到软化,增加适口性,使消化率提高。在密封状态下可以长年保存,制作简便,成本低廉。

(一)营养特性

青贮饲料基本上保持了青绿饲料原有的特点。其共同特点是粗蛋白质主要是由非蛋白氮组成,且酰胺和氨基酸的比例较高,大部分淀粉和糖类分解为乳酸,粗纤维质地变软,胡萝卜素含量丰富,醇香可口,且具有轻泻作用。

(二)常见青贮饲料

青贮原料很多,凡是无毒的青绿植物均可调制成青贮饲料。

1. 禾本科作物

(1)玉米青贮

①玉米秸秆青贮:收获棒穗后的玉米能保留1/2的绿色叶片,应立即青贮。若部分秸秆发黄,3/4的叶片干枯视为青黄秸秆,制

作时视其秸秆水分散失程度每 100kg 需补加水 5~35kg。目前已培育出收获果穗后玉米秸秆全株保持绿色的玉米新品种,很适合作青贮。玉米秸秆青贮目前是我国农区肉牛的主要饲料。

②全株玉米青贮:即青刈带穗玉米青贮。指在玉米玉米乳熟后期收割,将玉米秸秆茎叶与果穗整株切碎进行青贮。这样可以最大限度地保存蛋白、碳水化合物和维生素,具有较高的营养价值和良好的适口性,是牛的优质饲料。全株玉米青贮饲喂牛,只需添加蛋白和矿物质等营养成分,就可满足牛的营养需要。

(2)高粱青贮:高粱植株高 3m 左右,产量高。茎秆内含糖量高,特别是甜高粱,可调制成优良的青贮饲料,适口性好。一般在蜡熟期收割。

此外,苏丹草、大麦、无芒雀麦等均是优质青贮原料。收割期约在抽穗期。禾本科作物由于含有 2% 以上的可溶性糖和淀粉,青贮制作容易成功。

2. 豆科作物

苜蓿、草木樨、红豆草、豌蚕豆等通常在初花期收割。因其含粗蛋白质高,糖分少,在制作高水分青贮时应与含可溶性糖、淀粉多的饲料混合青贮。例如,与玉米、高粱秸秆混贮;与糠麸混贮;与甜菜、马铃薯混贮;或者经晾晒水分低于 55% 时进行半干青贮。

3. 蔬菜饲料

胡萝卜缨、白菜、莲花菜(甘蓝)、马铃薯秧、南瓜秧以及野菜料等,因含水量高、糖分低不易青贮。通常经晾晒水分降至 55% 以下进行半干青贮或者与含糖高水分低的其他饲料混贮。

4. 块根、块茎青贮

如萝卜、饲用甜菜、马铃薯等,含有多量的淀粉,如与干草粉混贮,效果较好。

(三)合理利用

　　在饲喂时,青贮饲料可以全部代替青饲料,但应与碳水化合物含量丰富的饲料搭配使用,以提高瘤胃微生物对氮素的利用率。牛对青贮饲料有一个适应过程,饲喂时,用量应由少到多逐渐增加,日喂量15~20kg。禁用霉烂变质的青贮饲料喂牛。

三、粗饲料

　　干物质中粗纤维含量在18%以上的饲料均属粗饲料。包括青干草、秸秆、秕壳和部分树叶等。

(一)营养特性

　　粗饲料的粗纤维含量高,可达25%~50%,并含有较多的木质素,难以消化,消化率一般为6%~45%。秸秆及秕壳类饲料中的无氮浸出物主要是半纤维素和多缩戊糖的可溶部分,消化率很低,如花生壳无氮浸出物的消化率仅为12%。粗蛋白质含量低且差异大,为3%~19%。粗饲料中维生素D含量丰富,其他维生素含量低。优质青干草含有较多的胡萝卜素,秸秆和秕壳类饲料几乎不含胡萝卜素。矿物质中钙较丰富,含磷很少。

(二)常见的粗饲料

1. 干草

　　干草是青绿饲料在尚未结籽以前刈割,经过自然日晒或人工干燥而制成的,能较好地保留青绿饲料的养分和绿色状态的饲草。干草作为一种储备形式,调节青饲料供应的季节性不均衡问题,是牛的最基本、最重要饲料。可以制成干草的有禾本科牧草、豆科牧草、天然牧草等。要注意发霉腐烂、含有有毒植物的干草不可掺入饲喂。

优质干草叶多，适口性好，蛋白质含量较高，胡萝卜素、维生素D、维生素 E 及矿物质丰富。禾本科干草粗蛋白质含量为 7％～13％，豆科干草为 10％～21％；粗纤维含量高，为 20％～30％，所含能量值为玉米的 30％～50％。

2. 秸秆

农作物收获籽实后的茎秆、叶片等统称为秸秆。秸秆中粗纤维含量高，可达 30％～45％，其中木质素多，一般为 6％～12％。可发酵氮源和过瘤胃蛋白质含量过低，有的几乎等于零。单独饲喂秸秆时，牛瘤胃中微生物生长繁殖受阻，影响饲料的发酵，不能提供必需的微生物蛋白质和挥发性脂肪酸，难以满足牛对能量和蛋白质的需要。秸秆中无氮浸出物含量低，此外还缺乏一些必需的微量元素，并且利用率很低。除维生素 D 外，其他维生素也很缺乏。

该类粗饲料虽然营养价值很低，但在我国资源丰富，如果采取适当的补饲措施，如补饲尿素、淀粉类精料、过瘤胃蛋白质、矿物质及青饲料等，并结合适当的加工处理，如氨化、碱化及生物处理等，可提高牛对秸秆的消化利用率。

（1）玉米秸：刚收获的玉米秸，营养价值较高，但随着储存期延长（风吹、日晒、雨淋），营养物质损失较大。一般玉米秸粗蛋白质含量为 5％，粗纤维为 25％，牛对其粗纤维的消化率为 65％左右。同一株玉米秸的营养价值，上部比下部高，叶片较茎秆高。不同品种玉米秸秆，营养价值不同。玉米穗苞叶和玉米芯营养价值很低。

（2）麦秸：包括小麦秸、大麦秸、燕麦秸等。小麦秸在麦秸中数量最多，春小麦比冬小麦好。小麦秸营养低于大麦秸，燕麦秸的饲用价值最高。总之,麦秸的营养价值较低,其中木质素含量很高,含能量低,消化率低,适口性差,是质量较差的粗饲料。该类饲料饲喂肉牛时必须经过适当的氨化和碱化处理。

(3)稻草:营养价值低于玉米秸、谷草类,优于小麦秸,是我国稻类地区草食家畜的主要粗饲料来源。粗蛋白质含量为 $2.6\%\sim3.2\%$,粗纤维为 $21\%\sim33\%$,灰分含量高,但主要是不可利用的硅酸盐。钙多磷含量低。牛对稻草的消化率为 50% 左右,其中对蛋白质和粗纤维的消化率分别为 10% 和 50% 左右,经氨化和碱化处理后可显著提高其消化率。

(4)糜谷草:在禾本科秸秆中,糜谷草品质最好。质地柔软、叶片多,适口性好。在北方黄土高原丘陵地区,糜谷草不失为牛羊的优质饲料。

(5)豆秸:指豆科秸秆。由于大豆秸木质素含量高达 $20\%\sim23\%$,质地坚硬,与禾本科秸秆相比,粗蛋白质含量和消化率较高。在豆秸中蚕豆秸和豌豆秸质地较软,品质较好。由于豆秸质地坚硬,应粉碎后饲喂,以保证能充分利用。

3. 秕壳

指作物籽实脱离时分离出的荚皮、外壳等。营养价值略高于同一作物的秸秆,但稻壳和花生壳质量较差。

(1)豆荚:含粗蛋白质为 $5\%\sim10\%$,无氮浸出物为 $42\%\sim50\%$,适于喂牛。大豆皮(大豆加工中分离出的种皮),营养成分为粗纤维 38%、粗蛋白 12%、净能 $7.49MJ/kg$,几乎不含木质素,故消化率高,对于反刍家畜其营养价值相当于玉米等谷物。

(2)谷类皮壳:包括小麦壳、大麦壳、高粱壳、稻壳、谷壳等。营养价值低于豆荚。稻壳的营养价值最差。

(3)棉籽壳:含粗蛋白质为 $4.0\%\sim4.3\%$,粗纤维为 $41\%\sim50\%$,消化能 $8.66MJ/kg$,无氮浸出物为 $34\%\sim43\%$。棉籽壳虽

然含棉酚 0.01%,但对牛影响不大。喂小牛时最好喂 1 周更换其他粗料 1 周,以防棉酚中毒。

四、能量饲料

能量饲料是指干物质中粗纤维含量在 18% 以下,粗蛋白质含量在 20% 以下,消化能在 10.46MJ/kg 以上的饲料,是牛能量的主要来源。主要包括谷实类及其加工副产品(糠麸类)、薯粉类和糖蜜等。

(一)谷实类饲料

谷实类饲料大多是禾本科植物成熟的种子,包括玉米、小麦、大麦、高粱、燕麦和稻谷等。其主要特点是:可利用能值高,适口性好,消化率高;粗蛋白质含量低,一般平均在 10% 左右,难以满足肉牛蛋白质需要;矿物质含量不平衡,钙低磷高,钙、磷比例不当;维生素含量不平衡,一般含维生素 B_1、烟酸和维生素 E 丰富,维生素 A、维生素 D 含量低,不能满足牛的需要。

1. 玉米

玉米被称为"饲料之王",其特点是可利用能量高,亚油酸含量较高。蛋白质含量低(9% 左右)。黄玉米中叶黄素含量丰富,平均为 22mg/kg。钙、磷均少,且比例不合适,是一种养分不平衡的高能饲料。玉米用量可占肉牛混合料的 60% 左右。压片玉米较制粒喂牛效果好,粗粉比细粉效果好。高油玉米,油含量比普通玉米高 1.0~1.4 倍,蛋白质和氨基酸、胡萝卜素等也高于普通玉米,饲喂牛效果好。

2. 小麦

在我国某些地区,小麦的价格比玉米便宜很多,可用小麦充作饲料。与玉米相比,小麦能量较低,粗脂肪含量仅为 1.8% ,但蛋白质含量较高,达到 12.1% 以上,必需氨基酸的含量也较高。所含 B 族维生素及维生素 E 较多,维生素 A、维生素 D、维生素 C、维生素 K 则较少。小麦的过瘤胃淀粉较玉米、高粱低,肉牛饲料中的用量以不超过 50% 为宜,并以粗粉碎和压片效果最佳,不能整粒饲喂或粉得过细碎饲喂。

3. 大麦

一般带壳大麦为"草大麦",不带壳大麦为"裸大麦"。带壳的大麦,即通常所说的大麦,它的代谢能水平较低,但适口性很好,因含粗纤维 5% 左右,可促进动物肠道的蠕动,使消化功能正常,是牛的好饲料。蛋白质含量高于玉米,约为 10.8% ,品质亦好;维生素含量一般偏低,不含胡萝卜素。裸大麦代谢能水平高于草大麦,比玉米子实低得多,蛋白质含量高。喂前最好压扁或粗粉碎,但不要磨细。

4. 高粱

能量仅次于玉米,蛋白质含量略高于玉米。高粱在瘤胃中的降解率低,但因含有单宁,适口性差,并且喂牛易引起便秘。用量一般不超过日粮的 20% ,若与玉米配合使用效果增强,可提高饲料的利用率。喂前最好压碎。

5. 燕麦

总营养价值低于玉米,但蛋白质含量较高,约为 11% ;粗纤维含量较高,为 $10\%\sim13\%$,能量较低;富含 B 族维生素,脂溶性维生素和矿物质较少,但磷多钙少。燕麦是牛的极好饲料,喂前应适当粉碎。

(二)糠麸类饲料

是谷实类作物饲料的加工副产品,主要包括小麦麸皮和稻糠以及其他糠麸。其共同的特点是除无氮浸出物含量较少为40%～62%,其他各种养分均较其原料含量高。粗蛋白质15%左右,有效能值低,为谷实类饲料的一半。含磷多钙少,含有丰富的B族维生素,但胡萝卜素及维生素E含量较少。

1. 麸皮

其营养价值因麦类品种和出粉率的高低而变化。粗纤维含量较高,属于低能饲料。麸皮质地松软,适口性好,是牛良好的饲料,具有轻泻作用,尤其对于母牛产后喂以适量的麦麸粥,可以调养消化道的功能。

2. 米糠

为去壳稻粒(糙米)制成精米时分离出的副产品,由果皮、种皮、糊粉层及胚组成。米糠的有效营养成分变化较大,随含壳量的的增加而降低。粗脂肪含量较高,易在微生物及酶的作用下发生酸败霉变。为使米糠便于保存,可经脱脂加工生产米糠饼。经榨油后的米糠饼脂肪和维生素减少,其他营养成分基本保留,肉牛用量可达20%,脱脂米糠用量可达30%。

3. 其他糠麸

主要包括玉米糠、高粱糠和小米糠。其中以小米糠的营养价值最高。高粱糠的消化能和代谢能较高,但因含有单宁,适口性差,易引起便秘,因限量使用。

(三)薯粉类饲料

薯粉类主要包括马铃薯、红薯、甘薯等。按干物质中的营养价值来考虑,属于能量饲料。

马铃薯含干物质为18%～26%,每3.5～4.0kg相当于1kg谷物,干物质中80%为淀粉,易消化,但缺乏钙、磷和胡萝卜素。

每日每头牛最高喂量 20kg,与蛋白质饲料、谷实饲料混喂效果较好。当马铃薯储存不当发芽时,在其青绿皮上、芽眼及芽中含有龙葵素,采食过量会导致牛中毒。因此,马铃薯发芽时,一定要清除削去绿皮和芽,并进行蒸煮,蒸煮用的水不能用于饮喂牛。

(四)糖蜜、甜菜渣

糖蜜又称糖浆,是在制作过程中,将制糖原料压榨出的汁液,经加热、中和、沉淀、过滤、浓缩、结晶等工序后,所剩下的浓稠液体,俗称废糖蜜。按原料不同,可分为甜菜糖蜜、甘蔗糖蜜、柑橘糖蜜及淀粉糖蜜,其主要成分为糖类,蛋白质含量较低,矿物质含量较高,维生素低,水分高,能值低,具有轻泻作用。肉牛用量宜占日粮 10%～20%。

甜菜渣是甜菜制糖压榨后的残渣。新鲜甜菜渣含水量为70%～80%,为了便于运输和贮存,可制成干甜菜渣。其干燥品中无氮浸出物含量高,可达 56.5%,而粗蛋白质和粗脂肪含量少。鲜甜菜渣适口性好,易消化,是肉牛良好的多汁饲料,对泌乳母牛还有催乳的作用。用来喂牛可代替 50%左右的青贮饲料,并节约部分精料。肉牛每天的喂量为 20～40kg。干甜菜渣饲喂肉牛占日粮精料的 50%时,可得到与饲喂大麦等谷物饲料相同的育肥效果。但注意饲喂前得先用水浸泡 5～6h,以免因吸水而膨胀,影响正常的消化。

甜菜渣不仅可以鲜喂、干喂,也可以进一步加工利用,如制作成甜菜渣青贮饲料、甜菜颗粒粕和将其固态发酵等,可充分提高其利用率。

五、蛋白质饲料

蛋白质饲料是指干物质中粗纤维含量在 18％以下,粗蛋白质含量为 20％以上的饲料。由于反刍动物禁用动物蛋白饲料,因此对于肉牛主要包括植物性蛋白质饲料、单细胞蛋白质饲料、非蛋白氮饲料等。

(一)植物性蛋白质饲料

1. 饼粕类饲料

压榨法制油的副产品称为饼,溶剂浸提法制油后的副产品称为粕。

(1)大豆饼(粕):是优质的蛋白质饲料原料。其粗蛋白质含量为 38％～47％,且品质较好,尤其是赖氨酸含量,是饼粕类饲料最高者,可达 2.4％～2.8％,是棉仁饼、菜籽饼、花生饼的 2 倍左右,但蛋氨酸不足。大豆饼适口性好,各阶段牛的饲料中均可使用,且长期使用不必担心厌食问题。其可替代犊牛代乳料中部分脱脂乳,并对各类牛均有良好的生产效果。

(2)棉籽饼(粕):由于棉子脱壳程度及制油方法不同,营养价差异很大。粗蛋白质含量为 16％～44％,粗纤维含量为 10％～20％,因此有效能值低于大豆饼(粕)。棉子饼(粕)蛋白质的品质不太理想,精氨酸含量高,而赖氨酸只有大豆饼(粕)的一半,蛋氨酸也不足。棉籽饼中含有游离棉酚,长期大量饲喂会引起中毒,牛如果摄取过多(日喂 8kg 以上)或食用时间过长,会导致中毒。犊牛日粮中一般不超过 20％,种公牛日粮中不超过 30％。据报道,在短期强度育肥架子牛日粮中棉籽饼可占精料的 60％。

(3)胡麻饼(粕):又称亚麻籽饼(粕),是胡麻籽或亚麻籽脱油后的加工副产品。其营养价值受加工方法及其品种因素的影响差异较大,粗蛋白质含量与棉籽饼粕、菜籽饼粕相似,一般为32%～34%。其氨基酸组成不佳,赖氨酸和蛋氨酸含量较低,分别为1.12%和0.45%,但精氨酸含量高,可高达3.0%左右,致使赖氨酸与精氨酸比值为1:2.5左右。所以在使用胡麻饼(粕)时,要考虑添加赖氨酸或与含赖氨酸高的饲料搭配。胡麻饼(粕)是反刍动物良好的蛋白质来源,适口性好,肉牛日粮中均可使用,且育肥效果好。由于其含有黏性胶质(亚麻籽胶),具有润肠通便的效果,可当作抗便秘剂。研究表明,胡麻饼(粕)中含有(约10%)可改善动物皮毛发育的因子(Muscilage Compound),因此饲喂胡麻饼(粕)可使动物有毛光皮滑的润泽外观。

(4)菜籽饼(粕):是油菜籽榨油后得到的副产品。是一种良好的蛋白质饲料,其粗蛋白质的含量为36%(饼)～38%(粕),其氨基酸组成特点是蛋氨酸含量较高,约为0.7%,在饼粕类饲料中名列第二(仅次于芝麻饼粕);赖氨酸含量也较高,为2.0%～2.5%左右,仅次于大豆饼粕,名列第二。其矿物质中钙和磷的含量均高,特别是硒含量为1.0mg/kg,是常用植物性饲料中最高者。但有效能值较低,适口性较差,由于含有硫葡萄糖苷、芥酸等有毒物质,使得菜籽饼(粕)受到了一定的限制。肉牛精料中使用5%～20%对其生长、胴体品质均无不良影响,但要限量并与其他饼粕搭配使用。

(5)葵花(仁)饼粕:葵花又名向日葵。其营养价值主要取决于脱壳程度,完全脱壳的葵花仁饼粕营养价值很高,其粗蛋白质含量可达42%(饼)～46%(粕)。我国的葵花饼粕粗蛋白质含量较低,一般为28%～32%,视其脱壳程度而定。其氨基酸组成特点为赖氨酸含量不足,为1.1%～1.2%,低于棉仁饼粕,更低于大豆饼粕;蛋氨酸含量较高,0.6%～0.7%,高于大豆饼粕、棉仁饼粕。葵花饼粕对反刍家畜适口性好,是良好的蛋白质来源。对于肉牛的饲用价值较高,在增重、饲料效率等方面与棉籽饼粕有同等的营养价值。

另外还有花生饼(粕)、芝麻饼(粕)等都可作为肉牛的蛋白质补充料。

2. 其他食品工业副产品

(1)玉米蛋白粉:又名玉米面筋粉,是玉米淀粉厂的主要副产品之一。因加工方法和条件不同,粗蛋白质的含量为 $25\%\sim60\%$。蛋氨酸含量很高,而赖氨酸和色氨酸严重不足。粗纤维含量低,易消化。胡萝卜素含量高,代谢能水平接近玉米,属高能量饲料。由于其蛋白质瘤胃降解率较低,是常用的非降解蛋白补充料,但不及豆粕的效果好。由于其比重大,生产中应与其他体积大的饲料搭配使用。

(2)玉米麸皮料:又名玉米蛋白饲料,是含有玉米纤维质外皮、玉米浸渍液固化物、玉米胚芽饼粕和玉米蛋白粉的混合物。混合的比例因加工条件等不同,一般为 $40\%\sim60\%$ 的纤维质外皮,$15\%\sim25\%$ 的玉米蛋白粉以及 $25\%\sim40\%$ 的玉米浸渍液固化物。其粗蛋白质含量较低,为 $10.6\%\sim23.5\%$;无氮浸出物较高,为 $46.5\%\sim62.8\%$;粗纤维含量一般在 11% 以下,属于能量和蛋白质饲料之间的过渡型饲料。

(3)豆腐渣、酱油渣、粉渣:多为豆科籽实类加工副产品,干物质中粗蛋白质含量在 20% 以上,粗纤维较高。鲜豆腐渣、酱油渣及粉渣是肉牛良好的多汁饲料,但不宜单喂,最好和其他蛋白质饲料、维生素类等配合饲喂。这类饲料水分含量高,一般存放时间不宜过长,否则极易被霉菌及腐败菌污染变质。

(4)白酒糟、啤酒糟:其营养价值高低因原料的种类不同而异。通常每100kg 酒有 375kg 左右的酒糟。好的粮食酒糟和大麦啤酒糟要比薯类酒糟营养价值高 2 倍左右。酒糟含有丰富蛋白质

(19%～30%)、粗脂肪和丰富的 B 族维生素,是肉牛的一种廉价
饲料。肉牛饲料中用啤酒糟可取代部分和全部大豆饼粕作为蛋白
源使用,与尿素搭配可改善尿素利用效果,防止瘤胃角化不全和消
化障碍。因酒糟中含有一些残留的酒精,故对妊娠母牛不宜多喂,
用量 5%～7%。各种酒糟的营养成分见表 6-5。

表 6-5　各种酒糟的成分(%)

类别	干物质	粗蛋白质	粗脂肪	无氮浸出物	粗纤维	粗灰分
玉米白酒糟	100	19.25	8.94	46.36	17.44	8.00
高粱白酒糟	100	17.23	7.86	44.01	19.43	11.45
大麦白酒糟	100	20.51	10.50	40.81	19.59	8.80
啤酒糟	91.70	22.20	7.90	42.50	14.90	4.60

　　(5)酒精糟:用发酵法生产乙醇时,可得到作为副产品的酒精
糟。通常根据原料进行分类,如玉米酒精糟、糖蜜酒精糟、甘薯酒精
糟等。一般酒精的发酵原料主要是玉米,在蒸馏废液中,固形部分占
5%～7%,经干燥处理后称作酒精副产品,即酒精糟见表 6-6,又分为:

　　①干酒精糟(DDG):是只对蒸馏废液的固形部分进行干燥的
产品。

　　②可溶干酒精糟(DDS):是对除掉固形部分的残液加以浓缩、
干燥的产品。

　　③干酒精糟液(DDGS):是将 DDG 和 DDS 混合起来的产品。

表 6-6　各种酒精糟的成分(%)

类别	水分	粗蛋白质	粗脂肪	无氮浸出物	粗纤维	粗灰分
玉米 DDG	8.0	27.1	9.3	41.0	12.0	2.6
玉米 DDS	7.0	26.9	9.1	45.0	4.0	8.0
玉米 DDGS	10.0	28.9	12.8	32.0	11.8	4.5

(二)单细胞蛋白质饲料

主要包括酵母、真菌及藻类。以饲料酵母最具有代表性,饲料酵母含蛋白质高(40％～60％),生物学价值较高,脂肪低,粗纤维和灰分含量取决于酵母来源。B 族维生素含量丰富,矿物质中钙含量低而磷、钾含量高。酵母在日粮中可添加 2％～5％,用量一般不超过 10％。

市场上销售的"饲料酵母"大多数是固态发酵生产的,确切一点讲,应称为"含酵母饲料",这是以玉米蛋白粉等植物蛋白饲料作培养基,经接种酵母菌发酵而成,这种产品中真正的酵母菌体蛋白含量很低,大多数蛋白仍然以植物蛋白形式存在,其蛋白品质较差,使用时应与饲料酵母加以区别。

(三)非蛋白氮饲料(NPN)

非蛋白氮(NPN)指供饲料用的尿素、缩二脲、铵盐及其他合成的简单含氮化合物。其作用只是供给瘤胃微生物合成蛋白质所需的氮源,从而起到补充蛋白质营养的作用。牛瘤胃中的微生物可利用这些非蛋白氮合成微生物蛋白,和天然蛋白质一样被供宿主消化利用。

尿素$[CO(NH_2)_2]$为白色晶体,易溶于水,吸湿性强。商品尿素一般含氮量为 46％左右,折算为粗蛋白质则每 kg 尿素相当于 2.88kg 粗蛋白质。按含氮量计,1kg 含氮为 46％的尿素相当于 6.8kg 含粗蛋白质 42％的豆饼。尿素的溶解度很高,在瘤胃中很快转化为氨,尿素饲喂不当会引起致命性的中毒。因此使用尿素时应注意:

(1)尿素的喂量一般推荐以不超过日粮总氮量的 1/3 为原则,即尿素可占日粮干物质的 1％或混合精料的 1.5％～2％;或按 100kg 体重 15～20g,应逐渐增加,有 2 周以上的适应期,且不能时用时停,以免影响瘤胃微生物的平衡。

(2)尿素吸湿性强、易分解,不宜单喂,应与淀粉多的精料混匀一起饲喂,也可调制成尿素溶液喷洒或浸泡粗饲料,或调制成尿素青贮饲料、氨化饲料饲喂,或制作成尿素颗粒料、尿素精料砖等使用。

(3)尿素只能在6月龄以上的牛日粮中使用,否则不但效果不佳,还会出现氨中毒。因为6月龄以下的犊牛瘤胃尚未发育完全。

(4)禁止将尿素溶于水中饮用。喂尿素料1h后再给牛饮水。

(5)不可与生大豆或含脲酶高的大豆粕同时使用,否则因尿素分解会使含氮量降低,并且影响适口性。

近年来,为降低尿素在瘤胃中的分解速度,改善尿素氮转化为微生物氮的效率,防止尿素中毒,研制出许多新型非蛋白氮饲料,如糖蜜尿素复合舔砖、高蛋白当量尿素颗粒饲料、糊化淀粉尿素、脲酶抑制剂、包被尿素及尿素与其他分子形成分子间化合物,如磷酸脲(又名"牛羊壮")、脂肪酸脲(又名"牛得乐")、异丁基二脲(DUIB)等。

六、矿物质饲料

矿物质饲料是指补充动物矿物质元素需要的饲料。包括人工合成的、天然单一的和多种混合的矿物质饲料,以及配合有载体或赋形剂的微量、常量元素补充料。通常一般指为牛提供食盐、钙源、磷源及铁、铜、锰、锌、硒、碘、钴等微量元素。

食盐的主要成分是氯化钠,用其补充植物性饲料中钠和氯的补足,还可以提高饲料的适口性,增加食欲。肉牛的喂量一般为精料的1%左右。用食盐制成复合盐砖更适合放牧牛舔食。

石粉又称石灰石粉,为天然的碳酸钙,一般含钙量为38%左右,是补充钙源营养最廉价的矿物质饲料。

　　磷酸盐类如磷酸氢钙、磷酸二氢钙、磷酸钙(磷酸三钙)是常用的无机磷源饲料。在反刍动物饲料中,国家农业部已明文规定(农牧发〔2001〕7号),禁止添加和使用骨粉和肉骨粉等动物性饲料。

　　微量元素铁、铜、锰、锌、硒、碘、钴等,在生产实际中,可根据日粮配方设计需要,按计划采购。由于其在饲料中添加量甚微,在预混料中所比例也很小。所以为了保证其在饲料中分布均匀,需要用稀释剂按一定的比例逐级预混稀释。

七、维生素饲料

　　维生素饲料是指为牛提供各种维生素类的饲料。包括工业合成或提纯的单一和复合维生素。

　　肉牛有发达的瘤胃,其中的微生物可以合成维生素 K 和 B 族维生素,肝、肾中可合成维生素 C,一般除犊牛外,不需额外添加,只考虑维生素 A、维生素 D、维生素 E。维生素 A 乙酸酯(20 万IU/g)添加量为每 kg 日粮干物质 14mg。维生素 D_3 微粒(1 万IU)添加量为每 kg 日粮干物质 27.5mg。维生素 E 粉(20 万 IU)添加量为每 kg 日粮干物质 0.38~3mg。

八、饲料添加剂

　　饲料添加剂是指在配合饲料中加入的各种微量成分,包括营养性添加剂和非营养性添加剂。其作用是完善饲料的营养性,提高饲料的利用率,促进肉牛的生长和预防疾病,减少饲料在储存期间的营养损失,改善产品品质。为了生产标准无公害牛肉,所使用的饲料添加剂应按农业部已批准使用的饲料添加剂安全使用规范及品种目录执行。

(一)肉牛营养性添加剂

1. 微量元素添加剂

主要是补充饲粮中微量元素的不足。铁、铜、锌、锰、碘、硒、钴等都是牛必需的营养元素,应根据饲料中的含量适宜添加硫酸铜、硫酸亚铁、硫酸锌、硫酸锰、碘化钾、亚硒酸钠、氯化钴等。

2. 维生素添加剂

成年牛的瘤胃微生物可以合成维生素 K 和 B 族维生素,肝、肾中可合成维生素 C,一般除犊牛外,不需额外添加,只考虑维生素 A、维生素 D、维生素 E。

3. 氨基酸添加剂

正常情况下成年牛不需添加必需氨基酸,但犊牛应在饲料中供给必需氨基酸,快速生长的肉牛在饲料中添加过瘤胃保护氨基酸,使其生产性能得到改善。近年来研究证明,快速育肥肉牛除瘤胃自身合成的部分氨基酸外,日粮中还需补充一定数量的氨基酸。一般在瘤胃微生物合成的微生物蛋白中蛋氨酸较缺乏,为牛的限制性氨基酸。人工合成作为添加剂使用的主要是赖氨酸和蛋氨酸等。

(二)肉牛非营养性添加剂

1. 瘤胃发酵调控制剂

合理调控瘤胃发酵,对提高肉牛的生产性能,改善饲料利用率十分重要。瘤胃发酵调控剂包括脲酶抑制剂、瘤胃代谢控制剂、缓冲剂等。

(1)脲酶抑制剂:脲酶抑制剂是能够调控瘤胃微生物脲酶活性,从而控制瘤胃中氨的释放速度,达到提高尿素等利用率的一类添加剂。

(2)磷酸钠:研究证实适宜的磷酸钠水平,具有抑制脲酶活性的作用,用永久性瘤胃瘘管绵羊进行测定,适宜的磷酸钠水平,可使瘤胃内氨氮浓度降低 20.7%,微生物蛋白产量提高 48.9%。磷酸钠是一种来源广泛、价格低廉的脲酶抑制剂,使用时只要和尿素一起均匀拌入精料中即可。

(3)氧肟酸盐:是被国内外认为最有效的一类脲酶抑制剂,需经化学方法合成,工艺较复杂,虽然效果好,但成本高。

2. 瘤胃代谢控制剂

主要包括聚醚类抗生素——莫能菌素、卤代化合物、二芳基碘化学品等。可以增加瘤胃内能量转化率较高的挥发性脂肪酸——丙酸的产量,减少甲烷气体生成引起的能量损失,减少蛋白质在瘤胃中降解脱氨损失,增加瘤胃蛋白数量。提高干物质和能量表观消化率。减少瘤胃中乳酸的生成和积累,维持瘤胃正常的 pH 值,防止乳酸中毒。作为离子载体,促进细胞内外离子交换,增加对磷、镁及某些微量元素在体内沉积。通过以上途径提高肉牛的增重和饲料利用效率。

(1)瘤胃素(莫能菌素):瘤胃素的作用主要是通过减少甲烷气体能量损失和饲料蛋白质降解、脱氨损失、控制和提高瘤胃发酵效率,从而提高增重速度及饲料转化率。以粗饲料为主的舍饲肉牛,每日每头添加 150~200mg 瘤胃素,日增重比对照牛提高 13.5%~15.0%,放牧肉牛日增重提高 23%~45%。高精料强度育肥合饲肉牛,每日每头添加 150~200mg 瘤胃素,日增重比对照组提高 1.6%,每 kg 增重减少饲料消耗 7.5%;若每 kg 日粮干物质添加 30mg,饲料转化率提高 10% 左右。在舍饲肉牛日粮中添加瘤胃素,日增重提高 17.1%,每 kg 增重减少饲料消耗约 15%。瘤胃素的用量,肉牛每 kg 日粮 30mg 或每 kg 精料混合料 40~60mg。实际应用时应根据日粮组成确定最适宜剂量。要均匀混合在饲料中,最初喂量可低些,以后逐渐增加。

(2)卤代化合物:卤代化合物主要是用于抑制瘤胃中甲烷的产生。据报道,体外发酵试验可使甲烷产量减少70%。常用的这类化合物有:多卤化醇、多卤化醛、多卤化酸和氯醛淀粉等,如二氯乙烯基二甲基磷酸盐、三氯甲烷等。其饲用效果与分子中卤素数量和种类有关,碘>溴>氯。

(3)二芳基碘化学品:是另一类瘤胃代谢调控剂,主要用来抑制瘤胃中氨基酸的分解,特别是对缬氨酸、蛋氨酸、异亮氨酸、亮氨酸以及苯丙氨酸的保护最为有效。还可降低甲烷产量,增加丙酸产量,在低蛋白日粮中添加效果良好。

3. 缓冲剂

对于肉牛,要获取较高的生产性能,必须供给其较多的精料。但精料量增多,粗饲料减少,会形成过多的酸性产物。另外,大量饲喂青贮饲料,也会造成瘤胃酸度过高,影响牛的食欲,瘤胃pH下降,并使瘤胃微生物区系被抑制,对饲料消化能力减弱。在高精料日粮和大量饲喂青贮时适当添加缓冲剂,可以增加瘤胃内碱性蓄积,改变瘤胃发酵,增强食欲,提高养分消化率,防止酸中毒。比较理想的缓冲剂首推碳酸氢钠(小苏打),其次是氧化镁。实践证明,以上缓冲剂以合适的比例混合共用,效果更好。

(1)碳酸氢钠:主要作用是调节瘤胃酸碱度,增进食欲,提高牛体对饲料消化率以满足生产需要。用量一般占精料混合料1.0%~1.5%,添加时可采用每周逐渐增加(0.5%、1.0%、1.5%)喂量的方法,以免造成初期突然添加使采食量下降。添加碳酸氢钠,应相应减少食盐的喂量,以免钠食入过多,但应同时注意补氯。碳酸氢钠与氧化镁合用比例以(2~3):1较好。

(2)氧化镁:主要作用是维持瘤胃适宜的酸度,增强食欲,增加日粮干物质采食量,有利于粗纤维和糖类消化。用量一般占精料混合料的 0.75%～1.0%或占整个日粮干物质的 0.3%～0.5%。氧化镁与碳酸氢钠混合比例及用法参照碳酸氢钠的用量用法。

(三)抗生素添加剂

由于抗生素饲料添加剂会干扰成年牛瘤胃微生物,一般不在成年牛中使用,只应用于犊牛。犊牛常用的抗生素添加剂有以下几种:

1. 杆菌肽

以杆菌肽锌应用最为广泛,其功能为:能抑制病原菌的细胞壁形成,影响其蛋白质合成和某些有害的功能,从而杀灭病原菌;能使肠壁变薄,从而有利于营养吸收;能够预防疾病(如下痢、肠炎等),并能将因病原菌引起碱性磷酸酶降低的浓度恢复到正常水平,使牛正常生长发育,对虚弱犊牛作用更为明显。其用量为:3月龄以内犊牛每 1 000kg 饲料添加 10～100g(42 万～420 万效价U),3～6 月龄犊牛每 1 000kg 饲料添加 4～40g。

2. 硫酸黏杆菌素

又称抗敌素、多黏菌素 E,作为饲料添加剂使用时,可促进生长和提高饲料利用率,对沙门氏菌、大肠杆菌、绿脓杆菌等引起的菌痢具有良好的防治作用。但大量使用可导致肾中毒。

硫酸黏杆菌素如果与抗革兰氏阳性菌的抗生素配伍,具有协同作用。不能与氯霉素、土霉素、喹乙醇同时使用。我国批准进口的“万能肥素”即为硫酸黏杆菌素与杆菌肽锌复合制剂(5∶1),集杆菌肽锌和黏杆菌素优点为一体,具有广谱抗菌、饲养效果好的特点。硫酸黏杆菌作为饲料添加剂用量为:每 1 000kg 饲料不超过 20g。

3. 喹乙醇

喹乙醇抗菌谱广,尤其是对大肠杆菌、变形杆菌、沙门氏菌等有显著的抑制效果,能抑制有害菌,保护有益菌,对腹泻有极好的治疗效果,并具有促进动物体蛋白同化作用,能提高饲料氮利用率,从而促进生长,提高饲料转化率。据试验,对育成牛日增重提高 15%左右;饲料报酬提高 10%左右。添加量为每 1 000kg 饲料添加 50～80g。

(四)益生素添加剂

又称活菌制剂或微生物制剂。是一种在实验室条件下培养的细菌,用来解决由于应激、疾病或者使用抗生素而引起的肠道内微生物平衡失调。其产品有两大特点:一是包含活的微生物;二是通过在口腔、胃肠道、上呼吸道或泌尿生殖道内发挥作用而改善肉牛的健康。

1. 益生素的作用

补充有益菌群,保持或恢复消化道菌群平衡;刺激瘤胃微生物的生长和活性,增加瘤胃微生物菌群数量,并使瘤胃内丙酸量提高,维持瘤胃液 pH 正常化。益生素是良好的免疫激活剂,提高免疫球蛋白的浓度和巨噬细胞的活性,增强抗病能力。益生素可改善机体代谢,补充机体营养成分,促进动物生长,并防止有毒物质的积累。

2. 益生素的分类

益生素的分类因依据不同有多种。根据制剂的用途及作用机制分为微生物生长促进剂和微生态治疗剂;根据活菌剂的组成分为单一制剂和复合制剂;而目前较多使用的分类方法是根据微生物的菌种类型分为乳酸菌制剂、芽孢杆菌制剂、真菌及活酵母类制剂。

3. 目前用于生产益生素的菌种

目前用于生产益生素的菌种主要有：乳酸杆菌属、粪链球菌属、芽孢杆菌属和酵母菌属等。我国 1994 年批准使用的益生菌有 6 种：芽孢杆菌、乳酸杆菌、粪链球菌、酵母菌、黑曲菌、米曲菌。牛则偏重于真菌、酵母类，并以曲霉菌效果较好。

(五)酶制剂

酶是活细胞产生的具有特殊催化能力的蛋白质，是促进生物化学反应的高效物质。现在工业酶制剂主要采用微生物发酵法从细菌、真菌、酵母菌等微生物中提取的，目前批准使用的酶制剂 10 余种。

1. 酶制剂的作用机制

酶通过参与生化反应，并提高其反应速度而促进蛋白质、脂肪、淀粉和纤维素的水解，具有促进饲料的消化吸收、提高饲料利用率和促进牛生长等作用，从而使过去牛不能利用或利用不充分的粗饲料或养分得到较好地利用，有些酶制剂还可提高牛瘤胃内微生物的活性，促进各种养分的消化吸收。

2. 常用的酶制剂

这类酶制剂的功能与牛内源性消化酶相同，但结构和性质与内源酶不同。因牛自身分泌的酶数量有限，适量加入消化酶可提高对饲料的消化吸收。其主要用于犊牛（如早期断奶犊牛）、患病的牛及特殊生产时期。

(1)淀粉酶：是能分解淀粉糖苷键的一类多糖酶总称，主要有糖化酶、α-淀粉酶、β-淀粉酶和异淀粉酶。

(2)蛋白酶：按 pH 分为酸性、中性和碱性 3 类，按肽键的作用位置分为内肽酶和外肽酶。该酶是降解蛋白质肽键的水解酶。

（3）脂肪酶：用于分解脂肪的酶，可提高脂肪的消化率，特别对米糠作用明显。

（4）纤维素酶、半纤维素酶、β-葡聚糖酶、植酸酶和果胶酶等：牛瘤胃内存在大量微生物，使瘤胃液具有各种酶活性。如果饲料中添加纤维素分解酶，能进一步提高分解纤维素的能力。犊牛瘤胃发育不全，自身酶系不完善，消化吸收能力较差，日粮中加入酶制剂效果更显著。

3. 酶制剂的使用方法

（1）体内酶解法：将酶制剂直接添加到牛的日粮中，此法使用简单，只要将单一酶或复合酶制剂均匀拌入饲料即可使用。为了能使酶制剂在畜体内发挥应有的作用，选用的酶必须具有对抗胃的酸性环境、瘤胃微生物及真胃小肠蛋白质分解作用的能力。

（2）体外酶解法：人为控制和调节酶所需条件（如 pH、温度、湿度等），在体外使酶与底物充分反应，从而获得可被牛充分利用的产物，称为体外酶解法。此法饲养效益明显，但需一定条件与设备。

九、饲料的成分和营养价值

饲料的化学成分十分复杂，因其品种、分布的地域、收获时期、土壤的肥力不同而变化。

1. 水分

饲料中的水分有两种存在形式：一为游离水（也称自由水）；二为吸附水（也称结合水）。饲料的含水量为游离水与吸附水的总和。各种饲料均含水分，且差异很大，即便是同一种饲料，收获的时间不同，同一株植物的不同部位含水量也有差异。

2. 粗蛋白质

饲料的粗蛋白质是所有含氮物质的总和,其中包括蛋白质和各种非蛋白含氮物质,前者是真正的蛋白质(纯蛋白质),后者为非蛋白氮。对于肉牛,非蛋白氮具有与纯蛋白质相当的营养价值。饲料中粗蛋白质的种类多样,但以凯氏定氮法测得其含氮量多为 $15.0 \sim 18.4\%$,一般以 16.0% 计,亦即 1g 氮约相当于 6.25(100/16)g 蛋白质。非蛋白氮包括游离氨基酸、肽类、氨化物、硝酸盐等,在生产中还包括人为加入饲料中的尿素及其衍生物(缩二脲、羟甲基尿素、磷酸尿素等)、肽类及其衍生物(氨基酸、酰胺等)、有机胺与无机胺(硫酸铵、氯化铵、乙酸胺、丙酸胺、碳酸铵、碳酸氢铵等)。饲料中蛋白质的 $50\% \sim 70\%$ 进入瘤胃后被其中的微生物降解(降解蛋白),其余经过瘤胃但未被降解的饲料蛋白称为过瘤胃蛋白;到达牛小肠的蛋白质除过瘤胃蛋白外,还有瘤胃微生物合成的菌体蛋白。减少蛋白在瘤胃中的降解率,提高过瘤胃蛋白质(氨基酸),不仅能提高蛋白质的利用率,还可减少限制性氨基酸(蛋氨酸、赖氨酸等)对生产的限制。常用饲料的蛋白质在瘤胃中的降解率见表 6-7。

表 6-7　常用饲料的蛋白质在瘤胃中的降解率

饲料名称	降解蛋白质(%)	非降解蛋白质(%)
牧草	$65 \sim 85$	$15 \sim 40$
青贮饲料	$70 \sim 85$	$15 \sim 30$
禾科干草	70	30
豆科干草	60	40
玉米	60	40
大麦	80	20

饲料名称	降解蛋白质(%)	非降解蛋白质(%)
麸皮	60~70	30~40
大豆饼	60	40
棉籽饼	60	40
菜籽饼	75	25
花生饼	80	20
马铃薯	80	20
大麦秸	50	50

3. 粗脂肪

指饲料中能溶于乙醚的非含氮化合物,包括脂肪(真脂肪)和类脂,后者分为固醇类、复合脂类(磷脂、糖脂、树脂、色素等)。脂肪不仅供给机体能量(氧化产生的能量约为同质量碳水化合物或蛋白质的 2.25 倍),还是脂溶性维生素的载体。

4. 碳水化合物

饲料中的碳水化合物包括单糖、聚糖、淀粉、有机酸、果胶、半纤维素、纤维素、木质素、角质等,习惯上将半纤维素、纤维素、木质素、角质等称为粗纤维,其余称为无氮浸出物。粗纤维是饲料中最难消化的部分,一般粗饲料中粗纤维含量超过 18%。Van Soest 等(1963—1967)发明的洗涤剂饲料纤维分析法(图 6-2)更为科学地将饲料中的碳水化合物分为中性洗涤纤维(NDF)、酸性洗涤纤维(ADF)和非纤维素碳水化合物(NFC)。洗涤剂饲料纤维分析法在 1973 年得到美国公职分析化学家协会认定,现在已被世界各国逐渐采纳。

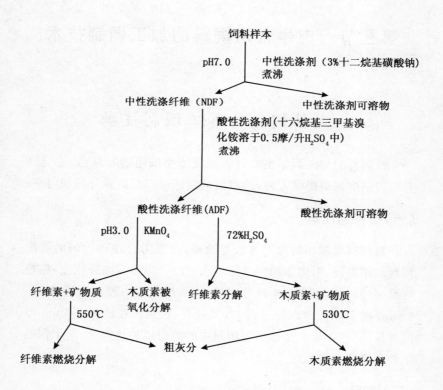

图 6-2 Van Soest 洗涤剂饲料纤维分析法的步骤示意图

注:1. 中性洗涤剂可溶物:即细胞内容物和果胶,前者包括可溶性碳水化合物、淀粉、有机酸、蛋白质。2. 中性洗涤纤维:即植物细胞壁,包括纤维素、半纤维素、木质素及少量中性洗涤剂不溶性氮和不溶性灰分。3. 酸性洗涤纤维:包括纤维素、木质素及少量酸性洗涤剂不溶性氮和不溶性灰分。酸性洗涤剂可溶物:即半纤维素。半纤维素=NDF－ADF。4. 非纤维素碳水化合物:即通常所指的无氮渗出物,包括糖、淀粉、有机酸、果胶物质和果聚糖等,是饲料中反刍动物最易消化的部分。NFC=100－(NDF%＋粗蛋白质%＋粗脂肪%＋粗灰分%)。

第三节　肉牛常用饲料的加工调制技术

一、精饲料的加工调制技术

精饲料的加工调制主要目的是便于牛的咀嚼和反刍,为合理和均匀搭配饲料提供方便,适当的调制还可以提高养分的利用率。

(一)粉碎与压扁

精饲料最常用的加工方法是粉碎,可以为合理和均匀的搭配饲料提供方便,但用于肉牛日粮不宜过细。粗粉与细粉相比,粗粉可提高适口性,提高牛唾液分泌量,增加反刍。一般筛孔通常 3～6mm。将谷物用蒸汽加热到 120℃左右,再用压扁机压成 1mm 厚的薄片,迅速干燥。由于压扁饲料中的淀粉经加热糊化,用于饲喂牛消化率明显提高。

(二)浸泡

豆类、油饼类、谷物等饲料经浸泡,吸收水分,膨胀柔软,容易咀嚼,便于消化。如豆饼、棉子饼等相当坚硬,不经浸泡很难嚼碎。

浸泡方法:用池子或缸等容器把饲料用水拌匀,一般料水比为 1∶(1.0～1.5),即用手握指缝渗出水滴为准,不需任何温度条件。有些饲料中含有单宁、棉酚等有毒物质,并带有异味,浸泡后毒素、异味均可减轻,从而提高适口性。浸泡的时间应根据季节和饲料种类的不同而异,以免引起饲料变质。

(三)肉牛饲料的过瘤胃保护技术

强度育肥的肉牛补充过瘤胃保护蛋白质、过瘤胃淀粉和脂肪都能提高生产性能。

1. 热处理

加热可降低饲料蛋白质的降解率,但过度加热也会降低蛋白质的消化率,引起一些氨基酸、维生素的损失,故应适度加热。一般认为,140℃左右烘焙 4h,或 130～145℃火烤 2 分钟,或103.42×10^6Pa 压力和 121℃处理饲料 45～60 分钟较宜,研究表明,加热以150℃、45 分钟最好。

膨化技术用于全脂大豆的处理,取得了理想效果。加热可降低饲料蛋白质的降解率,但过度加热也会降低蛋白质的消化率,引起一些氨基酸、维生素的损失。

对豆粕进行糊化处理,使蛋白质瘤胃降解率显著下降,方法简单易行。

2. 化学处理

(1)甲醛处理:甲醛可与蛋白质分子的氨基、羟基、硫氢基发生烷基化反应而使其变性,免于瘤胃微生物降解。处理方法:饼粕经2.5mm 筛孔粉碎,然后每 100g 粗蛋白质称 0.6～0.7g 甲醛溶液(36%),用水稀释 20 倍后喷雾与饼粕混合均匀,然后用塑料薄膜密封 24h 后打开薄膜,自然风干。

(2)锌处理:研究结果证明锌盐可以沉淀部分蛋白质,从而降低饲料蛋白质在瘤胃的降解。处理方法:硫酸锌溶解在水里,其比例为豆粕：水：硫酸锌＝1：2：0.03,拌匀后放置 2～3h,50～60℃烘干。

(3)鞣酸处理:在蛋白质饲料上均匀喷洒 1% 的鞣酸,混合后烘干。

(4)过瘤胃保护脂肪:许多研究表明,直接添加脂肪对反刍动物效果不好,脂肪在瘤胃中干扰微生物的活动,降低纤维消化率,影响生产性能的提高,所以添加的脂肪采取某种方法保护起来,形成过瘤胃保护脂肪。最常见的是脂肪酸钙产品。

(四)糊化淀粉尿素

将粉碎的高淀粉谷物饲料(玉米、高粱)70%～80%与尿素15%～25%混合后,通过糊化机,在一定的温度、湿度和压力下进行糊化,从而降低氨的释放速度,可代替牛日粮中25%～35%的粗蛋白。粗蛋白含量60%～70%。每kg糊化淀粉尿素的蛋白质量相当棉籽饼的2倍、豆饼的1.6倍,价格便宜。

二、青干草的加工调制技术

青干草是将牧草、饲料作物、野草和其他可饲用植物,在质、量兼优的适宜收割期时刈割,经自然干燥或采用人工干燥法,使其脱水,达到能储藏、不变质的干燥饲草。调制合理的青干草,能较完善地保持青绿饲料的营养成分。

(一)牧草干燥过程的营养物质变化和损失

1. 干燥过程的生理损失

牧草在干燥过程中植物细胞的呼吸作用和氧化分解作用,营养物质的损失一般占青干草总养分的5%～10%。青草生长期间含水70%～90%,在良好的气候条件下,刚刈割的青草散发体内的游离水速度相当快,在此期间,植物细胞并未死亡,短时间内其生理活动(如呼吸作用、蒸腾作用等)仍在进行,从而使牧草体内营养物质遭到分解破坏。经5～8h,可使含水量降至40%～50%,细胞失去恢复膜压的能力以后才逐渐趋于死亡,呼吸作用停止。细胞死亡以后,植物体内继续进行着氧化破坏过程。这一阶段需1~2个昼夜。水分降到18%左右时,细胞内各种酶的作用逐渐停止。这一时期内,水分是通过死亡的植物体表面蒸发作用而减少的。为了避免或减轻植物体内养分因呼吸和氧化的破坏作用而受到的严重损失,应该采取有效措施,使水分迅速降低到17%以下,并尽可能减少阳光的直接暴晒。

2. 机械作用引起的损失

在干草的晒制和储藏过程中,由于搂草、翻晒、搬运、堆垛等一系列机械操作,不可避免地使部分细枝嫩叶破碎脱落而致损失。一般叶片可能损失20%~30%,嫩枝损失为6%~10%,禾本科牧草损失2%~5%,豆科草的茎秆较粗大,茎叶干燥不均匀,损失最为严重,为15%~35%,从而造成牧草质量的下降。牧草刈割后立即进行小堆干燥的,干物质损失较少,仅占1%。先后收集成各种草垄干燥的干物质损失次之,为4%~6%,而以平铺法晒草的干物质损失最为严重,可达10%~14%。

3. 阳光作用引起的损失

在自然条件下晒制干草,阳光的直接照射可使植物体所含的胡萝卜素、维生素C、叶绿素等均因光化学作用而遭破坏;相反,干草中的维生素D含量,却因阳光的照射而显著地增加,这是由于植物体内所含麦角固醇,在紫外光作用下,合成了维生素D的缘故。

4. 雨淋引起的损失

晒制干草,最忌雨淋。晒制过程中如遇雨淋,可造成干草营养物质的重大损失,而所损失的又是可溶解、易被肉牛消化的养分,可消化蛋白质的损失平均为40%,热能损失平均为50%。由于雨淋作用引起营养物质的损失较机械损失大,所以晒制干草应避免雨淋。

5. 干草发霉变质引起的损失

当青干草含水量、气温和大气湿度符合微生物活动要求时,微生物就会在干草上繁殖,从而导致干草发霉变质,水溶性糖和淀粉含量显著下降严重时脂肪含量下降,蛋白质被分解成一些非蛋白化合物,如氨、硫化氢、吲哚等气体和一些有机酸,因此发霉的干草不能喂肉牛。

(二)牧草刈割时间

牧草过早刈割,水分多,不易晒干;过晚刈割,营养价值降低。禾本科草类在抽穗期,豆科草类在孕蕾及初花期刈割为好。部分牧草适宜的收割期见表6-8。

表 6-8　部分牧草适宜的收割期

牧草种类	收割适期
紫花苜蓿	开花初期
草木樨	开花初期
红豆草	1/2 豆荚充分成熟
沙打旺	不迟于现蕾期
三叶草	早期开花或 1/2 开花
无芒雀麦	抽穗期或开花期
披碱草	孕穗期
苏丹草	孕穗期
羊草	抽穗期

(三)青干草的制作方法

青干草的制作方法很多,分自然干燥法和人工干燥法。

1. 自然干燥法

自然干燥法不需要设备,操作简单,但劳动强度大,效率低,晒制的干草质量受天气影响大且质量差。为了便于晾晒,在实际生产中还要根据晾晒条件和天气情况调整收获期,适当提前或延后刈割,以避开雨季。

(1)田间晒制法:牧草刈割后,在原地或附近干燥地段摊开曝晒,每隔数小时加以暴晒,待水分降至 40%～50%时,用搂草机或手工搂成松散的草垄集成 50～100cm 高的草堆,保持草堆的松散通风,天气晴好可倒堆翻晒,天气恶劣时草堆外面最好盖上塑料布,以防雨水冲淋。直到水分降到 17%以下即可储藏,如果采用摊晒和捆晒相结合的方法,可以更好地防止叶片、花序和嫩枝的脱落。

(2)草架干燥法:草架可用树干或木棍搭成,也可以做成组合式三角形草架,架的大小可根据草的产量和场地而定。虽然花费一定的物力,但在架上能明显加快干燥速度,且草品质好。牧草刈割后在田间干燥 12h 或 24h,使其水分降到 40%～50%时,把牧草自下而上逐渐堆放或打成 15cm 左右的小捆,草的顶端朝里,并避免与地面接触吸潮,草层厚度不宜超过 70～80cm。上架后的牧草应堆成圆锥形或屋顶形,力求平顺。由干草架中部空虚,空气可以流通,加快牧草水分散失,提高牧草的干燥速度。其营养损失比地面干燥减少 5%～10%。

(3)发酵干燥法:由于此法干燥牧草营养物质损失较多,故只在连续阴雨天气的季节采用。将刈割的牧草在地面铺晒,使新鲜牧草凋萎,当水分减少至 50%时,再分层堆积高 3～6m。逐层压实,表层用塑料膜或土覆盖,使牧草迅速发热,待草堆内温度上升到 70℃,打开草堆,随着发酵产生热量的蒸散,可在短时间内风干或晒干,制得棕色干草,具酸香味。如遇阴雨天无法晾晒,可以堆放 1～2 个月,类似青贮原理。为防止发酵过度,每层牧草可按其青草重的 0.5%～1.0%,撒上食盐。

2. 人工干燥法

(1)塑料大棚干燥法:把刈割后的牧草,经初步晾晒后移动到改造的塑料大棚里干燥,效果很好。具体做法是:把大棚下部的塑料薄膜卷起 30～50cm,把晾晒后含水量在 40%～50% 的牧草放到棚内的架子或地面上,利用大棚的采光增温效果使空气变热,从而达到干燥牧草的目的。这种方式受天气影响小,能够避免雨淋,养分损失少。

(2)常温鼓风干燥法:为了保存营养价值高的叶片、花序、嫩枝,减少干燥后期阳光暴晒对维生素等的破坏,把刈割后的牧草在田间就地晒干,至水分降到 40%～50% 时,再放置于设有通风道的干草棚内,用鼓风机、电风扇等吹风装置,进行常温吹风干燥。采用此方法调制干草时只要不受雨淋、渗水等危害,就能获得品质优良的青干草。

(3)低温干燥法:此法采用加热的空气,将青草水分烘干,干燥温度如为 50～70℃,需 5～6h,如为 120～150℃,经 5～30min 完成干燥。将未经切短的青草置于浅箱或传送带上,送入干燥室(炉)干燥。所用热源多为固体燃料,浅箱式干燥机每日生产干草 2 000～3 000kg,传送带式干燥机生产量为 200～1 000kg/h。

(4)高温快速干燥法:利用液体或煤气加热的高温气流,可将切碎成 2～3cm 长的青草在数分钟甚至数秒钟内使其含水量从 80%～90%降到 10%～12%,此法多用于工厂化生产草粉、草块。虽然有的烘干机内热空气温度可达到 1100℃,但牧草的温度一般

不超过 $30\sim35$℃,青草中的养分可以保存 $90\%\sim95\%$,其消化率,特别是蛋白质消化率并不降低。鲜草在含有可蒸发水分的条件下,草温不会上升到危及消化率的程度,只有当已干的草继续处在高温下,才可能发生消化率降低和产品炭化的现象。

3. 调制干草过程减少损失的方法

干草调制过程的翻草、搂草、打捆、搬运等生产环节的损失不可低估,而其中最主要是富含营养物质的叶片损失最多,减少生产过程中的物理损失是调制优质干草的重要措施。

(1)减少晾晒损失:要尽量控制翻草次数,含水量高时适当多翻,含水量低时可以少翻。晾晒初期一般每天翻 2 次,半干草可少翻或不翻。翻草宜在早晚湿度相对较大时进行,避免在 1 天中的高温时段翻动。

(2)减少搂草打捆损失:搂草打捆最好同步进行,以减少损失。目前,多采取人工一次打捆方式,把干草从草地运到储存地、加工厂,再行打捆、粉碎或包装。为了作业方便,首次打捆以 15kg 左右为宜,搂成的草堆应以此为标准,避免草堆过大,重新分摘造成落叶损失。搂草和打捆要避开高温、干燥时段,应在早晚进行。

(3)减少运输损失:为了减少在运输过程中落叶损失,特别是豆科青干牧草,一定要打捆后搬运,打捆后可套纸袋或透气的编织袋,减少叶片损失。

(四)青干草的品质鉴定

1. 质量鉴定

(1)含水量及感官评定:青干草的最适含水量应为 $15\%\sim17\%$,适于堆垛永久储藏,用手成束紧握时,发出沙沙响声和破裂声,草束反复折曲时易断,搓揉的草束能迅速、完全地散开,叶片干而卷曲;青干草含水量为 $17\%\sim19\%$ 时也可以较好的保存,用手成束紧握时无干裂声,只有沙沙声,草束反复折曲不易断,搓揉的草束散开缓慢,叶片有时卷曲;青干草含水量为19%～20%堆垛储藏时,会发热,甚至起火,用手成束紧握时无清脆的响声,容易拧成紧实而柔韧的草辫,拧搓时不折断;青干草含水量在23%以上时,不可堆垛储藏,揉搓时没有沙沙响声,多次折曲草束时,折曲处有水渗出,手插入草中有凉感。

(2)颜色、气味:绿色越深,营养物质损失越少,质量越好,并具有浓郁的芳香味,如果发黄,且有褐色斑点,无香味,列为劣等。如果发霉变质有臭味,则不可饲用。

(3)植物组成:在干草组成中,如豆科草的比例超过5%～10%时为上等,禾本科草和杂草占80%以上为中等,不可食杂草占10%～15%则为劣等,有毒有害草超过1%的不可饲用。

(4)叶量:叶量越多,说明青干草养分损失越少,植株叶片保留95%以上的为优等,叶片损失10%～15%的为中等,叶片损失15%以上时为劣等。

(5)含杂质量:干草中夹杂土、枯枝、树叶等杂质量越少,品质越好。

2. 综合感官评定分级

我国目前无统一标准,可参考内蒙古自治区干草等级标准。

一级:枝叶鲜绿或深绿色,叶及花序损失不到5%,含水量15%～17%,有浓郁的干草香味,但再生草调剂的优良干草,香味较淡。

二级:绿色,叶片及花序损失不到10%,有香味,含水量15%～17%。

三级:叶色发黑,叶片及花序损失不到15%,有干草香味,含水量15%～17%。

四级:茎叶发黄或发白,部分有褐色斑点,叶片及花序损失大于 15％,含水量 15％～17％,香味较淡。

五级:发霉,有臭味,不可饲用。

(五)青干草的储藏与管理

合理储藏干草,是调制干草过程中的一个重要环节,储藏管理不当,不仅致使干草的营养物质要遭到重大损失,甚至可能发生草垛漏水霉烂、发热,引起火灾等严重事故,给肉牛生产带来极大困难。

1. 青干草的储藏方法

(1)露天堆垛储藏:垛址应选择地势平坦干燥,排水良好的地方,同时要求离牛舍不宜太远。垛底应用石块、木棍、秸秆等垫起铺平,高出地面 40～50cm,四周有排水沟。垛的形式一般采用长方形和圆形两种,无论哪种形式,其外形均应由下向上逐渐扩大,顶部又逐渐收缩成圆形,形成下小、中大、上圆的形状。

①长方形草垛:干草数量多,又较粗大宜采用长方形草垛,这种垛形暴露面积少;养分损失相应地较轻。

草垛方向,应与当地冬季主风方向平行,一般垛底宽 3.5～4.5m,垛肩宽 4.0～5.0m,顶高 6.0～6.5m,长度视贮草量而定,但不宜少于 8.0m。堆垛的方法,应从两边开始往里逐层堆积,分层踩实,务必使中间部分稍稍隆起,堆至肩高时,使全堆取平,然后往里收缩,最后堆积成的 45°倾斜的屋脊形草顶,使雨水顺利下流,不致渗入草垛内。

长方形草垛需草量大,如一次不能完成,也可从一端开始堆垛,并保持一定倾斜度,当堆到肩部高时,再从另一端开始,同样堆到肩高两边取齐后收顶。封顶时可用麦秸或杂草覆盖顶部,最后用草绳或泥土封压,以防大风吹刮。

②圆形垛:干草数量不多,细小的草类宜采用圆垛。和长方形

草垛相比,圆垛暴露面积大,遭受雨雪阳光侵袭面也大,养分损失较多。但在干草含水量较高的情况下,圆垛由于蒸发面积大,发生霉烂的危险性也较少。

圆垛的大小一般底部直径 3.0~4.5m,肩部直径 3.5~5.5m,顶高 5.0~6.5m,堆垛时从四周开始,把边缘先堆齐,然后往中间填充,务使中间高出四周,并注意逐层压紧踩实,垛成后,再把四周乱草耙平梳齐便于雨水下流。

(2)草棚堆垛:气候潮湿或有条件的地方可建造简易干草棚,以防雨雪、潮湿和阳光直射。这种棚舍只需建一个防雨雪的顶棚,以及防潮的底垫即可。存放干草时,应使棚顶与干草保持一定距离,以便通风散热。

2. 防腐剂的使用

要使调制成的青干草达到合乎储藏安全的指标(含水量 17%以下),生产实践中是很困难的。为了防止干草在储藏过程中因水分过高而发霉变质,可以使用防腐剂。应用较为普遍的有丙酸和丙酸盐、液态氮和氢氧化物(氨或钠)等。目前丙酸应用较为普遍。液态氮不仅是一种有效的防腐剂,而且还能增加干草中氮的含量。氢氧化物处理干草不仅能防腐,而且能提高青干草消化率。

3. 干草储藏应注意事项

(1)防止垛顶漏雨:干草堆垛后 2~3 周,一般会发生坍陷现象,必须及时铺好结顶,并用秸秆等覆盖顶部,防止渗进雨水造成全垛霉烂。盖草的厚度应达 7~8cm,应使秸秆的方向顺着流水的方向,如能加盖两层草苫则防雨能力更强。

草垛储存期长,也可用草泥封顶,既可防雨又能压顶,缺点是取用不便。

(2)防止垛基受潮:干草堆垛时,最好选一地势较高地段作垛基。如牛舍附近无高台地,应该在平地上筑一堆积台。台高于地面 30cm,四周再挖 30cm 左右深宽的排水沟,以免雨水浸渍草垛。不能把干草直接堆在土台上,垛基还必须用树枝、石块、乱木等垫起 20cm 以上,避免土壤水分渗入草垛,发生霉烂。

(3)防止干草过度发酵:干草堆垛后,营养物质继续发生变化,影响养分变化的主要因素是含水量,凡是含水量在 17% 以上的干草,植物体内的酶及外部的微生物仍在进行活动,适度的发酵可以使草垛更紧实,并使干草产生特有的香味。但过度的发酵会产生高温,不仅无氮浸出物水解损失,蛋白质消化率也显著降低。干草水分下降到 20% 以下时堆垛,才不致有发酵过度的危险,如果堆垛时干草水分超过 20%,则垛内应留出通风道,或纵贯草垛,或横贯草垛,20m 长的垛留两个横道即可。通风道用棚架支撑,高约 3.5m,宽约 1.25m,木架应扎牢固,防止草垛变形。

(4)防止草垛自燃:过湿的干草,储存的前期主要是发酵而产生高温,后期则由于化学作用,产生挥发性易燃物质,一旦进入新鲜空气即可引起燃烧。如无大量空气进入,则变为焦炭。要防止草垛自燃,首先应避免含水量超过 25% 的湿草堆垛。要特别注意防止成捆的湿草堆入垛内。过于幼嫩的青草经过日晒后表面上已干燥,实际上茎秆仍然很湿,混入这类草时,往往在垛内成为爆发燃烧的中心。其次要求堆垛时,在垛内不应留下大的空隙,使空气过多。如果在检查时已发现堆温上升至 65℃,应立即采取穿洞降温,如穿洞后温度继续上升,则应立即倒垛,否则反而促进自燃。

(5)干草的压捆:散开的干草储存越久,品质越差,且体积很大,不便运输。在有条件的地方可用捆草机压成 30~50kg 的草捆。用来压捆干草的含水量不得超过 17%,压捆的干草密度为 350~400kg/m³。压捆后可长久保持绿色和良好的气味,不易吸水,且便于运输,比较安全。

(六)干草垛的估算

测定草垛的重量,一般采用一定的公式,先求出草垛的近似体积(以立方米表示),然后乘以每立方米干草的重量,即得出该草垛的总重量。

计算草堆体积与根据草堆的高度、宽度、形式的关系而求得的"因数"有关,一定形式的草堆体积只能选用与之相适应的"因数"来计算。草堆的形式如图 6—3 所示。

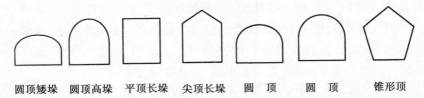

圆顶矮垛　圆顶高垛　平顶长垛　尖顶长垛　圆 顶　　圆 顶　　锥形顶

　1.长方形草垛　　　　　　　　2.圆形草垛

图 6—3

1. 长方形草垛体积的估算

根据草堆形式(如图)用如下公式之一即可求出近似体积。

(1)圆顶长方形矮垛(宽度大于高度)的体积

　=(0.52×跨度-0.44×宽度)×宽度×长度

(2)圆顶长方形高垛(高度大于宽度)的体积

　=(0.52×跨度-0.46×宽度)×宽度×长度

(3)平顶长方形草垛的体积

　=(0.56×跨度-0.55×宽度)×宽度×长度

(4)尖顶长方形草垛(棚架式)的体积

　=(跨度×宽度/4)×长度

测量方法:

跨度:用测绳自草垛一边地面,横过垛顶到另一边地面的长度。测量时要注意测绳方向应与草垛长度呈垂直,并要求在草垛两端及中间共测三个部位取其平均值。

长度：在草垛的两侧地面测量，取两个部位的平均值。

宽度：在草垛的两端测底部和肩部共四个部位测量，取其平均值。

求得这三个数值后，代入上列公式之一，即得该草垛的总体积。

2. 圆形草垛体积的估测

按圆形草垛形式可应用下述公式计算其体积。

(1)圆顶：体积＝(0.04×跨度－0.012×圆周)×圆周^2

(2)尖顶：体积＝(圆周÷6)^2×(跨度÷2)

测量方法：跨度的测量方法与测长方形草垛相似，测绳必须通过垛顶中心，测两个部位取其平均值。

圆周的测量方法：圆顶草垛只须在离地一米高处测量圆周的长度，而尖顶圆垛，应在底部与肩部分别测定，取二值得平均值。

求出草垛总体积后，应再乘 1m³ 体积干草的重量，才能得出草垛的总重量。每 1m³ 干草的重量，因植物学成分、堆垛时间、干草刈割期及贮藏方法等的不同而有差异。简单的测法，是从草垛中多点取样，测定每立方米体积的干草重后再取其平均值。一般每立方米干草重量：新堆积的为 50～80kg；堆积 1 个月后为 70～90kg；半年之后为 90～110kg。每立方米干草重量如表 6-9。

表 6-9　每立方米干草重(kg)

草场类型及牧草种类	堆垛时间(天)				
	3	5	7	20	30
干草原羊草—丛生禾草割草场	40.8	45.6	66.8	71.9	83.1
草甸化草原—羊草割草场	43.8	49.7	74.4	75.0	89.5
草甸化草原—杂类草割草场	42.8	49.0	71.1	74.5	86.5
草甸化草原艾菊—杂类草割草场	42.0	48.4	70.2	72.6	84.7
荒漠化草原针茅—丛生小禾草	38.0	42.2	64.2	66.9	75.0

三、青贮的调制技术

青贮(俗称腌草)是将新鲜的青饲料铡短切碎,装入青贮窖或青贮池内,通过踩踏压实、封埋措施,造成厌氧条件,利用微生物的发酵作用,达到长期保存青饲料的一种方法。一般大部分植物都可以做青贮。

(一)青贮制作原理及其优缺点

1. 青贮制作原理

青贮是在厌氧的状态下,利用植株内碳水化合物、可溶性糖和其他养分,让乳酸菌大量繁殖,进行发酵,从而将饲料中的淀粉和可溶性糖变成乳酸,当乳酸积累到一定浓度(H^+离子浓度上升到$100\mu mol/L$,pH 降到 4 以下)后,抑制其他腐败菌和霉菌的生长,最后乳酸菌本身也停止生长,从而把青饲料中的养分长时间地保存下来而得到的一种优质粗饲料——青贮饲料。

2. 青贮的优缺点

(1)可提高作物的利用率。整株植物都可以用作青贮,比单纯收获籽实的饲喂价值高 30%～50%,营养价值高。

(2)与晒成的干草相比,其质地柔软、养分损失少。一般晒制的干草养分损失 30%～50%,而青贮方法只损失 10%。

(3)可增强食欲,提高采食量。由于微生物的作用,青贮饲料有酸甜的醇香味,适口性强,且具有轻泻作用。

(4)不仅能有效地保存原作物秸秆的营养成分,且能有效地杀死秸秆中的病菌、虫卵、破坏杂草种子的萌发能力,减少其对家畜及下茬农作物的危害。

(5)青贮饲料制作简单,易保管、成本低、四季皆可使用,适宜在农村养殖户中推广使用。

(6)建青贮窖池的一次性投资大。

(7)维生素 D 含量低。

(二)青贮饲料制作的条件及其成功原则

1. 青贮饲料制作的条件

保证青贮饲料制作成功,必须满足如下条件:

(1)缺氧程度:在青贮发酵的第一阶段,窖池内的氧气越多,植物原料呼吸时间就越长,不仅消耗大量糖,还会导致窖中温度升高。青贮窖池适宜温度为 20℃,最高不超过 37℃,温度越高,营养物质损失越大,若温度上升到 38～49℃就会导致饲料变质,营养物质损失近 20％～40％。若窖内氧气多,还会使好气性细菌很快繁殖,使青贮原料腐败、降低品质。有氧环境不利于乳酸菌增殖及乳酸生成,影响青贮质量。所以青贮原料一定要铡短(利于压实,减小原料空隙)。入窖时层层踩踏压实,造成无氧环境。

(2)含糖量:青贮原料要有一定的含糖量,一般不应低于 1.0％～1.5％,这样才能保证乳酸菌活动。含糖多的玉米秸和禾本科青草易于青贮,若用含糖量不足的原料青贮时(如苜蓿等豆科草)应与含糖高的青贮原料混合青贮或加含糖高的青贮添加剂效果好。

(3)含水量:为造成无氧环境要把原料压实,而因水分含量过低(低于 60％),不容易压实,所以青贮原料一般要求适宜的含水量为 65％～70％,最低不少于 55％。含水量也不可过高,否则使青贮原料腐烂,因为压挤结成黏块易引起酪酸发酵。

2. 青贮饲料制作成功的原则

保证青贮饲料制作成功,必须把握好以下原则:

(1)原料要切碎:一般以 3～4cm 为宜,便于压实,提高青贮设备的利用率。同时,切碎后渗出的液汁中有一定量的水分,有利于乳酸菌的发酵,提高青贮饲料的品质。

(2)装填要压实:装填前,要先将窖底清理打扫干净,铺一层10~15cm 的干草,以便吸收青贮的汁液。再将切碎的原料逐层平摊、来回踩踏压实,特别注意窖壁四周边拐角,使其弹力基本消失。

(3)窖顶要封严:装满后,清理窖墙周边,或在上面铺一层约20cm 的干草,再盖一层塑料薄膜,最后压土厚 30~40cm。同时,在窖周边修好排水沟,防止雨水渗入。几天后,原料下沉,窖顶会出现下陷、裂缝,应及时覆土压实,防止透气渗水。

(三)青贮窖和青贮原料的准备

1. 青贮窖的准备

青贮窖有地上式、地下式和半地下式三种。地下式适用地下水位低,土质坚硬地区。半地下式使用地下水位高或土质较差的地区。每种方式的窖底应距地下水位 0.8m 以上,应建在离牛舍较近的地方,地势要干燥,易排水,切忌在低洼处或树荫下建窖,以防漏水、漏气和倒塌。

地下窖一般深度为 1.5~2.0m;半地下窖的地下深度为0.5~1.0m,地上部分为 1.5~1.0m。窖壁成倒梯形,倾斜度为每深1.0m,伤口外倾 10cm 左右。窖以长方形为好,窖的大小可根据饲养的牛群规模、储量、地形而定。

窖壁要光滑,如果利用时间长,最好用水泥抹光做成永久性窖。长方形的窖四角做成圆形,便于青贮料下沉,排除残留空气。半地下窖内壁上下要垂直,窖底像锅底。先把地下部分挖好,再用石料等向上垒起,地上部分窖壁厚不应小于 30~40cm,以防透气。

青贮窖容积计算及青贮料重。青贮窖的宽深取决于每日饲喂的青贮量,通常以每日取料的挖进量不少于 15cm 为宜。在宽度和深度确定后,根据青贮需要量,计算出青贮窖的长度,也可根据窖的容积和青贮原料容重计算出青贮饲料的重量。常见几种青贮原料的容重见表 6-10。

表 6-10　常见几种青贮原料容重　（kg/m³）

原料	铡得细碎		铡得较粗	
	制作时	利用时	制作时	利用时
玉米秸	450~500	500~600	400~450	450~550
叶根茎类	600~700	800~900	550~650	750~850

窖长(m)=青贮需要量(kg)÷{[上口宽(m)+下底宽(m)]÷2×深度(m)×每立方米原料重量(kg)}

圆形窖容积(m³)=3.14×[青贮窖直径(m)÷2]²×青贮窖的高度(m)

长方形窖容积(m³)=[上口宽(m)+下地宽(m)]÷2×窖深(m)×窖长(m)

计算青贮窖的容积公式:青贮窖容积=(肉牛饲养数量×日饲喂青贮量×饲喂青贮料天数)÷青贮窖容重

2. 青贮原料的准备

几种常用青贮原料种类和适宜收割期见表 6-11。含水量超过 70% 时应将原料适当晾晒到含水量 60%~70%。青贮原料要切碎,以便压实和取用。切断的长度,玉米等较粗的作物秸秆最好不超过 4cm,细茎牧草以 7~8cm 为适宜。

表 6-11　常用青贮原料适宜收割期

青贮原料种类	适宜收割期	含水量(%)
全株玉米(带果穗)	乳熟~腊熟期	65
玉米棒收后的秸秆	籽粒成熟立即收割	50~60

续表

青贮原料种类	适宜收割期	含水量(%)
豆科牧草及野草	现蕾期及初花期	70～80
禾本科牧草	孕穗至抽穗期	70～80
马铃薯茎叶	收薯前 1～2 天	80

(四)玉米青贮制作要点及发酵成熟过程

1. 玉米青贮饲料的制作要点

制作青贮饲料是一项突击性的工作。在青贮的过程中要连续作业,最好一次完成,中间不能停,在当天装满并封严。以避免青贮原料的营养损失,导致青贮失败。概括起来就是要做到以下"六快":

(1)快割:掌握适宜的收割期,组织劳力,集中收割。

(2)快运:事先联系或检修车辆,收后立即装车拉运。

(3)快铡:最好用青贮铡草机,这样效率高省时省力。

(4)快装:边铡边装,缩短原料在空气中的暴露时间。

(5)快压:边装边踩踏压实,特别注意踩实周边拐角。

(6)快封:装满后立即封顶。并注意观察窖顶下陷等。

2. 青贮发酵成熟的过程

整个青贮过程持续 2～3 周,一般可分为以下 3 个阶段:好氧阶段→厌氧阶段→稳定阶段:

(1)好氧阶段:活的植物细胞继续呼吸,消耗青贮窖(池)内的氧气。植株内的酶和好氧菌发酵可溶性的糖类,产生热、水和二氧化碳。

(2)厌氧阶段:氧气被消耗完后形成厌氧环境。在这种厌氧条件下,厌氧菌——乳酸菌迅速繁殖生产乳酸、乙酸等进行微生物发酵。由于乳酸的生成,使氢离子浓度升高(pH<4),抑制了微生物的发酵,乳酸菌本身也被抑制。青贮发酵过程结束。这时乳酸占干物质的4%～10%。

(3)稳定阶段:当氢离子浓度>63.09μmol/L(pH<4.2)时,青贮就处于稳定阶段,只要不开窖,就可以储存数年。

(五)玉米青贮类型及营养价值

1. 全株玉米青贮

全株玉米中籽实和叶片的营养价值高。含有大量的粗蛋白质和可消化蛋白质,而叶片中富含胡萝卜素。其全株玉米青贮的营养价值是玉米籽实的1.5倍。

2. 玉米秸秆青贮

玉米秸秆(掰棒后)青贮的营养价值是全株青贮营养价值的30%。

3. 玉米籽实青贮

干物质含量达70%,占全株玉米营养价值的61%～66%。

(六)特殊青贮饲料的制作

1. 低水分青贮

低水分青贮亦称半干青贮,其干物质含量比一般青贮饲料高1倍多,具有干草和青贮料两者的优点,无酸味或微酸,适口性好,色深绿,养分损失少。近些年来,广泛采用半干青贮,将难青贮的一些蛋白质含量高、糖量低的豆科牧草和饲料作物进行半干青贮。其基本原理是形成对微生物的生理干燥和厌氧环境,即把收割下来的青贮原料晾晒至含水量为50%左右时进行青贮。由于原料处于低水状态,形成细胞的高渗透压,接近生理干燥状态,微生物的生命活动被抑制,使发酵过程缓慢,蛋白质不被分解,有机酸形成数量少,因而能保存较多的营养成分。

半干青贮的调制方法与一般青贮的主要区别是青贮原料刈割后不立即铡碎,而要在田间晾晒至半干状态。晴朗的天气一般晾晒 24～55h,即可达到 45%～55% 的含水量,有经验者可凭感官估测,如苜蓿青草当晾晒至叶片卷缩至筒状、小枝变软不易折断时其水分含量约 50%。当青贮原料已达到所要求的含水量时即可青贮。其青贮方法、步骤与一般青贮相同。但由于半干青贮原料含水量低,所以原料要铡的更细碎,压的应更紧实,封埋的应更严、更及时。因此,一定要做到连续作业,必须保证青贮高度密封的厌氧条件,才能获得成功。

(1)半干青贮主要优点表现在以下几个方面

①扩大了制作青贮原料的范围,一些原来被认为难以青贮的豆科植物,均可调制成优良的半干青贮料。

②与制作干草相比,制作半干青贮的优点是叶片损失少(指豆科),不易受雨淋影响。一般在收割期多雨或阴湿地区推广半干青贮,如在二茬苜蓿收割时正值雨季,晒制干草常遇雨霉烂,利用二茬苜蓿苜蓿制作半干青贮是解决这一问题的好办法。

③与一般青贮相比,半干青贮由于水分含量低,发酵过程缓慢微弱,可抑制蛋白质的分解。味道芳香,酸味不浓,丁酸含量少,适口性好,采食量大。

(2)缺点:制作半干青贮需用密封窖,因此成本较高。如果密封较差,则比一般青贮更易损坏。

2. 拉伸膜青贮

这是草地青贮的最新技术。此项技术由英国发明,现已推广到世界各国。此技术全部用机械化作业,其操作程序为:割草→打捆→出草捆→缠绕拉伸膜。采用一种特殊的高强度塑料拉伸膜将打成高密度的青贮草捆裹包起来（缠绕 3～4 层），形成厌氧发酵环境，20～30 天即可完成乳酸菌发酵过程。其优点：主要是不受天气变化影响，保存时间长（一般可存放 3～5 年），使用方便。尤其应用于大面积苜蓿青贮效果较理想。

3. 添加剂青贮

在青贮过程中，合理使用青贮饲料添加剂，可以改变因饲料的含糖量及含水量的不同对青贮品质的影响。增加青贮原料中有益微生物的含量，可提高原料的利用率及品质。

（1）添加乳酸菌：可以直接添加乳酸菌菌种（目前主要使用的是德氏乳酸杆菌），促进乳酸菌繁殖，在短时间内达到足够数量产生大量乳酸。一般添加量为每吨青贮原料加乳酸培养物 0.5L 或乳酸剂 450g。

（2）添加酶制剂：添加酶制剂（淀粉酶、纤维素酶、半纤维素等），酶制剂可使青贮原料中的部分多糖水解成单糖，有利于乳酸发酵，不仅能增加发酵糖的含量，而且能改善饲料的消化率。豆科牧草青贮，按青贮原料的 0.25% 添加酶制剂，如果酶制剂添加量增加到 0.5%，青贮原料中含糖量可高达 2.48%，有效的保证乳酸生产。

（3）添加糖和碳水化合物：可以添加糖糟（添加量 1%～2%）、葡萄糖（添加量 1%～2%）、谷物（添加量 5% 左右）、甜菜渣（添加量 5%～10%）等来补充青贮原料中的碳水化合物和发酵糖的不足。

（4）加酸青贮：加入适量酸类，可补充自然发酵产生的酸度，使 pH 迅速由 6 降至 5 以下，能抑制腐败菌和霉菌的生长，促使青贮原料迅速下沉。在良好的条件下产生大量乳酸，进一步使 pH 降至 4 左右，保障青贮效果。加酸制成的青贮原料，颜色鲜绿，具香味，品质高，蛋白质损失仅 0.3%～0.5%（一般青贮蛋白质损失为

1%～2%）。一般加酸青贮对加工机械和皮肤有腐蚀作用,要小心操作。常用的有以下几种。

①甲酸:豆科牧草添加 0.5%,禾本科牧草添加 0.3%,一般不用于玉米青贮。

②苯甲酸:按青贮料的 0.3% 添加,一般先用乙醇溶解后再添加。

③丙酸:按青贮料的 0.5%～1.0% 添加,对二次发酵有较好的预防作用。

④甲醛:添加甲醛能有效地抑制杂菌,发酵过程没有腐败菌的活动,特别是能抑制蛋白质分解和瘤胃中的降解,增加过瘤胃蛋白。甲醛的添加量为 0.3%～0.7%,如果和甲酸合用比单独添加效果更好。

(5)添加营养物质青贮:直接在青贮过程中添加各类营养物质能提高青贮的饲用价值。

尿素和磷酸脲属于非蛋白氮添加剂,一般在青贮料中添加 0.3%～0.5%,使普通玉米青贮的粗蛋白含量由 6.5% 提高到 11.7%。在青贮中添加 0.35%～0.4% 的磷酸脲,不仅增加青贮料的氮、磷含量,并能使青贮的 pH 较快达到 4.2～4.5,有效地保存青贮料中的养分。

在玉米青贮中可以通过添加无机盐类增加矿物质元素。在玉米青贮中添加磷酸钙既可补磷又可补钙,添加量为 0.3%～0.5%。在尿素玉米青贮中添加 0.5% 硫酸钠,可以促进反刍动物对非蛋白氮的有效利用。还可以按青贮原料总量,添加 0.2%～0.5% 的食盐提高适口性。

为提高饲喂效果,可在每吨青贮原料中添加硫酸铜 2.5g,硫酸锰 5.0g,硫酸锌 2.0g,氯化钴 1.0g,碘化钾 0.1g,硫酸钠 0.5kg。

(七)青贮饲料的开窖与取用饲喂

　　一般青贮在制作 45 天后(温度适宜 30 天)即可开始取用,长方形窖应从一端开始取料,从上到下,直到窖底。每次取量,应以当天喂完为宜。每次取料层应在 15cm 以上。切勿全面打开,防止暴晒、雨淋、结冰,严禁掏洞取料。每天取后及时覆盖塑料薄膜或草帘,防止二次发酵。如果青贮制作符合要求,只要不启封窖,青贮料可保存多年不变质。

　　饲喂时,应先喂干草料,再喂青贮料。一般按牛每百 kg 体重日喂 5～8kg。开始饲喂时,特别是犊牛,喂量不宜过大,应从0.5kg 开始,每日逐渐增加。青贮玉米有机酸含量较大,有轻泻作用,母畜怀孕后不宜多喂,以防造成流产。

(八)青贮质量的鉴定

1. 感官鉴定

　　主要根据色、香、味和质地判断青贮料的品质。优良的青贮料颜色黄绿色或青绿色,有光泽,气味芳香,呈酒酸味,表面湿润,结构完好,疏松,容易分离。不良的青贮料颜色黑或褐色,气味刺鼻,腐烂,黏滑结块,不能饲喂。按上、中、下三个等级鉴定如下:

　　(1)上等:黄绿色或绿色,酸味浓,有酒香味,柔软稍湿润。

　　(2)中等:黄褐色或黑绿色,酸味中等或较少,酒香味淡,柔软稍干。

　　(3)下等:深褐色或黑色,酸味很少,有难闻异臭味,干燥松散或黏结成块。不宜饲喂,以防中毒。

2. 实验室鉴定

　　实验室测定 pH、有机酸和氨态氮等。pH 在 4.2 以下,质量优良(半干青贮除外);pH 在 4.3～5.0,质量中等;pH 在 5.0 以上,质量劣等。优质青贮的乳酸含量为 1.2%～1.5%,而且乙酸含量少,不含丁酸。氮态氮含量低于 11%。

　　农业部现已颁布青贮饲料质量评定标准(试行)见表 6-12。

表 6-12　青贮饲料质量评定标准(一)

青贮苜蓿(包括青贮紫云英)

项目	pH		水分		气味		色泽		质地	
	总配分	25	%	20	嗅觉	25	视觉	20	手感	10
优等	3.6		70	20	醇酸味舒适感	25～18	亮绿色	20～14	松散软弱不粘手	10～8
	3.7	25	71	19						
	3.8	21	72	18						
	3.9	18	73	17						
	4.0		74	16						
			75	14						
良好			76	13	酒酸味酸臭味	17～9	金黄色	13	较松散软弱	7～4
	4.1	17	77	12				12		
	4.2	14	78	11				11		
	4.3	10	78	10				10		
			80	8				8		
一般	4.4	8			刺鼻酸味不舒适感	8～1	淡黄褐色	7～1	略带粘性	3～1
	4.5	7	81	7						
	4.6	5	82	6						
	4.7	4	83	5						
	4.8	3	84	3						
	4.9	1	85	1						
劣等	5.0+	0	86+	0	腐败味霉烂味	0	暗褐色	0	腐烂发黏结块	0

注:pH 用广泛试纸测定。

青贮饲料质量评定标准(二)

青贮玉米

项目	pH		水分		气味		色泽		质地	
	总配分	25	％	20	嗅觉	25	视觉	20	手感	10
优等	3.4	25	70	20	醇酸味舒适感	25 ～ 18	量黄	20 ～ 14	松散软弱且不黏手	10～ 8
	3.5	23	71	19						
	3.4	21	72	18						
	3.7	20	73	17						
	3.8	18	74	16						
			75	14						
良好	3.9	17	76	13	淡酸味	17 ～ 9	褐黄色	13 ～ 8	较松散软弱	7～ 4
	4.0	14	77	12						
	4.1	10	78	11						
			78	10						
			80	8						
一般	4.2	8	81	7	刺鼻酸味	8 ～ 1	褐黄色	7 ～ 1	略带粘性	3～ 1
	4.3	7	82	6						
	4.4	5	83	5						
	4.8	4	84	3						
	4.6	3	85	1						
	4.7	1								
劣等	4.8+	0	86+	0	腐败霉烂味	0	黑褐色	0	发黏结块	0

注:pH用广泛试纸测定。

各种青贮饲料的评定得分与等级划分标准

等级	优等	良好	一般	劣质
得分	100～76	75～51	50～26	25 以下

四、秸秆饲料的加工调制技术

我国农作物秸秆年产约 5.7 亿吨,占全世界秸秆总量的 20%～30%。秸秆的用途很多,但经过加工调制后饲喂肉牛,通过 "过腹还田"是最有效、最经济、最易行的利用方式之一。牛对秸秆 类粗饲料消化能力强,适合于农区养殖,这对于充分利用农作物秸 秆,解决环境污染,增加农民收入有着重要意义。

(一)粉碎、铡短处理

秸秆经粉碎、铡短处理后,体积变小,便于采食和咀嚼,可增加 采食量 20%～30%。由于粉碎或切碎增加了秸秆与瘤胃微生物 接触面积,利于微生物发酵,但由于在瘤胃中停留时间较短,养分 未充分利用便进入真胃和小肠,使消化率有所下降。但采食量增 加会弥补消化率略有下降的不足,使牛总可消化养分的摄入量增 加,牛生产性能提高 20%,尤其在低精料饲养条件下,饲喂效果明 显改进。

(二)热喷处理

热喷是近年来采用的一项新技术,主要设备为压力罐,工作原 理包括热效应和机械效应的作用,秸秆被撕成乱麻状,秸秆结构重 新分布,从而对粗纤维有降解作用。经热喷处理的鲜玉米秸,可使 粗纤维由 30.5%降低到 20.14%,热喷处理干玉米秸,可使粗纤维 含量由 33.4%降低到 27.5%。热喷技术能使麦秸消化率达到 75.12%,玉米秸达 88.02%,稻草达 64.42%,并能改善牛瘤胃微 生态环境,提高牛采食量和生长速度。

热喷处理时,秸秆含水量 25%～40%,经压力 $3.9×10^5$～ $1.2×10^5$Pa、温度 145～190℃的高压罐内处理 1～15min,使秸秆

纤维细胞间木质素溶解,氢键断裂,纤维结晶度降低。当突然喷爆时,细胞间的木质素就会熔化,同时发生若干高分子物质的分解反应;再通过喷爆的机械效应,应力集中于熔化木质素的脆弱结构区,乃至壁间疏松,细胞游离。因此,经热喷处理过的秸秆可提高牛的采食量和消化率。

(三)揉搓处理

揉搓处理比铡短处理秸秆又进了一步,经揉搓的玉米秸成柔软的丝条状,增加了适口性。对于肉牛,揉碎的玉米秸更是一种廉价、适口性好的粗饲料。目前,揉搓机正在逐步取代铡草机。

(四)秸秆颗粒化

根据肉牛营养需要标准,将粉碎的秸秆与精料、干草混合制成颗粒,便于机械化饲养,减少饲料浪费。同时制粒会影响日粮成分的消化行为。用颗粒化秸秆混合料喂育肥牛比用同种散混合料增重提高 20%～25%。秸秆颗粒料在国外应用已很多,随着饲料加工业和秸秆畜牧业的发展,秸秆颗粒饲料在我国也已得到发展,并将会逐渐普及。

(五)氨化处理

1. 氨化处理原理

秸秆中含氮量低,秸秆氨化处理时与氨相遇,其有机物就与氨发生氨解反应,打断木质素与半纤维素的结合,破坏木质素—半纤维素—纤维素的复合结构,使纤维素与半纤维素被解放出来,被微生物及酶分解利用。氨是一种碱,处理后使木质化纤维膨胀,增大空隙度,提高渗透性。在反刍动物的瘤胃,微生物能同时利用饲料中的蛋白质和非蛋白氮合成微生物蛋白,但是直接利用非蛋白氮,因在瘤胃中分解速度过快,特别是在饲料可发酵能量不足的情况下,不能充分被微生物利用,多余的氮则被胃壁吸收,有中毒的危险。通过氨化处理秸秆,可延缓氨的释放速度,促进瘤胃内微生物的活动,进一步提高秸秆的营养价值、消化率和适口性。氨化能使秸秆含氮量增加 1~1.5 倍,粗纤维降低 10% 左右,牛对秸秆采食量和消化率提高 20% 以上。

2. 氨化方法

包括堆垛氨化法、窖贮氨化法、袋贮法等。目前国内外最常用是堆垛氨化法,氨化效果以液氨最佳,但操作时应注意安全,尿素仅次于液氨,比碳铵要好,来源广泛。

3. 氨化原材料

(1)秸秆:清洁未霉变的麦秸、玉米秸、稻草等,一般铡成 2~3cm 长。

(2)液氨(无水氨)、氨水、尿素任选一种。液氨为市售通用液氨,用氨瓶或氨罐装运;氨水为市售工业氨水,无毒、无杂质,含氮量 15%~17%,用密闭的容器,如胶皮口袋、塑料桶、陶瓷罐等装运;尿素为市售农用尿素,含氮量 46%,用塑料袋密封包装。

4. 调制技术

(1)堆贮法:适用于液氨处理。

选择向阳、高燥、平坦、不受人畜危害的地方。先将 6m×6m 塑料薄膜铺在地面上,在上面垛秸秆。草垛底面积为 5m×5m 为宜,高度接近 2.5m。把切碎的秸秆加水,使秸秆含水量达到 30% 左右。当秸秆码到 0.5m 高处,在其上面分别平放 2 根直径 10mm,长 4m 的硬质塑料管,在塑料管前端 2/3 长的部位钻若干个 2~3mm 小孔,以便充氨。后端露出草垛外面约 0.5m 长。通过胶管接上氨瓶,用铁丝缠紧。堆完草垛后,用 10m×10m 塑料薄膜盖严。四周留下 0.5～0.7m 宽的余头。在垛底部用一长杠将四周下的塑料薄膜上下合在一起卷紧,以石头或土压住,但输氨管露在外面。最后按秸秆重量 3% 的比例向垛内缓慢输入液氨。输氨结束后,抽出塑料管,立即将余孔堵严。注氨密封处理后,需经常检查塑料薄膜,发现破孔立即用塑料黏胶剂或胶带粘补封严。

(2)窖贮法:适用于尿素处理。

窖的建造与青贮窖相似,深不应超过 2m。氨化时,在窖内先铺一块 0.08～0.2mm 厚的塑料薄膜,将含水量 10%～13% 的铡短秸秆填入窖内,每填 30～50cm 厚,均匀喷洒尿素水溶液(浓度和用量为 3～5kg 尿素加水 40～50kg 溶解,喷洒在 100kg 秸秆上)并踩实。窖装满后用塑料薄膜盖好封严并覆土压实。

(3)袋贮法和缸贮法:袋贮法所用塑料袋根据饲养规模而定,国外大型圆筒状塑料氨化设施适合集约化生产。秸秆与尿素水溶液搅拌均匀后,放入袋中踩压踏实、扎口封严。为了防止老鼠咬,可在袋四周放置老鼠药,或把袋埋入土中。

缸贮法适用于尿素处理,其操作方法与窖贮法基本相同,只需要在缸口盖上塑料膜,压紧、封严即可。

5. 氨化的时间

氨化时间应根据气温和感观来确定,环境温度与所需反应时间密切相关,环境温度为 30℃ 以上,密封氨化 7 天;30～15℃,7～28 天;15～5℃,28～56 天;5℃ 以下,56 天以上。

6. 品质鉴定

品质良好的氨化秸秆,外观黄色或棕色。刚开垛(窖、袋)时氨味浓郁,放氨后气味糊香。质地柔软,不霉烂,不变质。实验室作分析测定,含氮量提高 1.0%～1.5%。品质低劣的氨化秸秆,外观灰色或灰白色,有刺鼻臭味,霉烂变质,不能饲喂。

7. 饲喂方法

饲喂前。一般经2~3天自然通风将氨味全部放掉,呈糊香味时,才能饲喂。如暂时不喂可不必开垛(窖、袋)封闭放氨。饲喂氨化秸秆时应先与正在饲喂的饲草如青绿(青贮)饲草、苜蓿青干草等搭配饲喂,由少到多,少给勤添,逐渐过度,1周后可相对衡定。氨化秸秆适口性好、进食用度快,采食量增加。据测定,牛对氨化秸秆的采食量比普通秸秆增加20%以上,应与精料(玉米、麸皮、饼粕类等)合理搭配饲喂。

(六)"三化"复合处理新技术

据研究(曹玉凤、李英等,1997),秸秆经"三化"复合处理,发挥了氨化、碱化、盐化的综合作用,弥补了氨化成本过高、碱化不宜久贮、盐化效果欠佳单一处理的缺陷。经实验证明,"三化"处理的麦秸与未处理组相比各类纤维都有不同程度的降低,干物质瘤胃降解率提高22.4%,饲喂肉牛日增重提高48.8%,单位增重饲料消耗(饲料/增重)降低16.3%~30.5%,而"三化"处理成本比普通氨化(3%~5%尿素)降低32%~50%,肉牛育肥经济效益提高1.76倍。

制作方法:将尿素、生石灰粉、食盐按比例放入水中,充分搅拌溶解,使之成为混合液。其处理液的配制见表6-13。

表6-13　秸秆"三化"处理液的配制

秸秆种类	秸秆重量(kg)	尿素用量(kg)	生石灰用量(kg)	食盐用量(kg)	添加水量(kg)	贮料含水量(%)
干麦秸	100	2	3	1	45~55	35~40
干稻草	100	2	3	1	45~55	35~40
玉米秸	100	2	3	1	40~50	35~40

此方法适合窖贮(土窖、水泥窖均可),也可用小垛法、塑料袋或缸贮法,其操作见氨化处理。

(七)秸秆微贮技术

秸秆微贮饲料就是在农作物秸秆中,加入微生物高效活性菌种——秸秆发酵活干菌,放入密封的容器(如水泥池、土窖)中贮藏,经一定的发酵过程,使农作物秸秆变成具有酸、香味、草食家畜喜食的饲料。

1. 微贮窖的建造

微贮的建窖和青贮(氨化)窖相似。也可选用青贮(氨化)窖。

2. 秸秆的准备

应选择无霉变的新鲜秸秆,麦秸铡短 2～5cm,玉米秸最好铡短 1cm 左右或粉碎(孔径 2cm 筛片)。

3. 复活菌种并配制菌液

根据当天预计处理秸秆的重量,计算出所需菌剂的数量,按以下方法配制。

(1)菌种的复活:在处理秸秆前取菌剂 3g 倒入 2kg 水中,充分溶解,然后在常温下放置 1～2 小时使菌种复活,复活好的菌剂一定以当天用完。

(2)菌液的配制:将复活好的菌剂倒入充分溶解的 0.8％～1.0％食盐水中拌匀,食盐水及菌液量的计算方法见表 6-14。

表 6-14　秸秆微贮菌液的配制

秸秆种类	秸秆重量(kg)	发酵菌用量(kg)	食盐用量(kg)	自来水用量(L)	贮料含水量(％)
稻麦秸秆	1 000	3.0	9～12	1 200～1 400	60～70

续表

秸秆 种类	秸秆 重量（kg）	发酵菌 用量（kg）	食盐 用量（kg）	自来水 用量（L）	贮料 含水量（%）
黄玉米秸	1 000	3.0	6～8	800～1 000	60～70
青玉米秸	1 000	1.5	—	适量	60～70

菌液对入盐水后，再用木棍搅匀，量大时可用潜水泵循环，使其浓度一致。这时就可以喷洒了。配好的菌液不能过夜，当天一定要用完。

4. 装窖

土窖应先在窖底和四周铺上一层塑料薄膜，在窖底先铺放20cm 厚的秸秆，均匀喷洒菌液，压实后再铺秸秆 20cm 压实。大型窖要采用机械化作业，用拖拉机压实，喷洒菌液可用潜水泵，一般扬程 20～30m、流量 30～50L/min 为宜。在操作中要随时检查贮料含水量是否均匀合适，层与层之向不要出现夹层。检查方法：取秸秆用力握攥，指缝间有水但不滴下，水分为 60%～70% 最为理想，否则为过高或过低。

5. 加入精料辅料

在微贮麦秸和稻草时应加入 0.3% 左右的玉米粉、麸皮或大麦粉以利于发酵初期菌种生长，提高微贮质量。加精料辅料时应铺一层秸秆，撒一层精料粉，再喷洒菌液。

6. 封窖

秸秆分层压实直到高出窖口 100cm，再充分压实后，在最上面均匀撒上食盐（用量为每平方米 250g），再压实后盖上塑料薄膜。食盐的目的是确保微贮饲料上部不发生霉烂变。盖上塑料薄膜后，在上面铺上 20～30cm 厚的稻草、麦秸，覆土 15～20cm，压实密封。其目的是为了隔绝空气与秸秆接触,保证微贮窖内呈厌氧状态。在窖边挖排水沟防止雨水积聚渗入窖内。窖内贮料下沉后应随时加土使之高出地面。

7. 秸秆微贮饲料的质量鉴定

优质微贮青玉米秸秆饲料的色泽呈橄榄绿,稻、麦秸秆呈金黄褐色。如果变成褐色或墨绿色则质量较差。优质秸秆微贮饲料具有醇香味或果香味,并具有弱酸味。若有强酸味,则表明醋酸较多,这是由于水分过多和高温发酵所造成的。若有腐臭味、发霉味则不能饲喂。优质微贮饲料拿到手里感到很松散,质地柔软湿润。若拿到手里发黏,或者黏到一起,说明质量不佳。有的虽然松散,但干燥粗硬,也属不良的饲料。

8. 秸秆微贮饲料的取用与饲喂技术

根据气温情况确定秸秆微贮饲料的成熟取喂。一般需在窖内贮藏 21～45 天才能取喂。

开窖时应从容的一端开始,先去掉上边覆盖的部分土层、盖草,然后揭开塑料薄膜,从上到下垂直逐段取用。每次取出量应以当天喂完为宜,坚持每天取料,每层所取的料不应少于 15cm,每次取完后要用塑料薄膜将窖口密封,尽量避免减少与空气接触,以防止二次发酵和变质。

一般育肥牛每天可喂 15～20kg,冻结的微贮应先解冻化开再用,由于制作微贮饲料中加入了食盐,应在饲喂时由日粮中扣除。

第四节　饲料配合技术

一、肉牛的饲养标准

肉牛的饲养标准是在肉牛营养需要量的基础上加了10％左右的安全系数，也可以叫推荐量或推荐标准。我国的肉牛的饲养标准（NY/T 815—2004）是根据我国的生产条件，在中立温度、舍饲和无应激的环境下制定的，营养指标包括干物质、综合净能、肉牛能量单位、粗蛋白、钙和磷。在实际应用中应根据肉牛的品种和环境条件以及当地的饲料特点，灵活使用标准。

二、饲料配合技术

肉牛全价配合饲料简称配合饲料，是根据肉牛不同生理阶段（生长、哺乳、空怀、配种、育肥）和不同生产水平对各种营养成分的需要量，把多种饲料原料和添加成分，按照规定的加工工艺配制成均匀一致、营养价值完全的饲料产品。简单地说肉牛配合饲料就是把干草、青贮饲料和各种精料以及矿物质、维生素等，按营养需要科学搭配，加工成适口性好的散碎料或块料或饼料或颗粒饲料。

(一)肉牛饲料的分类

1. 按物理形状

分为散碎料、颗粒饲料、块（砖）饲料、饼饲料、液体饲料等。

2. 按其营养构成

分为全价配合饲料、精料混合料、浓缩饲料和添加剂预混料。这 4 种产品的彼此关系见图 6-4。

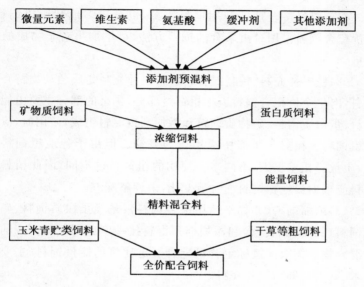

图 6-4 肉牛配合饲料组分模式图

（1）全价配合饲料（全饲粮配合饲料）：肉牛的全价配合饲料和单胃动物的全价配合饲料区别在于肉牛的全价配合饲料包括很大一部分粗饲料，肉牛的全价配合饲料由粗饲料（秸秆、干草、青贮等）、精饲料（能量饲料、蛋白质饲料）、矿物质饲料以及各种饲料添加剂组成。使用全饲粮配合饲料喂牛时，必须将粗饲料粉碎，用营养完善、价格便宜的配方加工调制成的配合饲料，可直接喂肉牛。

全价配合饲料的主要优点为：

①营养全面，饲养效果好。促进肉牛生长、育肥，节省饲料，降低成本。

②由于配合饲料采用了先进的技术与工艺,加上良好的设备、科学化的饲料配方、质量管理标准化,使配合饲料便于工业化生产,机械化操作,节省劳力,大大提高劳动生产率。适合于肉牛场机械化饲养。

③可以经济合理地利用饲料资源,也可较多地利用粗饲料。全价配合饲料采用自由采食的饲喂方法,可增加牛对干物质的采食量。

(2)精料补充料(精料混合料):精料补充料是反刍动物特有的饲料,肉牛全价配合饲料去除粗饲料部分,剩余的部分主要由能量饲料、蛋白质饲料、矿物质饲料和添加剂预混料组成,使用时,应另喂粗饲料。在养牛生产中应用较为普遍。但由于各地粗饲料品种、质量等相差很大,不同季节使用的粗饲料也不同,因此精料补充料应根据当地粗饲料的时节变化,来调整配方。

(3)浓缩饲料(亦称平衡用配合饲料):是指蛋白质饲料、矿物质饲料(钙、磷和食盐)和添加剂预混料按一定比例配制而成的均匀混合物。饲喂前按标定含量配合一定比例的能量饲料(主要是玉米、麸皮),即精料补充料。

(4)添加剂预混料:由一种或多种营养性添加剂和非营养性添加剂,并以某种载体或稀释剂按一定比例配制而成的均匀混合物。它是一种不完全饲料,不能单独或直接喂牛。

(二)肉牛日粮配合的原则

肉牛的日粮是指肉牛一昼夜所采食的各种饲料的总量,其中包括精饲料、粗饲料和青绿多汁饲料等。

对肉牛日粮进行合理配方的目的是要在生产实际中获得最佳生产性能和最高利润,应具备科学性、实用性和经济性,因此肉牛的日粮配合应遵循以下原则:

1. 适宜的饲养标准

根据肉牛不同的生理阶段,选择适宜的饲养标准。我国肉牛的饲养标准是根据我国的生产条件,在中立温度、舍饲和无应激的环境下制定的,所以在实际生产中应根据各自的实际饲养情况做必要的调整。

2. 本着经济性的原则,选择饲料原料

充分利用当地饲料资源,因地制宜,就地取材,充分利用当地农副产品饲料资源,可以降低饲养成本。

3. 饲料种类应多样化

根据牛的消化生理特点,合理选择多种原料进行合理搭配,并注意适口性。多种原料进行合理搭配,可以使饲料营养得到互补,提高日粮营养价值和饲料利用率。所选的饲料应新鲜、无污染对牛产品质量无影响。

4. 适当的精粗比例

根据牛的消化生理特点,精饲料与粗饲料之间的比例,关系到肉牛的肥育方式和肥育速度,并且对肉牛健康十分必要。以干物质基础,日粮中粗饲料比例一般在 $40\% \sim 60\%$,强度育肥期精料可高达 $70\% \sim 80\%$。

5. 日粮应有一定的体积和干物质含量

所用配制的日粮数量要使牛吃得下、吃得饱,并且能满足其营养需要。

6. 正确使用饲料添加剂

根据牛的消化生理特点,抗生素添加剂会对成年牛的瘤胃微生物造成损害,应避免使用。添加氨基酸、脂肪等添加剂,应注意保护,以免遭受瘤胃微生物的破坏。

(三)肉牛日粮配合的方法

日粮配合的方法有电脑配方设计和手工计算法。电脑配方设计需要相应的计算机和配方软件,通过线性规划原理,在短时间内,求出营养全价并且成本最低的优化日粮配方,适合规模化肉牛场应用。手工计算法包括对角线法和试差法。

1. 对角线法

举例:拟为某群生长育肥牛体重 350kg,预期日增重 1 200g 的舍饲牛配合日粮。

(1)查肉牛饲养标准(NY/T 815—2004),得知肉牛营养需要列表见表 6-15。

(2)查肉牛常用饲料营养价值表中所选饲料的营养成分含量,见表 6-16。

表 6-15　体重 350kg,日增重 1 200g 肉牛营养需要

干物质 (kg)	肉牛能量 单位(个)	综合净能 (MJ/d)	粗蛋白质 (g/d)	钙 (g/d)	磷 (g/d)
8.41	6.47	52.26	889	38	20

表 6-16　饲料养分含量(干物质基础)

饲料 名称	干物质 (%)	肉牛能量 单位(个/kg)	综合净能 (MJ/kg)	粗蛋 白质(%)	钙 (%)	磷 (%)
玉米青贮	22.7	0.54	4.40	7.0	0.44	0.26
玉米	88.4	1.13	9.12	9.7	0.09	0.24
麸皮	88.6	0.82	6.61	16.3	0.20	0.88
棉饼	88.6	0.92	7.39	36.3	0.30	0.90
磷酸氢钙	—	—	—	—	23.00	16.00
石粉	—	—	—	—	38.00	—

(3)拟定精、粗饲料用量及比例:拟定日粮中精料占 50%,粗料占 50%。由肉牛的营养需要可知每日每头牛需 8.41kg 干物质,所以每日每头由粗料(青贮玉米)应供给的干物质质量为 8.41×50%=4.2(kg),首先求出青贮玉米所提供的养分量和尚缺的养分量见表 6-17。

表 6-17　粗饲料提供的养分量

	干物质 (kg)	肉牛能量 单位(个/kg)	综合净能 (MJ/kg)	粗蛋白 质(g)	钙 (g)	磷 (g)
需要量	8.41	6.47	52.26	889	38.00	20.00
4.2kg 青贮玉 米干物质提供	4.20	2.27	18.48	294	18.48	10.92
尚差	4.21	4.20	33.78	595	19.52	9.08

所以,应由精料所提供的养分应为干物质 4.21kg,肉牛能量单位 4.20 个/kg(本列为了计算便捷,仅以此为基准),粗蛋白质 595g,钙 19.52g,磷 9.08g。

(4)求出各种精料和拟配混合料粗蛋白/肉牛能量单位比(kg/kg)

玉米=97/1.13=85.84

麸皮=163/0.82=198.78

棉饼=363/0.92=394.57

拟配精料混合料=595/4.20=141.67。

(5)用对角线法算出各种精料用量

①先将各精料按蛋白能量比分为两类:一类高于拟配混合料;另一类低于拟配混合料,然后一高一低两两搭配成组。本例高于系数 141.67 的有麸皮(198.78)和棉饼(394.75),低的有玉米(85.84)。因此玉米既要和麸皮搭配,又要和棉饼搭配,每组画一

个正方形。将 3 种精料的蛋白能量比置于正方形的左侧,拟配混合料的蛋白能量比放在中间,在两条对角线上做减法,大数减小数,得数就是该饲料在混合料中应占有的能量比例数(图 6-5)。

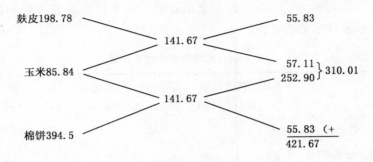

图 6-5　对角线法计算各种精料用量示意图

②本例要求精料混合料中肉牛能量单位是 4.20,所以应将上述比例算成总能量 4.20 时的比例,即将各饲料原来的比例数分别除以各饲料比例数之和,再乘以 4.20 后将所得数据分别被各原料每 kg 所含的肉牛能量单位除,就得到这 3 种饲料的用量。

玉米:$310.10 \times \dfrac{4.20}{421.67} \div 1.13 = 2.73(\text{kg})$

麸皮:$55.83 \times \dfrac{4.20}{421.67} \div 0.82 = 0.68(\text{kg})$

棉饼:$55.83 \times \dfrac{4.20}{421.67} \div 0.92 = 0.60(\text{kg})$

(6)验算精料混合料养分含量,见表 6-18。

表 6-18 精料混合料养分含量

饲料	用量（kg）	干物质（kg）	综合净能（MJ）	粗蛋白质（g）	钙（g）	磷（g）
玉米	2.73	2.41	22.01	234.06	2.17	5.79
麸皮	0.68	0.60	3.24	98.13	1.20	5.30
棉饼	0.60	0.53	3.92	193.12	1.60	4.79
合计	4.01	3.55	29.17	525.31	4.97	15.88
与标准比	—	−0.66	−4.61	−69.69	−14.55	+6.80

由此可见,精料混合料中肉牛能量单位和粗蛋白质含量与要求基本接近,干物质差 0.66kg,在饲养实践中可适当增加青贮玉米喂量。钙、磷的余缺用矿物质饲料调整,本例中磷已满足需要,不必考虑补钙又补磷的饲料,故用石粉补足钙即可。

石粉用量 14.55÷0.38＝38.29g

混合料中另加 1%食盐,约合 0.04kg。

(7)列出日粮配方与精料混合料的百分比组成(表 6-19)

表 6-19 育肥牛日粮组成

供量	青贮玉米	精料混合料	精料混合料组成				
			玉米	麸皮	棉饼	石粉	食盐
干物质态(kg)	4.20	4.09	2.73	0.68	0.60	0.04	0.04
饲喂状态(kg)	18.50	4.61	3.09	0.77	0.67	0.04	0.04
精料配方(%)	—	100.00	67.03	16.70	14.53	0.87	0.87

在实际生产中青贮玉米的喂量应增加 10%的安全系数,即每头牛每天的投喂量应为 20.35kg。精料补充料可按表 6-19 的比例混合,每天每头牛的投喂量为 4.61kg。

2. 试差法

举例：拟配制体重 450kg，日增重为 1 200g 舍饲强度肥育牛配合日粮。

（1）查肉牛饲养标准（NY/T 815—2004），得知肉牛营养需要列表见表 6-20。

表 6-20 体重 450kg，日增重 1 200g 肉牛营养需要

干物质（kg/d）	综合净能（MJ/d）	粗蛋白质（g/d）	钙（g/d）	磷（g/d）
9.90	64.60	967	37	22

（2）查肉牛常用饲料营养价值表中所选饲料的营养成分含量，见表 6-21。

表 6-21 饲料养分含量（干物质基础）

饲料名称	干物质（%）	综合净能（MJ/kg）	粗蛋白质（%）	钙（%）	磷（%）
玉米秸	90.0	2.81	6.6	0.40*	0.08*
玉米	88.4	9.12	9.7	0.09	0.24
麸皮	88.6	6.61	16.3	0.20	0.88
豆饼	90.6	8.17	47.5	0.35	0.55
磷酸氢钙	—	—	—	23.00	16.00
石粉	—	—	—	38.00	—

（3）根据经验先列出配方并分项目计算出各种指标（如肉牛能量单位、粗蛋白质、钙、磷等），见表 6-22。

表 6-22　450kg 肉牛强度肥育经验日粮配方(干物质基础)

饲料名称	所占比例（％）	干物质（kg/d）	综合净能（MJ/d）	粗蛋白质(g/d)	钙（g/d）	磷（g/d）
玉米秸	35.0	3.47	9.75	229.02	13.88	2.78
玉米	44.5	4.41	40.22	427.77	3.97	10.58
麸皮	15.0	1.49	9.85	242.87	2.98	13.11
豆饼	5.0	0.49	4.00	232.75	1.72	2.70
石粉	0.2	0.02	—	—	7.6	—
食盐	0.3	0.03	—	—	—	—
合计	100.0	9.87	63.82	1132.41	30.15	29.17
与标准比	—	−0.03	−0.78	+165.41	−7.85	+7.17

　　(4)检查第二步计算结果,并和需要对比:能量指标基本符合要求,粗蛋白质水平略高,钙不足,故要设法保持能量指标不变,主要下调粗蛋白质,提高钙的水平。为此,要降低豆饼和麸皮用量,增加玉米和石粉用量,基本符合要求。重新计算如表 6-23。

　　(5)列出日粮配方与精料混合料的百分比组成,见表 6-24。

表 6-23　450kg 肉牛肥育经验日粮配方(干物质基础)

饲料名称	所占比例（％）	干物质（kg/d）	综合净能（MJ/d）	粗蛋白质(g/d)	钙（g/d）	磷（g/d）
玉米秸	35.0	3.47	9.75	229.02	13.88	2.78
玉米	47.5	4.70	42.86	455.90	4.23	11.28
麸皮	13.7	1.36	8.99	221.68	2.72	11.97
豆饼	3.0	0.30	2.45	142.50	1.05	1.65
石粉	0.5	0.05	—	—	19.00	—
食盐	0.3	0.03	—	—	—	—
合计	100.0	9.91	64.05	1049.10	40.88	27.68
与标准比	—	+0.01	−0.55	+82.10	+2.88	+5.68

表 6-24　450kg 强度育肥牛日粮组成

供量	玉米秸	精料混合料	精料混合料组成				
			玉米	麸皮	豆饼	石粉	食盐
干物质态（kg）	3.47	6.44	4.70	1.36	0.30	0.05	0.03
饲喂状态（kg）	3.86	7.26	5.32	1.53	0.33	0.05	0.03
精料配方（%）	—	100.00	73.28	21.08	4.55	0.69	0.40

　　在生产实践中玉米秸的喂量应增加适当的安全系数（15％左右），即每头牛每天的投喂量应为 4.0kg 左右。为了便于加工精料混合料可按表 6-24 的比例配制，每天每头牛的投喂量为7.26kg。并根据各阶段实际采食余缺状况，适当调整精粗比例和饲喂量。

3. 电脑法

　　目前国内外较大型肉牛场或饲料加工厂都广泛采用计算机进行饲粮配方的计算，具有快速、准确和方便的特点，能充分利用各种饲料资源，降低配方成本。现在市场上已有专用饲料配方软件，数据量大，计算速度快，操作便捷，也可借助 Microsoft Excel 工作表完成。

三、配合饲料的加工

　　配合饲料是根据家畜的不同品种、不同生长阶段和生产水平对各种营养成分的需要量和饲料资源、价格情况，经线性规划法优选出营养完善、价格便宜的科学配方，将多种饲料按一定比例，经工业生产工艺配制和生产出均匀度高，能直接饲喂的商品饲料。配合饲料所含的营养成分的种类和数量均能满足各种动物的生长与生产的需要，使其达到一定的生产水平。

在发达国家饲料混合车的发展使肥育场能够为牛饲喂配合饲粮。这种饲料混合车在规模化牛场中十分有用,并且可以将大量副产品混入饲粮内饲喂。在生产中,这种配合饲粮是精饲料和粗饲料的松散混合体。

把各种饲料混合在一起制作配合饲料的目的是减小颗粒体积,防止牛挑食。同时又要注意颗粒不能太小,以免影响瘤胃发酵。

第五节　肉牛饲料品质管理

由于肉牛饲料,直接影响牛肉的质量,和人类健康息息相关。因此肉牛的饲料应符合《中华人民共和国国家标准——饲料卫生标准》(GB 13078),并执行《中华人民共和国农业行业标准——无公害食品肉牛饲养饲料使用准则》(NY 5127—2002)。

一、粗饲料质量管理

各种原料青贮和干草等,分不同的刈割期调制后或购进时分别采样进行常规营养成分测定,以便根据不同的粗饲料质量,调整精料配方和喂量。

(一)青贮饲料

青贮饲料的加工调制严格按本章中青贮的调制技术进行,青贮饲料的质量按农业部颁布的《青贮饲料质量评定标准(试行)》进行。青贮的等级应在"良好"以上,严禁用劣质青贮饲喂肉牛。

青贮开窖时应剔除边角漏气处的腐烂块,垂直或稍向前倾斜清底拉运,为了防止二次发酵,每天的挖进不少于 15cm,分上、下午 2 次拉运至牛舍。冬季冰冻的青贮应先解冻后,再喂肉牛。

(二)青干草

青干草饲料的加工调制严格按本章中青干草的调制技术进行,调制或购买的青干草应按质量检验标准在"二级"以上,并严格管理,杜绝雨淋,防止发霉变质。禁止劣质青干草饲喂肉牛。

干草饲喂时应铡短,剔除霉烂草,铡草机口装置磁铁吸取铁钉、铁丝等,并拾净散落掉叶,防止浪费。

(三)秸秆类

秸秆类饲料首先应去掉根部泥土部分,妥善保存,防止发霉变质,尽量减少风、雨、阳光等带来的损失,饲喂前应适当加工处理如氨化、微贮等,按本章秸秆加工处理技术进行,提高消化率。

二、精料补充料质量管理

(一)饲料原料

(1)感官要求。应具有一定的新鲜度,并具有该品种应有的色、嗅、味和组织形态特征,无发霉、结块、变质、异味及异嗅。

(2)禁止购入不符合饲料卫生标准和质量标准的饲料,禁止购入高水分料。不使用抗生素菌渣作肉牛饲料原料。

(3)营养成分测定。各种精饲料原料,受产地、品种及加工工艺的影响,质量差异很大。因此,每次购料应分别采样进行常规营养成分测定,根据不同的质量,调整精料配方。

(二)饲料添加剂

(1)使用的营养性饲料添加剂和一般性饲料添加剂产品应是中华人民共和国农业部《允许使用的饲料添加剂品种目录(2008)》所规定的品种,或取得试生产产品批准文号的新饲料添加剂品种。不使用违禁的药物和添加剂。

(2)感官要求。应具有该品种应有的色、嗅、味和组织形态特征,无发霉、结块、变质、异味及异臭。

(3)禁止购入不符合饲料卫生标准和质量标准的添加剂。

(4)肉牛饲料不得使用任何药物。不使用激素、类激素产品。合理使用添加剂,减少环境污染和肉中残留。严格执行《饲料和饲料添加剂管理条例》有关规定。

(三)配合精料

(1)定期对计量设备进行检验和正常维修,以确保精确性和稳定性。

(2)配合精料时应按配方比例称量正确无误,微量和极微量组分应进行预稀释。配好的饲料每月抽样,进行常规成分测定。

(3)应经常检查饲料库,及时清除墙角、墙根、仓底处的霉变饲料。

(4)粉碎机和混合搅拌机都要安装磁铁吸取铁钉、铁丝等异物,粉碎机以压扁锤碎为目的,肉牛料不宜过细。

(5)禁止在肉牛饲料中添加和使用任何动物源性饲料(肉骨粉、骨粉、血粉、血浆粉、动物下脚料、动物脂肪、干血浆及其他血液制品、脱水蛋白、蹄粉、角粉、鸡杂碎粉、羽毛粉、油渣、鱼粉、骨胶等)。

第七章　肉牛的饲养管理

第一节　犊牛的饲养管理

犊牛是指从初生至 3～6 月龄哺乳的小牛,由于犊牛初生后的环境与初生前母牛胎中相比发生了很大变化,另外犊牛的各种生理功能还不健全,适应外界环境的能力不强,如果饲养管理跟不上,就很容易发生疾病。因此,要做好犊牛的饲养管理工作。

一、犊牛消化生理特点

初生犊牛的瘤、网胃很小且柔软无力,仅占 4 个胃总容积的 30%～35%。而皱胃却很发达,占胃总容积的 50%～60%。与成年反刍动物有着较大的区别,见表 7-1。从出生至 2 周龄,犊牛的瘤胃没有任何消化功能,皱胃是参与消化的惟一的活跃胃区,这种作用是通过食管沟来实现的。犊牛在吮乳时,体内产生一种条件反射,会使食管沟闭合,形成管状结构,使牛奶或液体由口经食管沟直接进入皱胃进行消化。此时,犊牛的食物消化方式与单胃动物相似,其营养物质主要是在皱胃和小肠内消化吸收。

犊牛出生后,最初几小时对初乳的免疫球蛋白的吸收率最高,平均为 20%,变化范围在 6%～45%,而后急速下降,生后 24 小时

表 7-1 随着年龄增长犊牛各胃的变化

周龄	瘤、网胃		瓣胃		皱胃	
	质量(g)	(%)	质量(g)	(%)	质量(g)	(%)
出生	95	59	14	8	51	32
2	180	40	65	15	200	45
4	355	55	70	11	210	34
8	770	65	160	14	250	21
12	1150	66	265	15	33	19
17	2040	68	550	18	425	14
成年	4045	62	1800	24	1030	14

的犊牛就无法吸收完整的免疫球蛋白抗体。若犊牛在出生后 12 小时内没能吃上初乳,就很难获得足够的抗体。生后 24 小时才喂初乳的犊牛,其中会有 50% 的犊牛因不能吸收抗体,缺乏免疫力而导致难于成活。因此,初生犊牛饲养管理的重点是及时饲喂初乳,以便保证犊牛健康。

初生犊牛食入的牛奶由皱胃分泌的凝乳酶对牛奶的蛋白质进行消化。随着犊牛的生长发育,凝乳酶逐渐被胃蛋白酶所替代,在 3 周龄左右,犊牛才能有效地消化非乳蛋白质,如大豆蛋白等。在新生犊牛肠道内,存在有足够的乳糖酶,所以新生犊牛能够很好地利用乳糖。

犊牛的瘤、网胃发育与采食植物性饲料密切相关。试验表明,犊牛从出生至 12 周龄喂全乳加植物性饲料,瘤网胃的容积和重量分别是单喂全乳组的 2 倍和 2 倍以上,尤其是瘤胃乳头的发育,而仅喂全乳的犊牛,其瘤胃乳头在哺乳期间一直在退化。同时,大量的研究结构表明,仅喂全乳至 12 周龄仍不喂植物性饲料,则瘤胃的发育完全停滞;相反,如果在生后及早饲喂植物性饲料,植物性饲料中的糖类在瘤胃的发酵产物乙酸和丁酸可刺激瘤网胃的发育,尤其是瘤胃上皮组织的发育。而植物性饲料中的中性洗涤纤维(NDF)有助于瘤、网胃容积的发育。

二、初生犊牛的饲养

犊牛的科学饲养是容易被忽略的环节,但是这个环节很重要,初生犊牛的饲养要注意以下几点。

1. 犊牛出生后及时、足量喂给初乳

初乳是指母牛产犊后 1 周以内分泌的乳汁。母牛产后 1 周内所分泌的乳汁,含有较高的蛋白质,特别是含有丰富的免疫球蛋白、矿物质、镁盐、维生素 A 等,这些物质对犊牛胎便的排出,对犊牛免疫力有很大的促进作用。犊牛出生后 1 小时内应该让其吃上 2L 初乳,过 5~6 小时,再让吃上 2L 初乳。

2. 哺喂常乳

常乳是指母牛产犊 1 周以后所分泌的乳汁。常乳每天的喂量最好是按照体重来确定,一般来说每 10~12kg 体重喂给 1kg 的牛奶,也就是每日的饲喂量为体重的 8%~10%。常乳每日喂 2 次与喂 3 次其实没有多大差别,在劳动力比较紧张的情况下,常乳的每日的饲喂次数以 2 次为宜。

给犊牛哺喂常乳可以用带奶嘴的奶瓶,也可以用小奶桶来喂。使用奶嘴饲喂的方法比让犊牛直接从奶桶中吸奶要好,使用奶嘴小牛犊只能缓慢地吮吸,符合犊牛的吃奶习惯,减少了腹泻和其他消化疾病的发生率。用奶桶饲喂犊牛需要训练,比较好的办法是用手指蘸一些牛奶后,慢慢引导犊牛头朝下从奶桶中吸奶,这种方法需要耐心地多次训练才能有效果。也可用带奶嘴的奶桶,这样比较符合犊牛的吃奶习惯。

3. 及时训练犊牛采食植物性饲料

(1)补喂干草:犊牛出生后 1 周即可开训练采食干草,方法是在饲槽或草架上放置优质干草如燕麦、苜蓿干草等,任其自由采食,及时补喂干草可促进犊牛瘤胃发育和防止舔食异物。

(2)补喂精料:犊牛出生 4 天以后就可以开始训练采食精饲料。刚开始饲喂时,可将精饲料磨成细粉并混以食盐等矿物质饲料,涂于犊牛口鼻处,让其舔食。最初几天的喂量为 10～20g,几天后增加至 100g 左右,一段时间后,同时饲喂混合好的湿拌料,最好饲喂犊牛颗粒饲料,2 月龄后喂量可增至每日 0.5kg 左右。

(3)补喂青绿多汁饲料:犊牛初生后 20 天就可以在精料中加入切碎的胡萝卜,或幼嫩的青草等,最初几天每日加 10～20g,到 60 天喂量可达 1.0～1.5kg。

(4)青贮料的补喂:青贮料可以从出生后 2 个月开始供给。最初每天供给 100g,到犊牛 3 月龄时可以供给 1.5～2.0kg。

4. 犊牛的饮水

犊牛在出生后 1 周内可在每次喂奶的间隔内供给 36℃ 左右的温开水,15 天后改饮常温水,30 天以后可以让犊牛自由饮水。

三、犊牛的管理

犊牛饲养的关键是做好"五定"和"四勤"。五定即定时、定温、定量、定质和定人;四勤即勤打扫、勤换垫草、勤观察、勤消毒。除此之外,还要从以下几项加强。

1. 新生犊牛护理

(1)新生犊牛呼吸畅通。犊牛出生后,首先要清除口鼻中的黏液。方法是使小牛头部低于身体其他部位,或倒提几秒钟使黏液流出,然后用干草搔挠犊牛鼻孔,刺激呼吸。

(2)肚脐消毒。犊牛断脐后将残留在脐带内血液挤干后,用碘酊涂抹在脐带上,进行消毒,防止感染。

2. 新生犊牛补饲

犊牛出生后对营养物质的需要量不断增加,而母牛的产奶量2个月以后就开始下降,为了使犊牛达到正常生长量,就必须进行补饲。表 7-2、表 7-3 是犊牛补饲的配方。

表 7-2　犊牛补饲料配方 1 号(风干物质)

	名称	百分比(%)	每吨含量(kg)
原料组成	燕麦	39.60	363.20
	玉米	15.80	136.20
	大麦	8.90	80.70
	小麦麸	9.90	90.80
	豆饼	9.90	90.80
	干甜菜渣	9.90	90.80
	糖蜜	4.90	45.40
	食盐	0.50	4.50
	磷酸氢钙	0.50	4.50
	微量元素	0.04	0.45
	维生素 A(3 万 IU/g)	0.06	0.68
	合计	100.00	908.03
营养水平	粗蛋白质(CP,%)	14.30	
	粗脂肪(EE,%)	3.20	
	粗纤维(CF,%)	8.30	
	钙(Ca,%)	0.30	
	磷(P,%)	0.50	
	维持净能(MJ/kg)	7.22	
	增重净能(MJ/kg)	4.22	

表 7-3 犊牛补饲料配方 2 号（风干物质）

	名称	百分比（%）	每吨含量（kg）
原料组成	玉米	24.25	220.20
	苜蓿粉	22.50	204.30
	燕麦	20.00	181.60
	苜蓿干草	10.00	90.80
	豆饼	6.20	56.30
	胡麻饼	5.00	45.40
	麸皮	5.00	45.40
	糖蜜	5.50	45.40
	磷酸氢钙	2.50	18.20
	微量元素	0.05	0.45
	维生素 A（32.5 万 IU/g）	—	0.06
	合计	100.00	908.11
营养水平	粗蛋白质（CP，%）		15.10
	粗脂肪（EE，%）		3.00
	粗纤维（CF，%）		12.70
	钙（Ca，%）		1.04
	磷（P，%）		0.73
	维持净能（MJ/kg）		6.65
	增重净能（MJ/kg）		3.65

在 3～4 周龄时，可以逐渐给犊牛喂料，在第 1 个 5 天内，每日每头犊牛只能喂 100g 料，犊牛吃剩下的料给母牛吃，每次都要给犊牛换新料。经过 5～7 天人工饲喂后，就可以让犊牛自己吃料。一旦犊牛学会吃料，饲槽内就要始终保持有料，供犊牛采食。在第 1 个月内，采食量约为每日每头 0.45kg，到第 5 个月结束时，采食量可达到 3.6kg。从 1 月龄到断奶，犊牛的补料量平均每日每头

1.4kg 最合适,这个量正好能补充牛奶营养的不足,使犊牛的骨骼和肌肉正常生长。如果超过这个数量,会使犊牛过肥,不经济。

第二节　繁殖母牛的饲养管理

受胎率和犊牛断奶重是肉牛业成功与否的两个最重要因素,它们都受饲料、饲养条件的影响,因此繁殖母牛的生产性能在整个肉牛业中占有重要地位。繁殖母牛的营养需要包括维持、生长(未成年母牛)、繁殖和泌乳的需要。这些需要可以用粗饲料和青贮饲料满足。繁殖母牛的营养需要受母牛个体、产奶量、年龄和气候的影响。其中母牛个体的影响最大。母牛个体越大,生出的犊牛也越大。母牛体重每增加 45kg,犊牛断奶重就增加 0.5～7.0kg。大型母牛对饲料的需要量高,因此饲养母牛的牛场应该注意:大犊牛的价格是否能超过母牛多吃饲料的成本。大犊牛出生时能否造成难产。母牛产犊率主要受犊牛出生前 30 天和出生后 70 天营养状况的影响,这 100 天是母牛——犊牛生产体系中最关键的时期。

一、母牛饲养中的关键性营养问题

1. 对繁殖母牛,应该牢记能量是比蛋白质更重要的限制因子。

2. 缺乏磷对繁殖率有不良影响。

3. 补充维生素 A,可以提高青年母牛的繁殖力。

4. 产犊前后 100 天的饲料、饲养状况对母牛的发情率和受胎率起决定作用。产犊后,由于母牛产奶增加,对饲料的需要量大幅度增加。因此,哺乳期母牛的营养需要量要比妊娠期高 50%,否则会导致母牛体重下降,不能发情或受胎。

5. 在妊娠期间,母牛的增重至少要超过 45kg,产犊后每日增重 0.25~0.30kg,直到配种完毕。如果母牛产犊时体况偏瘦,产后的日增重应该达到 0.3~0.9kg。这样,产犊前每日需要饲喂 6~10kg 中等质量的干草,产犊后每日要饲喂 6~12.7kg 干草加 2kg 精饲料,同时应注意蛋白质、矿物质和维生素的供应。

6. 从 3 点判断:母牛有无营养性繁殖疾病在发情季节能按正常周期(21 天)发情和配种的母牛很少;第一次配种的受胎率很低;犊牛 2 周内的成活率很低。

二、母牛的冬季饲养管理

对繁殖母牛,良好的冬季饲养条件可以提高繁殖力、犊牛初生重和断奶重。粗饲料可以作为妊娠牛冬季的主要饲料,也可以用青贮加干草。含杂物多或霉变的饲料绝对不能饲喂妊娠牛,否则容易造成流产。在晚秋和冬季给母牛喂质量很低的粗饲料时,要补充精饲料,补充的原则是不让母牛减轻体重,否则繁殖性能会受到严重影响。精料喂量可由以下 3 个原则确定:粗饲料的种类和数量;母牛的年龄和体况;母牛是干奶期还是哺乳期。

以干物质为基础,妊娠牛每日的饲料需要量如下:瘦母牛,占体重的 2.25%;中等体况的母牛,占体重的 2%;体况好的母牛,占体重的 1.75%。母牛哺乳期间对饲料的需要量应该相应增加 50%,因此哺乳牛和干奶牛应该分开饲养,这样既能满足哺乳牛的营养需要,又可防止干奶牛采食过量,浪费饲料。初生犊牛的身体物质组成水占 75%,蛋白质占 20%,灰分占 5%。1 头 35kg 的犊牛只有 8kg 干物质。因此,只要不处于哺乳期,妊娠牛的营养负担并不重,饲喂粗饲料最经济。

三、妊娠母牛的饲养管理

母牛妊娠初期,由于胎儿生长发育较慢,其营养需要较少,但这并不意味着可以忽视对妊娠初期母牛营养物质的供给,仍需保证妊娠初期母牛的中上等膘情。妊娠后期胎儿的增重较快,所需要营养物质较多,从妊娠第 5 个月起应加强饲养,对中等体重的妊娠牛,除供应平常日粮外,还需要每日补加精料 1.5kg。妊娠最后 2 个月,每日应补加 2kg 精料饲,但不可将母牛喂得过肥,以免影响产犊。体重 500kg 妊娠牛中期的营养需要和冬季日粮的配方见表 7-4、表 7-5。

表 7-4　体重 500kg 妊娠中期(6 月龄)母牛的营养需要

营养物质	需要量
干物质(DMI,kg/d)	8.40
综合净能(NEmf,MJ/d)	32.51
粗蛋白质(CP,g/d)	563.0
钙(Ca,g/d)	22.0
磷(P,g/d)	19.0

表 7-5　体重 500kg 妊娠牛的冬季日粮参考配方(kg/d)

饲料名称	配方编号				
	1	2	3	4	5
玉米或高粱青贮	15.0	—	—	—	—
混合牧草青贮	—	12.0	—	—	—
秸秆青贮	—	—	20.0	—	—
混合干草	—	—	—	8.0	4.5
玉米秸秆	—	—	—	—	4.5
补充料	0.2	—	0.45	—	—

一般母牛配种妊娠后就应该专槽饲养,以免与其他母牛抢槽、抵撞,造成流产。每日坚持打扫圈舍,保持妊娠母牛圈舍清洁卫生,对圈舍及饲喂用具要定期消毒。经常刷拭牛体,以保持其清洁卫生。此外,妊娠牛要适当运动,增强母牛体质,促进胎儿生长发育,并可以防止难产。妊娠后期禁喂棉籽饼、菜籽饼、酒糟等饲料,注意饲草料和饮水卫生,保证饲草料、饮水清洁卫生,不喂冰冻、霉变饲料,不饮脏水、冰水,以防流产。妊娠后期的母牛要注意多观察,发现临产征兆应留在牛圈等待产犊。

四、泌乳母牛的饲养管理

母牛泌乳期是指母牛产犊到犊牛断奶为止的一段时间。产奶比妊娠需要的饲料量更多。哺乳母牛的能量需要量比妊娠牛高50%,蛋白质、钙和磷的需要量则高出 1 倍。产后头几天要喂给母牛易消化和适口性好的饲料,控制青贮饲料、青绿饲料及块根块茎类饲料的饲喂,对于干草可以让母牛自由采食,但要防止母牛急剧消瘦。一般来说产后 1 周,母牛可恢复正常喂量。产奶量的多少决定了犊牛的生长速度,为了提高产奶量,在冬季要给母牛补饲少量精饲料。一般秋季产犊的母牛在整个冬季每日要补饲1.8～2.7kg 精饲料。500kg 哺乳母牛的冬季日粮配方见表 7-6。

表 7-6　体重 500kg 哺乳母牛的冬季日粮参考配方(kg/d)

饲料名称	配方编号				
	1	2	3	4	5
玉米或高粱青贮	27.0	—	—	—	18.0
混合牧草青贮	—	22.0	—	—	—
混合干草	—	—	13.0	9.0	4.5

续表

饲料名称	配方编号				
	1	2	3	4	5
能量饲料	—	—	—	2.0	—
蛋白质补充料	0.6	—	—	—	—

不给哺乳母牛饲喂发霉变质、腐败、含有残余农药的饲草料，且要注意清除混入草料中的铁钉、金属丝、铁片、玻璃等异物。最好每天能刷拭哺乳母牛的身体，清扫圈舍，保持圈舍的清洁和卫生。夏季注意防暑，冬天注意防寒，拴系牛的缰绳长短适中。

五、产犊时间控制

产犊时间最好控制在白天，因为这时温度适宜，容易发现临产并及时接产，可以提高犊牛的成活率，也可减少电力消耗。如在产犊前2周开始把饲喂时间从下午5点推迟到9点，能使大部分犊牛在白天出生。

第八章　肉牛育肥技术

第一节　肉牛育肥原理与原则

一、肉牛肥育技术及原理

　　肉牛肥育的目的是为了增加屠宰牛的肉和脂肪,改善肉的品质。从生产者的角度而言,是为了使牛的生长发育遗传潜力尽量发挥完全,使出售的供屠宰牛达到尽量高的等级,或屠宰后能得到尽量多的优质牛肉,而投入的生产成本又比较适宜。

　　要使牛尽快肥育,则给牛的营养物质必须高于维持和正常生长发育之需要,所以牛、的肥育又称为过量饲养,旨在使构成体组织和贮备的营养物质在牛体的软组织中最大限度地积累。肥育牛实际是利用这样一种发育规律,即在动物营养水平的影响下,在骨骼平稳变化的情况下,使牛体的软组织(肌肉和脂肪)数量、结构和成分发生迅速的变化。

二、肉牛肥育的营养类型和
最佳肥育期选择

肉牛在肥育全过程中,按给予的营养水平划分,可分为以下5种类型。

高—高型:从肥育开始直至结束都是高营养水平;

中—高型:肥育前期中等营养水平,后期高营养水平;

低—高型:肥育前期低营养水平,后期高营养水平;

高—低型:肥育前期高营养水平,后期低营养水平;

高—中型:肥育前期高营养水平,后期中营养水平。

正常情况下,均采用前3种类型,其中高—高型营养水平肥育相当于育成牛的"持续肥育法",中—高型、低—高型营养水平肥育相当于育成牛肥育的"前期多粗饲料肥育模式"。后2种类型只在特殊情况下才使用。采用不同的营养类型肥育牛,牛的增重效果是不同的。肥育前期采用高营养水平时,期间牛可获得较高的增重,但持续时间不会很长,因此当继续高营养水平饲养时增重反而降低;肥育前期采用低营养水平,期间虽增重较低,但当采用高营养水平时,增重提高;从肥育全程的日增重和饲养天数综合比较,肉牛肥育期的营养类型以中高型较为理想。

肉牛肥育期的选择,尽管没有限制,即任何年龄段的牛均可进入肥育,但不同年龄段的牛,生长强度和体组织生长模式不同,因而肥育效果相差很大:如对于生产优质、高档牛肉的直线肥育方式来说,最好的肥育开始年龄是1.5～2岁,此时是牛生长旺盛期,生长能力比其他年龄段高25%～50%。而对于3～6个月短期肥育来说,选择3～5岁、体重350～400kg的架子牛,则经济效益更可观。

三、肉牛肥育的最佳结束出栏期

判断肉牛肥育的最佳结束出栏期,不仅对养牛者节约投入、降低成本有利,而且对提高牛肉的质量也有重要意义。因为肥育时间的长短和出栏体重的高低不仅与总的饲料利用率相关,而且对牛肉的嫩度、多汁性、肌纤维粗细、大理石状花纹丰富程度及肉的含脂率等有重要影响。

肉牛肥育最佳结束出栏期可以采用以下方法进行判定:

采食量判断:肉牛对饲料的采食量与其体重相关。每日的绝对采食量一般是随着肥育期时间的增加而下降。如果下降达正常量的 1/3 或超过时,可考虑结束肥育。如果按活重计算的采食量(干物质)低于活重的 1.5% 时,可认为达到了肥育的最佳出栏期。

用肉用指数判断:肥肉用指数的计算方法为:肉用度指数＝体重/体高。一般指数越大,肥育度越好。当指数超过 5.0 或达到 5.26 时,可考虑出栏。

从牛的体型外貌判断:主要是判断牛的几个重要部位的脂肪沉积程度。判断的部位有:皮下、颌部、胸垂部、肋腹部、腰部、坐骨端和下肷部。当皮下、胸垂部的脂肪量较多,肋腹部、坐骨端、腰部沉积的脂肪较厚实时,即已达到肥育最佳结束期。

市场判断:如果牛的肥育已有一段较长的时间,或接近预定的肥育结束期,而又赶上节假日牛肉旺销、价格较高,可果断地结束肥育,送入肉牛屠宰场,以获取较好的经济效益。

四、影响肉牛育肥效果的因素

(一)遗传因素

　　肉牛的品种和品种间的杂交等都影响肉牛育肥效果。

　　专用肉牛品种比乳用牛、乳肉兼用牛和我国的黄牛等生长育肥速度快,特别是能进行早期育肥,提前出栏,饲料利用率、屠宰率和胴体净肉率高,肉的质量好。一般优良的肉用品种牛,肥育后的屠宰率平均为 60%～65%,最高的可达 68%～72%;肉乳兼用品种达 62% 以上,而一般乳用型荷斯坦牛只有 35%～43%。

　　近年来,国外已广泛采用品种间经济杂交,利用杂交优势,能有效地提高肉牛的生产力。美国、前苏联等国的研究结果表明,两品种的杂交后代生长快,饲料利用率高,其产肉能力比纯种提高15%～20%。三品种杂交效果比两品种杂交更好,所得杂交后代的早熟性和肉的质量均胜过纯种牛。

　　我国利用国外优良肉牛品种的公牛与我国黄牛杂交,杂交后代的杂种优势使生长速度和肉的品质都得到了很大提高。杂交改良牛初生重明显增加,各阶段生长速度显著提高。经测定,几种杂交改良二代牛的初生重比本地黄牛提高 21.33%～68.62%,18 月龄体重提高 21.82%～61.47%,24 月龄体重提高 14.08%～44.79%。黄牛经过杂交改良,体型明显增大,随着杂交代数的提高,体型逐步向父本类型过渡。经过大量试验表明,西杂改良种不但产奶量提高,而且乳质量好;西杂、夏杂、利杂等改良种,肉用性能显著提高,屠宰率、净肉率和眼肌面积增加,肌肉丰满,仍保持了中国黄牛肉的多汁、口感好及风味可口等特点。

　　西杂牛(西门塔尔牛与本地牛杂交后代),毛色以黄(红)白花为主,花斑分布随着代数增加而趋整齐,体躯深宽高大,结构匀称,体质结实,肌肉发达,乳房发育良好,体型向乳肉兼用型方面发展。

利杂牛(利木赞牛与本地牛杂交后代),毛色黄色或红色,体躯较长,背腰平直,后躯发育良好,肌肉发达,四肢稍短,呈肉用型。

夏杂牛(夏洛来牛与本地牛杂交后代),毛色为草白或灰白,有的呈黄色或奶油白色,体型增大,背腰宽平,臀、股、胸肌发达,四肢粗壮,体质结实,呈肉用型。

荷杂牛(荷斯坦牛与本地牛杂交后代),毛色以全黑到大小不等的黑白花毛片,体躯高大、细致,生长快速,杂交三代牛呈乳用牛体型,趋于纯种奶牛。

另外还有短角牛、安格斯牛等与本地牛杂交的改良牛,体型结构都较本地黄牛有明显改进。用皮埃蒙特公牛与西杂一代母牛进行三元杂交后,杂交后代背宽,后躯丰满,增重快,321 天体重达到 415kg,得到了普通认可。

(二)生理因素

年龄和性别等生理因素对肉牛生产力有一定影响。

1. 年龄因素

一般幼龄牛的增重以肌肉、内脏、骨骼为主,而成年的增重除增长肌肉外,主要是沉积脂肪。年龄对牛的增重影响很大。一般规律是肉牛在出生第 1 年增重最快,第 2 年增重速度仅为第 1 年的 70%,第 3 年的增重又只有第 2 年的 50%(表 8-1)。饲料利用率随年龄增长、体重增大,呈下降趋势,一般年龄越大,每 kg 增重消耗的饲料也越多。在同一品种内,牛肉品质和出栏体重有非常密切的关系,出栏体重小,往往不如体重大的牛,但变化不如年龄的影响大。按年龄,大理石花纹形成的规律是:12 月龄以前花纹很少;12~24 月龄,花纹迅速增加,30 月龄以后花纹变化很微小。由此看出要获得经济效益高的高档牛肉,需在 18~24 月龄时出

栏。目前国外肉牛的屠宰年龄一般为 1～1.5 岁,最迟不超过
2 岁。

表 8-1　年龄与肥育效果

年龄	头数（头）	平均月龄（月）	平均活重（kg）	生后日增重(kg)	育肥全期增重(kg)	
					总增重	日增重
1 岁以下	30	297	354	1.19	354	1.190
1～2 岁	152	612	606	0.99	252	0.799
2～3 岁	145	943	744	0.79	138	0.422
3 岁以上	133	1283	880	0.69	136	0.395

2. 性别因素

性别影响牛的育肥速度,在同样的饲养条件下,以公牛生长最
快,阉牛次之,母牛最慢,在肥育条件下,公牛比阉牛的增重速度高
10%,阉牛比母牛的增重速度高 10%。这是因为公牛体内性激
素——睾酮含量高的缘故。因此如果在 24 月龄以内肥育出栏的
公牛,以不去势为好。牛的性别影响肉的质量。一般地说,母牛肌
纤维细,结缔组织较少,肉味亦好,容易肥育;公牛比阉牛、母牛具
有较多的瘦肉,肉色鲜艳,风味醇厚,有较高的屠宰率和较大的眼
肌面积,经济效益高;而阉牛胴体则有较多的脂肪。

(三)环境因素

环境因素包括饲养水平和营养状况、管理水平、外界气温等。
环境因素对肉牛生产能力的影响占 70%。

1. 饲养水平和营养状况

饲料是改善肉的品质、提高肉的产量最重要的因素。日粮营
养是转化牛肉产品的物质基础,恰当的营养水平结合牛体的生长

发育特点能使育肥肉牛提高产肉量,并获得含水量少、营养物质多、品质优良的肉。另外肉牛在不同的生长育肥阶段,对营养水平要求不同,幼龄牛处于生长发育阶段,增重以肌肉为主,所以需要较多的蛋白质饲料;而成年牛和育肥后期增重以脂肪为主,所以需要较高的能量饲料。饲料转化为肌肉的效率远远高于饲料转化为脂肪的效率。

(1)精、粗饲料比例:在肉牛的育肥阶段,精饲料可以提高牛胴体脂肪含量,提高牛肉的等级,改善牛肉风味。粗饲料在育肥前期可锻炼胃肠机能,预防疾病的发生,这主要是由于牛在采食粗料时,能增加唾液分泌并使牛的瘤胃微生物大量繁殖,使肉牛处于正常的生理状态,另外由于粗饲料可消化养分含量低,防止血糖过高,低血糖可刺激牛分泌牛长激素,从而促进生长发育。

一般肉牛育肥阶段日粮的精、粗比例为:前期粗料为 55%～65%,精料为 45%～35%;中期粗料为 45%,精料为 55%;后期粗料为 15%～25%,精料为 85%～75%。

(2)营养水平:采用不同的营养水平,增重效果不同,见表 8-2。

表 8-2　营养水平与增重的关系

营养水平	试验头数	育肥天数	始重(kg)	前期末重(kg)	后期末重(kg)	前期日增重(kg)	后期日增重(kg)	全程日增重(kg)
高高	8	394	284.5	482.6	605.1	0.94	0.68	0.86
中高	11	387	275.7	443.4	605.5	0.75	0.99	0.81
低高	7	392	283.7	400.1	604.6	0.55	1.13	0.82

由表 8-2 可以看出,育肥前期采用高营养水平时,虽然前期日增重提高,但持续时间不会很长,因此,当继续高营养水平饲养时,增重反而降低。育肥前期采用低营养水平,前期虽增重较低,但当采用高营养水平时,增重提高。从育肥全程的日增重和饲养天数

综合比较,育肥前期,营养水平不宜过高,肉牛育肥期的营养类型以中高型较为理想。

(3)饲料添加剂:使用适当的饲料添加剂可使肉牛增重速度提高,如脲酶抑制剂、瘤胃调控剂、瘤胃素等,详见本书肉牛饲料添加剂部分。

(4)饲料形状:根据饲料的不同形状,饲喂肉牛的效果不同。一般来说颗粒料的效果优于粉状料,使日增重明显增加。精料粉碎不宜过细,粗饲料以切短利用效果最好。

2. 环境温度影响肉牛的育肥速度

最适气温为 10～21℃,低于 7℃,牛体产热量增加,维持需要增加,要消耗较多的饲料,肉牛的采食量增加 25％～29％;环境温度高于 27℃,牛的采食量降低 3％～35％,增重降低。在温暖环境中反刍动物利用粗饲料能力增强,而在较低温度时消化能力下降。在低温环境下,肉犊牛比成年肉牛更易受温度影响。空气湿度也会影响牛的育肥,因为湿度会影响牛对温度的感受性,尤其是低温和高温条件下,高湿会加剧低温和高温对牛的危害。

总之,不适合肉牛生长的恶劣环境和气候对肉牛肥育有较大影响,所以,在冬、夏季节要注意保暖和降温,为肉牛创造良好的生活环境。

3. 饲养管理因素

饲养管理的好坏直接影响育肥速度。除采食外,尽量使牛少运动。圈舍应保持良好的卫生状况和环境条件,育肥前进行驱虫和疫病防治,经常刷拭牛体,保持其体表干净等。

五、育肥肉牛的一般饲养管理原则

（一）育肥预备期的管理

育肥预备期主要指刚进育肥场的肉牛，经过长距离、长时间运输进行易地育肥的架子牛，进入肥育场后要经过饲料种类和数量的变化，尤其从远地运进的易地育肥牛，胃肠食物少，体内严重缺水，应激反应大，因此需要有一适应期。在适应期，应对入场牛隔离观察饲养，注意牛的精神状态、采食及粪尿情况，如发现异常现象，要及时诊治。

1. 饮水

第 1 次饮水量应限制水量，切忌暴饮。如果饮水时每头牛供给人工盐 100g，则效果更好。第 2 次给水可自由饮水，一般在第 1 次饮水 3～4 小时后进行。

2. 饲喂

当牛饮水充足后，便可饲喂优质干草。第 1 天应限量饲喂，按每头牛 4～5kg，第 2～3 天逐渐增加喂量，5～6 天后才能让其自由充分采食。青贮料从第 2～3 天起饲喂。精料从 5～7 天起开始供给，应逐渐增加，体重 250kg 以下的牛，每日增加精料量不超过 0.3kg，体重 350kg 上的牛，每日增加精料量不超过 0.5kg，直到每日将育肥喂量全部添加。适应期一般 15～20 天，大多采用 15 天。

3. 驱虫

体外寄生虫可使牛采食量减少，抑制增重，育肥期增长。体内寄生虫会吸收肠道食糜中的营养物质，影响育肥牛的生长和育肥效果。一般可选用阿维菌素，一次用药同时驱杀体内外多种寄生虫。驱虫可从牛入场的第 5～6 天进行,驱虫 3 天后,每头牛口服健胃散 350～400g 健胃。驱虫可每隔 2～3 个月进行一次。如购牛时在秋天,还应注射倍硫磷,以防治牛皮蝇。

4. 分群

适应期临结束时,按牛年龄、品种、体重分群,目的是为了使育肥达到更好效果。分群一般在临近夜晚时进行较容易成功,分群当晚应有管理人员不时地到牛舍查看,如有格斗现象,应及时处置。

(二)肉牛育肥期的饲养管理原则

1. 减少活动

对于育肥牛应减少活动,对于放牧育肥牛尽量减少运动量,对于舍饲育肥牛,每次喂完后应每头单拴系木桩或休息栏内,缰绳的长度以牛能卧下为宜,这样可以减少营养物质的消耗,提高育肥效果。

2. 固定专人

每群牛的饲喂等日常管理要固定专人,以便及时了解每头牛的采食情况和健康,并可避免产生应激。

3. 坚持三定、四看、五净的原则

(1)三定:即定时操作、定量饲喂、定期称重。

①定时操作:每天上午 6:00～8:00,中午 12:00～14:00,下午 18:00～20:00 上槽饲喂 1 次,间隔 6 小时,不能忽早忽晚。上、中、下午定时饮水 3 次。坚持每天上、下午定时给牛体刷拭一次,以促进血液循环,有利于育肥牛增进食欲,提高育肥效果。

②定量饲喂:每天的喂量,特别是精料量按每 100kg 体重喂精料 1.0～1.5kg,不能随意增减。

③定期称重：为了及时了解育肥效果，定期称重很重要。首先牛进场时应先称重，按体重大小分群，便于饲养管理。在育肥期也要定期称重。由于牛采食量大，为了避免称量误差，应在早晨空腹称重，最好连续称 2 天取平均数。

（2）四看：即看饮食、看粪尿、看反刍、看精神

①看饮食：观察牛的采食欲、采食量、饮水量等是否正常规律。

②看粪尿：观察牛的排粪成形、软硬度及排尿色泽、频数等是否正常。

③看反刍：观察牛的倒嚼次数、时间长短以及嗳气等是否正常规律。

④看精神：观察牛的精神状态是否正常；对外来异常应激反射是否敏感。

（3）五净：即草料净、饲槽净、饮水净、牛体净、圈舍净

①草料净：饲草、饲料不含沙石、泥土、铁钉、铁丝、塑料布等异物，不发霉不变质，无有毒有害物质污染。

②饲槽净：牛下槽后及时清扫饲槽，防止草料残渣在槽内发霉变质。

③饮水净：注意饮水卫生，避免有毒有害物质污染饮水。

④牛体净：经常刷拭牛体，保持其体表卫生，防止体外寄生虫的发生。

⑤圈舍净：圈舍要勤打扫、勤除粪，牛床要干燥，保持舍内空气清洁、冬暖夏凉。

4. 牛舍及设备常检修

缰绳、围栏及门、窗等设施，要经常检修，易损件要及时更换。牛舍在建筑上不一定要求造价很高，但应防雨、防雪、防晒、冬暖夏凉。

第二节　肉牛育肥如何选择

根据肉牛育肥的目的,对育肥牛从品种、年龄、外貌等多方面进行选择,有利于降低育肥过程的生产成本,提高生产效率和效益。

一、品种选择

品种选择总的原则是基于国内外市场需求和当地的资源条件,以生产产品的类型、可利用饲料资源状况和饲养技术水平为出发点。

育肥牛应选择生产性能高的肉用型品种牛,不同的品种,增重速度不一样,供作育肥的牛以专门肉牛品种最好。由于目前我国还没有优良专门肉用牛品种,因此,目前肉牛育肥首选品种应是肉用杂交改良牛,即用国外优良肉牛父本与我国黄牛杂交繁殖的后代。生产性能较好的杂交组合有:夏洛来牛与本地牛杂交后代,利木赞牛与本地牛杂交改良后代,西门塔尔牛与本地牛杂交改良后代,短角牛与本地牛杂交改良后代等。其特点是体型大,增重快,成熟早,肉质好。

如以生产小牛肉和小白牛肉为目的,应尽量选择早期生长发育速度快的牛品种,因此,肉用牛的公犊和淘汰母犊是生产小牛肉的最好选材。在国外,奶牛公犊也是被广泛利用生产小牛肉的原材料之一。目前在我国还没有专门化肉牛品种的条件下,应以选择西门塔尔高代杂种公犊和荷斯坦奶牛公犊牛为主,利用奶公犊前期生长快、育肥成本低的优势,以利组织生产。犊牛以选择公犊牛为佳,因为公犊牛生长快,可以提高牛肉生产率和经济效益。

如进行架子牛育肥,应选择国外优良肉牛父本与我国黄牛杂交繁殖的后代,因为在相同的饲养管理条件下,杂种牛的增重、饲料转化效率和产肉性能都要优于地方黄牛。

如以生产高档牛肉为目的除选择国外优良肉牛品种与我国黄牛的一代、二代杂交种,或三元、四元杂交种外,也可选择我国的优良黄牛品种如秦川牛、鲁西牛、南阳牛、晋南牛等,而不用回交牛和非优良的地方品种。国内优良品种的特点是体型较大,肉质好,但增重速度慢,育肥期较长。用于生产高档优质牛肉的牛一般要求是阉牛。因为阉牛的胴体等级高于公牛,而阉牛又比母牛的生长速度快。

二、年龄选择

年龄对牛育肥的影响主要表现在增重速度、增重效率、育肥期长短、饲料消耗量和牛肉质量的不同。一般情况下,肉牛在第 1 年生长最快,第 2 年次之,年龄越接近成熟期生长速度越慢;年龄越大,单位增重所消耗的饲料也越多。老年牛肉质粗硬、少汁,肉质、肉量、口感均不及幼年牛。所以,目前牛的育肥大多选择在牛 2 岁以内,最迟也不超过 36 月龄,即能适合不同的饲养管理,易于生产出高档和优质牛肉,在市场出售时较老年牛有利。从经济角度出发,购买犊牛的费用较 1～2 岁牛低,但犊牛育肥期较长,对饲料质量要求较高。饲养犊牛的设备也较大牛条件高,投资大。综合计算,购买犊牛不如购 1～2 岁牛经济效益高。

实际生产中,到底购买哪种年龄的育肥牛主要应根据生产条件、投资能力、市场需求和产品销售渠道等综合考虑。以生产小牛肉或小白牛肉为目的,需要的犊牛应自己培育或建立供育肥犊牛繁育基地。体重一般要求初生重在 35kg 以上,健康无病,无缺损。

　　以短期育肥为目的,计划饲养 3~6 个月,而应选择 1.5~3 岁育成架子牛和成年牛,不宜选购犊牛、生长牛。对于架子牛年龄和体重的选择,应根据生产计划和架子牛来源而定。目前,在我国广大农牧区较粗放的饲养管理条件下,1.5~2.0 岁肉用杂种牛体重多在 250~300kg,2~3 岁牛多在 300~400kg,3~5 岁牛多在 350~400kg。如果 3 个月短期快速育肥最好选体重 350~400kg 架子牛。而采用 6 个月育肥期,则以选购年龄 1.5~2.5 岁、体重 300kg 左右架子牛为佳。需要注意的是,能满足高档牛肉生产条件的是 12~24 月龄架子牛,一般牛年龄超过 3 岁,就不能生产出高档牛肉,优质牛肉块的比例也会降低。

　　在秋天收购架子牛育肥,第 2 年出栏,应选购 1 岁左右牛,而不宜购大牛,因为大牛冬季用于维持饲料多,不经济。

三、体型外貌选择

　　体型外貌是体躯结构的外部表现,在一定程度上反映牛的生产性能。选择的育肥牛要符合肉用牛的一般体型外貌特征。

　　从整体上看,体型大、胸深腿短、背腰宽平、生长发育好、结构紧凑而匀称,健康无病。无论侧望、前望、上望和后望,体躯应呈长矩形,骨骼细致、皮薄松软、有弹性,被毛密而有光亮。

　　从局部来看,口方大,鼻镜宽,眼明亮。前躯要求头较宽而颈粗短,胸宽而丰满,突出于两前肢之间,肋骨弯曲度大而肋骨间隙较窄,鬐甲宜宽厚,与背腰在一直线上,背腰宽广平直,臀部丰满且深大,四肢正立,两腿宽而深厚,坐骨端间距宽。

　　同时应避免选择有如下缺点的肉用牛:头粗而平,颈细长,胸窄,前胸松弛,背线凹,斜尻,后腿不丰满,中腹下垂,后腹上收,四肢弯曲无力,“O”形腿和“X”形腿,站立不正。

第三节 肉牛育肥方法与技术

肉牛的育肥根据肉牛不同的生理阶段和生产目的分为不同的育肥方法,应根据本场各自的生产情况和市场需求,确定自己的育肥方式。但无论采用哪种方法育肥,肉牛所用的饮水应符合无公害食品畜禽饮用水水质标准(NY 5027—2001),所用的饲料应符合饲料卫生标准(GB 13078),并严格遵循《饲料和饲料添加剂管理条例》有关规定。只有肉牛实行规范化、标准化生产,牛肉产品质量才能达到标准。

一、持续育肥技术

持续育肥是指犊牛断奶后,立即转入育肥阶段进行育肥,直到出栏。持续育肥由于在饲料利用率较高的生长阶段保持较高的增重,缩短了生产周期,较好地提高了出栏率,故总效率高,生产的牛肉肉质鲜嫩,改善了肉质,满足市场高档牛肉的需求,是一种值得推广的方法。

(一)舍饲持续育肥技术

持续育肥应选择肉用良种牛或其改良牛,在犊牛阶段采取较合理的饲养,使其平均日增重达到 0.8~0.9kg,180 日龄体重达到 200kg 进入育肥期,按日增重大于 1.2kg 配制日粮,到 12 月龄时体重达到 450kg。可充分利用随母哺乳或人工哺乳:0~30 日龄,每日每头全乳喂量 6~7kg;31~60 日龄,8kg;61~90 日龄,7kg;91~120 日龄,4kg。在 0~90 日龄,犊牛自由采食配合料(玉米 63%、豆饼 24%、麸皮 10%、磷酸氢钙 1.5%、食盐 1%、小苏打 0.5%)。此外,每 kg 精料中加维生素 A 0.5 万～1 万 IU。91～180 日龄,每日每头喂配合料 1.2～2.0kg。181 日龄进入育肥期,按体重的 1.5%喂配合料,粗饲料自由采食。

方案一:7 月龄体重 150kg 开始育肥至 18 月龄出栏,体重达到 500kg 以上,平均日增重 1.0kg。

1. 育肥期日粮

粗饲料为青贮玉米秸、谷草;精料为玉米、麦麸、豆粕、棉粕、石粉、食盐、碳酸氢钠、微量元素和维生素预混剂(表 8-3)。

表 8-3   青贮＋谷草类型日粮配方及喂量

| 月龄 | 精料配方(%) | | | | | | | 采食量[kg/(d·头)] | | |
	玉米	麸皮	豆粕	棉粕	石粉	食盐	小苏打	精料	青贮玉米	谷草
7～8	32.5	24.0	7.0	33.0	1.5	1.0	1.0	2.2	6.0	1.5
9～10								2.8	8.0	1.5
11～12	52.0	14.0	5.0	26.0		1.0	1.0	3.3	10.0	1.8
13～14								3.6	12.0	2.0
15～16	67.0	4.0	0.0	26.0	0.5	1.0	1.0	4.1	14.0	2.0
17～18								5.5	14.0	2.0

7～10 月龄育肥阶段,其中 7～8 月龄目标日增重 0.8kg,9～10 月龄目标日增重 1.0kg。11～14 月龄育肥阶段,目标日增重 1.0kg,15～18 月龄育肥阶段,其中 15～16 月龄目标日增重 1.0kg,17～18 月龄目标日增重 1.2kg。

2. 管理技术

(1)育肥舍消毒:育肥牛转入育肥舍前,对育肥舍地面、墙壁用

2％火碱溶液喷洒,器具用 1％的苯扎溴铵溶液或 0.1％的高锰酸钾溶液消毒,饲养用具也要经常洗刷消毒。

(2)育肥舍可采用规范化育肥舍或塑膜暖棚舍:舍温以保持在6～25℃为宜,确保冬暖夏凉,当气温高于 30℃以上时,应采取防暑降温措施。

①防止太阳辐射:该措施主要集中于牛舍的屋顶隔热和遮阳,包括加厚隔热层,选用保温隔热材料,瓦面刷白反射辐射和淋水等。虽然有一定作用,但在环境温度较高情况下,则作用有限。

②增加散热:舍内管理措施包括吹风、牛体淋水、饮冰水、喷雾、洒水以及蒸发垫降温。牛舍内安装电扇,加强通风能加快空气对流和蒸发散热。在饲槽上方安装淋浴系统,采用距牛背 1m 高处喷雾形式,提高蒸发和传导散热。据报道,电扇和喷雾结合使用较任何一种单独使用效果好。

当冬季气温低于 4℃以下时扣上双层塑膜,要注意通风换气,及时排除氨气、一氧化碳等有害气体。

(3)按牛体由大到小的顺序拴系、定槽、定位,缰绳以能起卧自如 40～60cm 为宜。

(4)犊牛断奶后驱虫 1 次,10～12 月龄再驱虫 1 次。驱虫药可用虫克星或左旋咪唑或阿维菌素等广谱驱虫药。

(5)日常每日刷拭牛体 1～2 次,以促进血液循环,增进食欲,保持牛体卫生,育肥牛要按时搞好疫病防治,经常观察牛采食、饮水和反刍情况,发现病情及时治疗。

方案二:强度育肥,周岁左右出栏日粮配方。

选择良种牛或其改良牛,在犊牛阶段采取较合理的饲养,使日增重达 0.8～0.9kg,180 日龄体重超过 200kg 后,按日增重大于1.2kg 设置日粮,12 月龄体重达 450kg 左右,上等膘时出栏。其日粮配方见表 8-4。

表 8-4　强度育肥周岁左右出栏日粮配方

日龄	始重 (kg)	日增重 (kg)	全乳喂量 (kg)	精料喂量 (kg)	精料补充料配方(%)								另添加(/kg)	
					玉米	高粱	饼粕类*1	饲用酵母	植物油脂	磷酸氢钙	食盐	碳酸氢钠	土霉素 (mg/)	维生素A*2 (万IU/)
0~30	30~50	0.8	6~7	自由										
31~60	62~66	0.7~0.8	8	自由	60	10	15	3	10	1.5	0.5	0	22	1.0~2.0
61~90	88~91	0.7~0.8	7	自由										
91~120	110~114	0.8~0.9	4	1.2~1.3	60	10	24	0	3	1.5	1.0	0.5	0	0.5~1.0
121~180	136~139	0.8~0.9	0	1.8~2.5										
181~240	209~221	1.2~1.4	0	3.0~3.5										
241~300	287~299	1.2~1.4	0	4.0~4.5	67	10	20	0	0	1.0	1.0	1.0	0	0.5
301~360	365~377	1.2~1.4	0	5.6~6.6										

注：*1 也可用糊化淀粉尿素等替代；*2 仅在干草期添加。

方案三：育肥始重 250kg，育肥天数 250 天，体重 500kg 左右出栏。平均日增重 1.0kg。日粮分 5 个体重阶段，50 天更换 1 次日粮配方与饲喂量。粗饲料采用青贮玉米秸，自由采食。各阶段精料喂量和配方见表 8-5。

表 8-5　精料喂量和组成

体重 (kg)	精料喂量(kg)	精料配合比（%）					
		玉米	麸皮	棉粕	石粉	食盐	碳酸氢钠
250～300	3.0	43.7	28.5	24.7	1.1	1.0	1.0
300～350	3.7	55.5	22.0	19.5	1.0	1.0	1.0
350～400	4.2	64.5	17.4	15.5	0.6	1.0	1.0
400～450	4.7	71.4	14.0	12.3	0.5	1.0	1.0
450～500	5.3	75.5	12.0	10.5	0.3	1.0	1.0

育肥牛采用拴系饲养，每天舍外拴系，上槽饲喂及晚间入舍，日喂 2 次，上午 6 时，下午 6 时，每次喂后及中午饮水。

（二）放牧舍饲持续育肥技术

在牧区或半农半牧区，夏季水草茂盛，也是放牧的最好季节，充分利用野生青草的营养价值高、适口性好和消化率高的优点，采用放牧育肥方式。当温度超过 30℃，注意防暑降温，可采取夜间放牧的方式，提高采食量，增加经济效益。春、秋季应白天放牧，夜间补饲一定量的青贮、氨化、微贮秸秆等粗饲料和少量精料。冬季要补充一定的精料，适当增加能量饲料，提高肉牛的防寒能力，降低能量在基础代谢上的比例。

1. 放牧加补饲持续育肥技术

在牧草条件较好的牧区，犊牛断奶后，以放牧为主，根据草场情况，适当补充精料或干草，使其在 18 月龄体重 400kg。要实现这一目标,犊牛在哺乳阶段,平均日增重应达到 0.9～1.0kg,冬季日增重保持 0.4～0.6kg,第 2 个夏季日增重在 0.9kg。在枯草季节,对育肥牛每天每头补喂精料 1～2kg。放牧时应做到合理分群,每群 50 头左右,划区轮牧,效果更好。我国 1 头体重 120～150kg 牛需 1.5～2hm² 草场,放牧肥育时间一般在 5～11 月份,放牧时要注意牛的休息、饮水和补盐。夏季防暑,狠抓秋膘。

2. 放牧—舍饲—放牧持续育肥技术

此法适应 9～11 月份出生的秋犊。犊牛出生后随母牛哺乳或人工哺乳,哺乳期日增重 0.6kg 断奶时体重达到 70kg。断奶后以喂粗饲料为主,进行冬季舍饲,自由采食青贮料或干草,日喂精料不超过 2kg,平均日增重 0.9kg。到 6 月龄体重达到 180kg。然后在优良牧草地放牧(此时正值 4～10 月份),要求平均日增重保持 0.8kg。到 12 月龄可达到 325kg。转入舍饲,自由采食青贮料或青干草,日喂精料 2～5kg,平均日增重 0.8kg,到 18 月龄,体重达 490kg。

二、架子牛育肥技术

将牧区未经肥育的架子牛(体重 300kg 以上)转移到精料条件好的农区进行育肥,可以充分利用农区的农副产品和作物秸秆。

架子牛刚运到育肥场后应有 10～15 天的过渡饲养,前几天只喂粗料,适当加盐调节肠胃功能,以后逐渐加料、驱虫,一般 15 天后进入正式育肥期,期间为了减少肉牛活动,采取每头牛单桩拴系。

（一）架子牛育肥饲养管理

1. 架子牛选择技术要点

选购的架子牛应是优良肉用品种夏洛来牛、西门塔尔牛、海福特牛、利木赞牛、皮埃蒙特牛、安格斯牛等与当地黄牛杂交的改良牛。牛的增重速度、胴体质量、活重、饲料利用率等都和牛的年龄有非常密切的关系，因此选购的架子牛应为1～2岁，体重300～400kg健康无病，体型外貌发育良好未去势的公牛。

健康牛的特征：鼻镜湿润、双目明亮、眼大、双耳灵活、行动自然、被毛光亮，皮肤富有弹性；口大而方、食欲旺盛、反刍正常、体型大、采食量大、胸深且宽、身躯长、四肢粗壮、大骨架的牛。

2. 育肥牛的饲养技术

（1）日粮配合原则：日粮所含养分能满足肉牛的营养需要，一般应达到饲养标准所规定的要求，在具体肉牛生产应用中，根据生产性能高低，环境因素（温度）等进行必要调整。要求所选饲料的品质优良，适口性好，勿用发霉变质饲料。充分利用本地成本低廉，资源丰富的饲料，且能长期稳定供应。所选用的饲料种类应尽量多些，以达到养分互补，提高饲料利用率。

（2）日粮配合方法：肉牛口粮配合是按每头育肥牛每日营养需要量来配合的，主要依据牛体重的大小、日增重和饲料品种。第1步按肉牛饲养标准查营养需要表；第2步满足牛粗饲料给量；第3步满足能量需要；第4步满足蛋白质需要；第5步满足矿物质需要，最后定出饲料配方。其具体的计算方法可参考第六章。

（3）阶段饲养法：根据肉牛生产发育特点及营养需要，架子牛从易地到育肥场后，把120～150天的育肥饲养期分为过渡期和催肥期2个阶段。

过渡期（观察、适应期）：10～20天，因运输、草料、气候、环境的变化引起牛体一系列生理反应,通过科学调理,使其适应新的饲养管理环境。前 1～2 天不喂草料只饮水,适量加盐以调理胃肠,增进食欲;以后第 1 周只喂粗饲料,不喂精饲料。第 2 周开始逐渐加料,每天只喂 1～2kg 玉米粉或麸皮,不喂饼粕,过渡期结束后,由粗料转为精料型。

催肥期:采用高精料日粮进行强度育肥催肥期 1～20 天日粮中精料比例要达到 45％～55％,粗蛋白质水平保持在 12％;21～50 天日粮中精料比例提高到 65％～70％,粗蛋白质水平为 11％;51～90 天日粮中饲量浓度进一步提高,精饲料比例达到 80％～85％,蛋白质含量为 10％。此外,在肉牛饲料中应加肉牛添加剂,占日粮的 1％。粗饲料应进行处理,麦秸氨化处理,玉米秸青贮或微贮之后饲喂。

(4)不同季节应采用不同的饲养方法

夏季饲养:气温过高,肉牛食欲下降,增重缓慢。在环境温度 8～20℃,牛的增重速度较快。因此夏季育肥时应注意适当提高日粮的营养浓度,延长饲喂时间。气温 30℃ 以上时,应采取防暑降温措施。

冬季饲养:在冬季应给牛加喂能量饲料,提高肉牛防寒能力。不饲喂带冰的饲料和饮用冰冷的水。气温 5℃ 以下时,应采取防寒保温措施。

3. 育肥牛的科学管理

牛舍在进牛前用 20％ 生石灰或消毒液消毒,门口设消毒池,以防病菌带入。牛体消毒用 0.3％ 的过氧乙酸消毒液逐头进行一次喷体。不喂霉败变质饲料。出栏前不宜更换饲料,以免影响增重。日粮中加喂尿素时,一定要与精料拌匀,且不宜喂后立即饮水,一般要间隔 1 小时再饮水。用酒糟喂牛时,不可温度太低,且要运回后立即饲喂,不宜搁置太久。用氨化秸秆喂牛时要先放氨,以免影响牛的食欲和消化。其余见育肥肉牛的一般饲养管理原则。

（二）架子牛合饲育肥不同类型日粮配方

1. 氨化稻草类型日粮配方

饲喂效果，12～18月龄体重300kg以上架子牛舍饲育肥105天，日增重1.3kg以上。不同阶段各饲料日喂量见表8-6。

表8-6 不同阶段各饲料日喂量[kg/（d・头）]

阶段（天数）	玉米	豆饼	磷酸氢钙	矿物微量元素	食盐	碳酸氢钠	氨化稻草
前期（30天）	2.5	0.25	0.060	0.030	0.050	0.050	20.0
中期（30天）	4.0	1.00	0.070	0.030	0.050	0.050	17.0
后期（45天）	5.0	1.50	0.070	0.035	0.050	0.080	15.0

2. 酒糟＋青贮玉米秸类型日粮配方

饲喂效果，日增重1.0kg以上。精料配方（％）：玉米93.0、棉粕2.8、尿素1.2、石粉1.2、食盐1.8、添加剂另加。不同体重阶段，精粗料用量见表8-7。

表8-7 不同体重阶段精粗料用量[kg/（d・头）]

体重	精料	青贮	啤酒糟
250～350	2～3	10～12	10～12
350～450	3～4	12～14	12～14
450～550	4～5	14～16	14～16
550～650	5～6	16～18	16～18

3. 经试验后所推荐的日粮配方

据报道依据反刍动物新蛋白质体系及能量体系,并通过运用能氮平衡理论,保证日粮能氮的高效利用,共进行了 5 个日粮类型配方试验,每个日粮类型通过 3 种营养水平(高、中、低)4 个体重阶段(300～350kg、350～400kg、400～450kg、450～500kg)的研究。下面介绍的是经过试验后所推荐的日粮配方。

(1)青贮玉米秸类型典型日粮配方:青贮玉米秸是肉牛的优质粗饲料,合理的日粮配方可以更好的发挥肉牛生产潜力。育肥全程采取表 8-8 所推荐日粮,可比河北省传统的地方高棉粕日粮(低营养水平)日增重由 0.89kg 加到 1.40kg,提高 57.3%。

(2)酒糟类型典型日粮配方:酒糟作为酿酒的副产品,其营养价值因酿酒原料不同而异,酒糟中蛋白含量高,此外还含有未知生长因子,因此,在许多规模化肉牛场中使用酒糟育肥肉牛。其育肥效果取决于日粮的合理搭制。育肥全程采取表 8-9 所推荐日粮,日增重比对照组(肉牛场惯用日粮)提高 69.71%。

(3)干玉米秸类型日粮配方:农区有大量的作物秸秆,是廉价的饲料资源。但秸秆的粗蛋白质、矿物质、维生素含量低,特别是其木质化纤维结构造成消化率低、有效能量低,成为影响秸秆营养价值及饲用效果的主要因素。对于玉米秸类型日粮进行合理营养调控,可改善饲料养分利用率。育肥全程采取表 8-10 所推荐的日粮,平均日增重由对照组的 1.03kg 提高到 1.33kg,相对提高29.13%,缩短育肥出栏时间 46 天,年利润提高 10.07%。

(4)"三化"复合处理麦秸+青贮玉米秸类型日粮配方:麦秸"三化"复合处理发挥了氨化、碱化、盐化的综合作用,质地柔软,气味糊香,明显改善了秸秆的纤维结构,提高了秸秆的营养价值与可消化性,但缺乏青绿饲料富含的维生素等养分,与玉米秸青贮合理可产生青饲催化及秸秆组合效应,是一种促进秸秆科学利用颇具

表 8-8　青贮玉米秸典型日粮推荐配方和营养水平

体重阶段	采食量[kg/(d·头)]		精料配方(%)						营养水平(/d·头)			
(kg)	青贮玉米秸	精料	玉米	麸皮	棉粕	尿素	食盐	石粉	RND (个/kg)	DCP (g)	Ca (g)	P (g)
300~350	15	5.2	71.8	3.3	21.0	1.4	1.5	1.0	6.7	747.8	39	21
350~400	15	6.1	76.8	4.0	15.6	1.4	1.5	0.7	7.2	713.5	36	22
400~450	15	7.0	77.6	0.7	18.0	1.7	1.2	0.8	7.0	782.6	37	21
450~500	15	8.0	84.5	—	11.6	1.9	1.2	0.8	8.8	776.4	45	25

注:精料中另加 0.2 的添加剂预混料。

表 8-9　酒糟类典型日粮推荐配方和营养水平

体重阶段	采食量[kg/(d·头)]			精料配方(%)						营养水平(/d·头)			
(kg)	酒糟	玉米秸	精料	玉米	麸皮	棉粕	尿素	食盐	石粉	RND (个/kg)	DCP (g)	Ca (g)	P (g)
300~350	11.0	1.5	4.1	58.9	20.3	17.7	0.4	1.5	1.2	7.4	787.8	46	30
350~400	11.3	1.7	7.6	75.1	11.1	9.7	1.6	1.5	1.0	11.8	1272.3	57	39
400~450	12.0	1.8	7.5	80.8	7.8	7.0	2.1	1.5	0.8	12.3	1306.6	52	37
450~500	13.1	1.8	8.2	85.2	5.9	4.5	2.3	1.5	0.6	13.2	1385.6	51	39

注:精料中另加 0.2 的添加剂预混料。

表 8-10　干玉米秸类典型日粮推荐配方和营养水平

体重阶段	采食量[kg/(d·头)]			精料配方(%)						营养水平/(d·头)			
(kg)	干玉米秸	玉米秸	精料	玉米	麸皮	棉粕	尿素	食盐	石粉	RND(个/kg)	DCP(g)	Ca(g)	P(g)
300~350	3.6	0.5	4.8	66.2	2.5	27.9	0.9	1.5	1.0	6.1	660	38	27
350~400	4.0	0.3	5.4	70.5	1.9	24.1	1.2	1.5	0.8	6.8	691	38	28
400~450	4.2	1.1	6.0	72.7	6.6	16.8	1.4	1.5	1.0	7.6	722	37	31
450~500	4.6	0.3	6.7	78.3	1.6	16.3	1.8	1.5	0.5	8.4	754	36	32

注:精料中另加 0.2 的添加剂预混料。

表 8-11　三化麦秸+玉米青贮类型日粮推荐配方和营养水平

体重阶段	采食量[kg/(d·头)]			精料配方(%)						营养水平/(d·头)			
(kg)	三化麦秸	玉米秸青贮	精料	玉米	麸皮	棉粕	尿素	食盐	石粉	RND(个/kg)	DCP(g)	Ca(g)	P(g)
300~350	3.0	11.0	4.04	55.7	22.5	20.0	0.6	1.0	0.2	6.1	660	38	22
350~400	3.5	13.0	4.25	61.4	19.3	17.2	1.1	1.0	—	6.8	691	39	21
400~450	4.0	15.0	4.71	69.6	14.6	13.0	1.8	1.0	—	7.6	722	37	22
450~500	4.5	17.0	4.99	74.4	12.0	10.4	2.2	1.0	—	6.4	754	36	23

注:精料中另加 0.2 的添加剂预混料。

表 8-12 半干青贮添加剂处理玉米秸类型日粮推荐配方和营养水平

体重阶段 (kg)	采食量[kg/(d·头)]		精料配方(%)					营养水平(/d·头)			
	处理玉米秸	精料	玉米	麸皮	稻粮	尿素	石粉	RND (个/kg)	DCP (g)	Ca (g)	P (g)
300~350	12	4.35	64.6	—	23.9	0.59	0.91	6.1	660	38	22
350~400	15	4.20	55.6	23.1	20.5	0.05	0.70	6.8	691	39	21
400~450	18	4.40	63.5	18.7	16.7	0.73	0.37	7.6	722	37	22
450~500	20	4.70	68.6	16.2	14.1	1.06	0.13	6.4	754	36	23

注:由于处理玉米秸中已加入了食盐,故日粮中不再添加;精料中另加0.2的添加剂预混料。

潜力的日粮类型。育肥全程使用推荐日粮（表 8-11），可使日搭配，增重由对照组的 1.05kg 增加到 1.26kg，提高 20%，缩短出栏天数 31 天，年利润提高 13.38%。

（5）半干青贮添加剂处理干玉米秸类型配方（也适合于玉米秸微贮）：半干青贮添加剂是集酶菌复合作用为一体，处理秸秆后，质地柔软，气味芳香，适口性好，消化率提高，制作季节延长。在育肥全程使用表 8-12 所推荐的配方可由传统日粮的日增重 1.06kg，增加到 1.36kg，提高 28.44%，出栏天数可缩短 43 天，年经济效益提高 38.39%。

三、犊牛育肥生产技术

犊牛育肥指完全用全乳、脱脂乳或代用乳，或者用较多数量牛奶搭配少量混合精料饲喂犊牛，哺乳期可分为 3 个月或 7～8 月龄，断奶后屠宰。优良的乳肉兼用品种或乳用品种公牛犊，均可生产优质犊牛肉。严格说来，犊牛生后 90～100 天，体重达到 100kg 左右，完全由母乳或代用乳培育所产的牛肉，称为小白牛肉，生产小白牛肉时，乳液中绝不能添加铁、铜元素。而在生后 7～8 月龄或 12 月龄以前，以乳为主，辅以少量精料培育，体重达到 300～400kg 所产的肉，称为小牛肉。小牛肉分大胴体和小胴体，犊牛育肥至 6～8 月龄，体重达到 250～300kg，屠宰率 58%～62%，胴体重 130～150kg 称小胴体。如果育肥至 8～12 月龄屠宰活重达到 350kg 以上，胴体重 200kg 以上，则称为大胴体。目前西方国家大胴体较小胴体的销路好。牛肉品质要求多汁，肉质呈淡粉红色，胴体表面均匀覆盖一层白色脂肪。为了使小牛肉肉色发红，许多育肥场在全乳或代用乳中补加铁和铜，并还可以提高肉质和减少犊牛疾病的发生。犊牛肉蛋白质比一般牛肉高 27.2%～63.8%，而脂肪却低 95% 左右，并且人体所需的氨基酸和维生素齐全，是理想的高档牛肉,发展前景十分广阔。

(一)小白牛肉生产

犊牛生后 1 周内,一定要吃足初乳,至少出生 3 天后应与其母亲牛分开,实行人工哺乳,每日哺喂 3 次。对犊牛的饲养管理要求与小牛肉生产相同,生产小白牛肉每增重 1kg 牛肉约需消耗 10kg 奶,很不经济,因此,近年来采用代乳料加人工乳喂养越来越普遍。用代乳料或人工乳平均每生产 1kg 小白牛肉约消耗 13kg。管理上应严格控制乳液中的含铁量,强迫犊牛在缺铁条件下生长,这是小白牛肉生产的关键技术。其生产推荐方案见表 8-13。

表 8-13　小白牛肉生产推荐方案

日龄	期末体重(kg)	日增重(kg)	日给乳量(kg)	需总乳量(kg)
1~30	40.0	0.80	6.40	192.0
31~45	56.1	1.07	8.30	133.0
46~100	103.0	0.84	9.50	513.0

(二)小牛肉生产

方案一:犊牛在 4 周龄前要严格控制喂奶速度、奶温及奶的卫生等,以防消化不良或腹泻,特别是要吃足初乳。5 周龄以后可拴系饲养,减少运动,每日晒太阳 3~4 小时。夏季要防暑降温,冬季宜在室内饲养(室温在 0℃ 以上)。每日应刷拭牛体,保持牛体卫生。犊牛在育肥期内每天喂 2~3 次,自由饮水,夏季饮凉水,冬季饮 20℃ 左右温水。犊牛用混合料可采用如下配方:玉米 60%、豆饼 12%、大麦 13%、酵母粉 3%、油脂 10%、磷酸氢钙 1.5%、食盐 0.5%。见表 8-14。

表 8-14   小牛肉生产方案

周龄	始重(kg)	日增重(kg/d)	喂乳量(kg/d)	配合料量(kg/d)	青干草量(kg/d)
0~4	50	0.95	8.5	自由采食	自由采食
5~7	76	1.20	10.5	自由采食	自由采食
8~10	102	1.30	13.0	自由采食	自由采食
11~13	129	1.30	14.0	自由采食	自由采食
14~16	156	1.30	10.0	1.5	自由采食
17~21	183	1.35	8.0	2.0	自由采食
22~27	232	1.35	6.0	2.5	自由采食
合计			1088	300	300

方案二:犊牛出生至8月龄出栏,将犊牛在特殊饲养条件下饲养7~8个月,使体重达到250kg以上时屠宰。

(1)选用西门塔尔等杂交公犊,初生重不小于35kg。从2月龄开始补料,具体饲养推荐方案见表8-15。犊牛育肥期配合饲料推荐配方见表8-16。

表 8-15   犊牛育肥饲养推荐方案

周龄	体重(kg)	日增重(kg/d)	喂全乳量或随母哺(kg/d)	喂配合料量(kg/d)	青草或青干草(kg/d)
1		0.6~0.8	5.0		
2	40~59	0.6~0.8	5.5	0.05	—
3		0.6~0.8	6.0	0.10	
4		0.6~0.8	6.5	0.15	

周龄	体重 (kg)	日增重 (kg/d)	喂全乳量或 随母哺(kg/d)	喂配合料量 (kg/d)	青草或青 干草(kg/d)
5		0.9~1.0	7.0	0.25	
6	60~79	0.9~1.0	7.5	0.40	—
7		0.9~1.0	7.9	0.55	
8		0.9~1.1		0.70	
9	80~99	0.9~1.1	8.0	0.85	自由采食
10		0.9~1.1		1.00	
11		1.0~1.2		1.20	
12	100~124	1.0~1.2	7.0	1.40	自由采食
13		1.0~1.2		1.60	
14		1.0~1.3		2.00	
15	125~149	1.0~1.3	断奶	2.20	自由采食
16		1.0~1.3		2.40	
17		1.0~1.4		2.70	
18		1.0~1.4		3.00	
19	150~199	1.0~1.4		3.30	自由采食
20		1.0~1.4		3.60	
21		1.0~1.4		3.90	
22		1.0~1.3		4.20	
23		1.0~1.3		4.50	
24		1.0~1.3		4.80	
25	200~250	1.0~1.3		5.10	自由采食
26		1.0~1.3		5.40	
27		1.0~1.3		5.70	

续表

周龄	体重 (kg)	日增重 (kg/d)	喂全乳量或随母哺(kg/d)	喂配合料量 (kg/d)	青草或青干草(kg/d)
28		1.0~1.3		6.00	
29		1.0~1.3		6.30	
30		1.0~1.3		6.60	
31	250~310	1.0~1.3		6.90	自由采食
32		1.0~1.3		7.20	
33		1.0~1.3		7.50	
34		1.0~1.3		7.80	

表 8-16 犊牛育肥期配合饲料推荐配方

玉米	大麦	膨化大豆	豆粕	饲用酵母	磷酸氢钙	食盐
60	13	10	12	3	1.0	0.5

(2)饲养管理：

①初生犊牛一定要保证出生后 0.5~1 小时内充分地吃到初乳,初乳期 4~7 天,这样可以降低犊牛死亡率。给 4 周龄以内犊牛喂奶,要严格做到定时、定量、定温。保证奶及奶具卫生,以预防消化不良和腹泻病的发生。夏季奶温控制在 37~38℃,冬季控制在 39~42℃。天气晴朗时,让犊牛于室外晒太阳,但运动量不宜过大。

②一般 5 周龄以后,拴系饲养,减少运动,但每天应晒太阳 3~4 小时。夏季要注意防暑。冬季室温应保持在 0℃以上。最适温度为 18~20℃,相对湿度 80% 以下。

③犊牛育肥全期内每天饲喂 2 次,上午 6 时,下午 18 时。自由饮水,夏季可饮凉水,冬季饮 20℃左右的温水。犊牛若出现消

化不良,酌情减喂精料,并给予药物治疗。

四、高档牛肉生产技术

(一)高档牛肉的基本要求

高档牛肉占牛胴体的比例最高可达 12％,高档和优质牛肉合计占牛胴体的比例可达到 45％～50％。高档优质牛肉售价高,因此提高高档优质牛肉的出产率可大大提高养肉牛的生产效率。由于各国传统饮食习惯不同,高档牛肉的标准各异。通常高档牛肉是指优质牛肉中的精选部分,国外称特级牛肉或精选级牛肉,也称一级或二级牛肉。美国、加拿大等美洲国家希望高档牛肉中含有适度脂肪。英国、德国、法国等欧洲国家则希望少含或不含脂肪。但日本、韩国及东南亚各国均希望含较丰富的脂肪。目前我国肉牛和牛肉等级标准尚未统一规定,综合国内外研究结果,高档牛肉至少应具备以下指标,供国内生产高档牛肉参考。

1. 活牛健康无病的各类杂交牛或良种黄牛

年龄 30 月龄以内,宰前活重 550kg 以上;膘情为满膘(看不到骨头突出点);尾根下平坦无沟、背平宽;手触摸肩部、胸垂部、背腰部、上腹部、臀部,有较厚的脂肪层。

2. 胴体评估

胴体外观完整,无损伤;胴体体表脂肪色泽洁白而有光泽,质地坚硬;胴体体表脂肪覆盖率 80％以上,12～13 肋骨处脂肪厚度 10～20mm,净肉率 52％以上。

3. 肉质评估

大理石花纹符合我国牛肉分级标准(试行)一级或二级(大理

石花纹丰富);牛肉嫩度,肌肉剪切力值 3.62kg 以下,出现次数应在 65% 以上;易咀嚼,不留残渣,不塞牙;完全解冻的肉块,用手触摸时,手指易进入肉块深部。牛肉质地松软、多汁。每条牛柳重 2.0kg 以上,每条西冷重 5.0kg 以上,每块眼肉重 6.0kg 以上。

(二)高档牛肉的生产技术

1. 品种选择

据研究表明,生产高档牛肉的品种为利木赞牛、夏洛来牛或皮埃蒙特牛与本地牛的杂交后代、红安格斯牛与本地牛杂交后代;以及我国良种黄牛(鲁西牛、秦川牛、晋南牛、南阳牛)部分优秀个体。

2. 年龄与性别

生产高档牛肉以阉牛育肥最好。因为阉牛的胴体等级高于公牛,而阉牛又比母牛的生长速度快。最佳开始育肥年龄为 12～16 月龄,终止育肥年龄为 24～27 月龄。30 月龄以上牛只不宜肥育生产高档牛肉。

3. 饲养与饲料

生产高档牛肉的牛,6 月龄体重不低于 140kg,以后按照日增重 1.0kg 日粮饲喂,到 22～26 月龄体重达到 650kg 右。也可选择 12 月龄、体重 300kg 牛进行育肥,同样按日增重 1kg 日粮饲喂,到 22 月龄时,体重达到 600kg 此时,膘情为满膘,脂肪已充分沉积到肌肉纤维之间,使眼肌切面上呈现理想的大理石花纹。育肥到 18 月龄以后,日增重稍低,应酌情增加日料量 10% 左右。最后 2 个月要调整日粮,不喂含各种能加重脂肪组织颜色的草料,例如大豆饼粕、黄玉米、南瓜、红胡萝卜、青草等。改喂使脂肪白而坚硬的饲料,如麦类、麸皮、麦糠、马铃薯和淀粉渣等,粗料最好用含叶绿素、叶黄素较少的饲草,如玉米秸、谷草、干草等。在日粮成分变动时,

要注意做到逐渐过渡。最后 2 个月最好提高营养水平,使日增重
达到 1.3kg 以上。高精料育肥时应防止发生酸中毒。下面列举
典型日粮配方,供养殖场(户、园区)参考:

配方 Ⅰ(适应于体重 300kg):精料 4～5kg/(d·头)(玉米
50.8%、麸皮 24.7%、棉粕 22.0%、磷酸氢钙 0.3%、石粉 0.2%、
食盐 1%、小苏打 0.5%,预混料适量);玉米秸或麦稻草 3～4kg。

配方 Ⅱ(适应于体重 400kg):精料 5～7kg/(d·头)(玉米
51.3%、大麦 21.3%、麸皮 14.7%、棉粕 10.3%、磷酸氢钙
0.14%、石粉 0.26%、食盐 1.5%、小苏打 0.5%,预混料适量);玉
米秸或麦稻草 5～6kg/(d·头)。

配方 Ⅲ(适应于体重 450kg):精料 6～8kg/(d·头)(玉米
56.6%、大麦 20.7%、麸皮 14.2%、棉粕 6.3%、石粉 0.2%、食盐
1.5%、小苏打 0.5%,预混料适量),玉米秸或麦稻草 5～6kg/(d·
头)。

4. 肥育牛的管理

实施卫生防疫措施;夏季防暑,冬季防寒;天天刷拭牛体,清洗
牛床、牛槽和水槽;保证充足干净饮水,每日 3～4 次。育肥后期,
每日喂料 3～4 次;安全运输,防止牛只损伤。

5. 屠宰及胴体成熟

当肉牛年龄在 24～30 月龄、体重达到 550kg 以上时,及时出
栏屠宰。屠宰要放血完全,并将胴体(劈半)吊挂在 0～4℃室温条
件下 7～9 天或采取电刺激法快速嫩化成熟,然后分割包装(严格
操作规程,将牛柳、西冷、眼肉、米龙等高档和优质肉块分割开来),
再置于 −15～−25℃的冷库中储藏。

五、育肥肉牛饲养管理技术规范

生产无公害优质牛肉要遵循《中华人民共和国农业行业标准——无公害食品 肉牛饲养管理准则》(NY/T 5128—2002)和《肉牛饲养饲料使用准则》(NY/T 5127—2002)。

(一)肉牛日粮

1. 饲料和饲料添加剂的使用应符合农业部已批准使用的《饲料添加剂——中华人民共和国农业部公告第 105 号》的规定,不应在饲料中额外添加未经国家有关部门批准使用的各种化学、生物制剂及保护剂(如抗氧化剂、防霉剂)等添加剂。

2. 肉牛不同生长时期和生理阶段至少应达到肉牛饲养标准(NT/T 815—2004)要求,根据肉牛日粮配合的原则,在保证营养需要的前提下,保证日粮的纤维浓度、适口性、轻泻性和有一定的容积和浓度,进行合理配制饲料。

3. 应清除肉牛饲料中的金属异物和泥沙。

(二)饲喂技术

1. 定时定量,少给勤添,更换饲料要逐渐进行。保持饲料清洁,切忌使用霉烂变质、冻坏、有毒害的饲料喂肉牛。每次饲喂完毕,槽内饲料残渣要清扫干净,随粪便拉出牛舍,不得堆积在牛床,以免肉牛践踏,发酵发霉,污染空气传播疾病。

2. 供应足够的生产饮用水,饮水质量应达到 NY 5027 的规定。经常清洗和消毒饮水设备,避免细菌滋生。若有水塔或其他贮水设施,则应有防止污染的措施,并予以定期清洗和消毒。

（三）日常管理技术

1. 搞好牛舍、运动场卫生

应使牛床干燥，勤换垫草，运动场应干燥不泥泞。

2. 防疫与疾病防治

肉牛群的免疫应遵循肉牛饲养兽医防疫准则（NY 5126—2002）的规定。对于治疗患疾病肉牛及必须使用药物处理时，应遵循肉牛饲养兽药使用准则（NY 5125—2002）的规定。育肥牛在正常情况下禁止使用任何药物，必须用药时，肉牛出栏屠宰前应按规定停药，应准确计算停药时间。不使用未经有关部门批准使用的激素类药物（如促卵泡发育、排卵和催产等药剂）及抗生素。

3. 建立规范的卫生消毒制度

包括环境消毒、人员消毒、牛舍消毒、用具消毒、牛体消毒和环境消毒。

4. 创造适宜的环境条件

肉牛场的环境条件应符合畜禽场环境质量标准（NY/T 388）。牛舍内的温度、湿度、气流（风速）和光照应满足肉牛不同饲养阶段的需求，以降低牛群发生疾病的机会。牛舍内空气质量应符合 NY/T 388 的规定。牛场净道和污道应分开，污道在下风向，雨水和污水应分开。牛场周围应设绿化隔离带。牛场排污应遵循减量化、无害化和资源化的原则。

第九章　肉牛繁殖技术

第一节　母牛生殖系统结构和繁殖规律

一、母牛生殖系统结构

随着冷冻精液与人工授精技术的普及，养牛场（户）中已不再饲养公牛。因此本节只介绍母牛的生殖器官系统，见图 9-1。

母牛生殖器官系统可由以下关系表示：

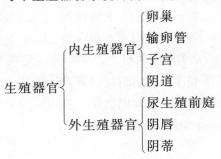

$$
生殖器官
\begin{cases}
内生殖器官
\begin{cases}
卵巢 \\
输卵管 \\
子宫 \\
阴道
\end{cases} \\[2ex]
外生殖器官
\begin{cases}
尿生殖前庭 \\
阴唇 \\
阴蒂
\end{cases}
\end{cases}
$$

（一）卵巢

成年母牛在未怀孕的情况下，卵巢为扁椭圆形，左右各一，附

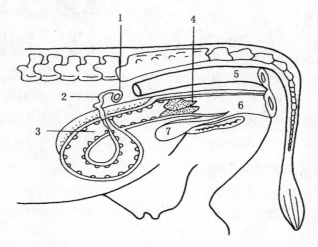

1.卵巢　2.输卵管　3.子宫角　4.子宫颈　5.直肠　6.阴道　7.膀胱

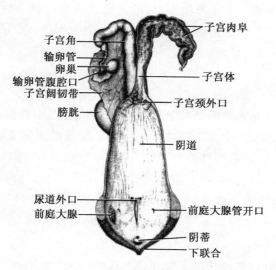

图 9-1　母牛的生殖器官示意图

着在卵巢系膜上,经输卵管同子宫相连。卵巢平均长 2～3cm,宽 1.5～2cm,厚 1.0～1.5cm。由于生殖周期的不同,卵巢的体积有很大的变化。发情时卵巢上出现卵泡,间情期卵巢上存在周期黄体,卵泡和黄体的存在都会使卵巢体积明显增大。

初产牛及经产胎次少的母牛,卵巢均在耻骨前缘的前下方,有时甚至在骨盆腔内,但胎次较多的母牛,卵巢的位置可向前下方腹腔深部移动。卵巢的功能主要有以下两点:

1. 促进卵泡发育和排卵

在卵巢皮质部有许多处于不同发育阶段的卵泡,卵泡分为原始卵泡、初级卵泡、次级卵泡和成熟卵泡。成熟卵泡破裂排出卵子,排卵后原卵泡处形成黄体。

2. 分泌雌激素和孕酮

卵泡内膜可分泌雌激素,当雌激素达一定量时,母牛即发情;排卵后的卵泡形成黄体,黄体分泌孕酮,当孕酮达一定量时可抑制发情,从而维持妊娠。

(二)输卵管

输卵管是连接卵巢和子宫的一条弯曲管道,由系膜包被,多呈弯曲状,长 20～30cm。在输卵管前 1/3 段较粗部称壶腹部,此部为受精地点;在输卵管后 2/3 较细部,称为峡部;在输卵管靠近卵巢的一端,为输卵管的末端,由于游离端呈漏斗状,称漏斗部;开口于腹腔,呈喇叭口状,又称输卵管伞。有许多须状组织,有拾卵作用。此外,与壶腹部连接处叫壶峡连接部,与子宫角尖端相连接处叫宫管连接部。

输卵管的生理功能主要有以下几点:

1. 输送卵子,精子

通过输卵管的蠕动、系膜的收缩,以及纤毛颤动引起的液流活动,使卵子被运送到壶峡连接部。

2. 精子获能、受精、受精卵卵裂的场所

精子进入母牛生殖道后,先在子宫内获能,然后在输卵管内完成整个获能过程,此外精子与卵子的结合以及卵裂也在其管内进行。

3. 分泌机能

在卵巢激素的作用下,当母牛发情时,输卵管的分泌功能增强,分泌物增多,其分泌物主要是黏蛋白和多糖,这些分泌物既是精子和卵子的运载工具,也是精子、卵子以及早期胚胎的营养液。

(三)子宫

由 2 个子宫角、1 个子宫体和子宫颈三部分组成,母牛子宫类型属于双间子宫(即对分子宫)。经产母牛子宫角往往垂入腹腔,其外形很像靠在一起的绵羊角。子宫角先向前下方弯曲,后转向后上方,两个子宫角基部汇合在一起形成子宫体,子宫体后方为子宫颈。母牛的子宫角长 20～40cm,角基部粗 1.5～3cm。其大部分位于腹腔,小部分位于骨盆腔,背侧为直肠,腹侧为膀胱,前接输卵管,后接阴道,借助于子宫阔韧带悬于腰下腹腔。

子宫壁的外为浆膜层,中为肌肉层,内为黏膜层。黏膜层由黏膜上皮和固有膜组成。黏膜上皮为柱状上皮细胞,有分泌作用。在固有膜内有子宫腺,亦有分泌作用。外层浆膜同子宫韧带的浆膜连在一起。中间的肌层很发达,分娩时即靠肌肉收缩的力量将胎儿娩出。肌肉层由较厚的内环肌和较薄的外纵肌组成,在两层肌肉之间,有一血管层,内有大量血管及神经,胎儿的营养即由这一层的血管供给。其生理功能主要有以下几点:

1. 子宫是精子进入及胎儿娩出的通道。

2. 提供精子获能条件及胎儿生长发育的营养与环境。

3. 调控雌性动物发情周期。

4. 子宫颈是子宫的门户,也是选择精子的贮存库。

(四)阴道

阴道是母牛的交配器官,又是胎儿娩出的产道。它前端腔隙扩大,在子宫颈阴道部周围形成阴道穹隆。组织结构包括外层的肌层、内层的黏膜,厚有纵褶、无腺体。后端止于与尿生殖前庭分界处即阴瓣(亦称处女膜),分娩过的母牛阴瓣只留下一点残迹,只见到较矮的横行褶。阴道是个肌性管道,伸缩性很大,分娩时阴道扩大,便于胎儿产出。

(五)外生殖器官

1. 尿生殖前庭

是交配器官,也是产道,位于阴瓣、阴门之间。前庭两侧靠背侧粘膜下有前庭大腺,呈分支管状。

2. 阴唇

阴唇在母牛生殖道末端,分左右两片,构成阴门,上下联合在一起,中间形成一个缝,称阴门裂。阴门外为皮肤,内为黏膜,之间含括约肌与结缔组织。

3. 阴蒂

也叫阴核,位于阴门下角的阴蒂窝内。阴蒂黏膜有丰富的感觉神经末梢,因而非常敏感,它在母牛的自然交配活动中具有生理意义。

二、母牛的繁殖周期

(一)繁殖规律

在雌性动物性机能发育过程中,一般分为初情期、性成熟期及繁殖功能停止期。

1. 初情期

指雌性动物开始出现第一次发情现象的年龄或月龄。它标志着雌性动物从无繁殖能力向有繁殖机能的转变。在这个阶段不能配种,因为此期在性成熟前,更在体成熟之前,动物身体还处于生长发育阶段,配种会影响其生殖能力,同时此时配种得到的后代体弱、生长缓慢。一般牛的初情期年龄为 6～12 月龄。

2. 性成熟

指雌性动物开始具备正常繁殖能力的时间。雌性生殖器官已发育成熟,卵泡已能够发育成熟。此阶段也不宜配种。牛的性成熟年龄为 8～14 月龄。

3. 适配年龄

一般指能具备正常的繁殖后代的能力,从生理和体型发育两方面考察。初配期应接近于体成熟,即体重达到成年体重的 70%时为宜。适配年龄一般为 18～20 月龄。

4. 繁殖终止期

指动物繁殖机能逐渐衰退,甚至失去繁殖能力的时期。雌性动物繁殖是有年限的,但受畜种品种饲养及健康状况不同而有差异。牛的繁殖终止期一般为 13～15 岁。

(二)母牛的发情特点

　　牛发情俗称寻犊、行犊、或走犊,是指性成熟青年母牛或未孕成母牛所表现出周期性的求偶欲配性冲动或性行为的生理现象。牛是四季发情动物,母牛的发情周期平均为 21 天(18～24),产后母牛一般在产后 35～50 天出现第一次发情。发情持续时间为10～18 小时,排卵在发情结束后 8～12 小时,青年母牛发情持续时间比成年母牛短,每次发情多数只在一侧卵巢上有一个卵泡发育、排卵。

　　母牛发情比较明显,表现精神不安、哞叫、食欲减退、泌乳量下降、外阴户充血肿胀、湿润有黏液流出、黏液量多,对周围环境和雄性动物反应敏感、散养牛爬跨现象明显,发情结束后有阴户排血现象。

　　牛在发情的第 10 天黄体体积最大,直径 20～25 毫米,成熟黄体为球形或椭圆形,通常稍突出于卵巢表面上,一般在排卵后 14～15 天开始退化,老牛的黄体退化较慢且较不完全。

(三)母牛发情鉴定的方法

　　母牛发情鉴定主要以外部观察结合直肠检查进行,必要时结合阴道检查或其他方法。发情鉴定的目的是及时发现发情母牛,正确掌握配种时间,防止误配漏配,提高受胎率。通过发情鉴定,可以发现生殖疾病或异常(子宫炎、卵巢囊肿)。发情鉴定时首先要了解母牛以往的发情表现是否明显,以及发情持续期长短及是否曾经输精等。鉴定母牛发情的方法有外部观察法、阴道检查法和直肠检查法等。

1. 外部观察法

　　外部观察法是鉴定母牛发情的主要方法,主要根据母牛的外部表现来判断发情情况。母牛发情时往往表现兴奋不安,食欲减退,尾根举起,外阴部红肿,从阴门流出黏液;在运动场散养或放牧时,常追逐和爬跨其他母牛并接受他牛爬跨;爬跨其他牛时,阴门有节律性的收缩搐动并滴尿,具有公牛交配的动作。在发情旺盛期,接受爬跨时会站定静立不动、并举尾,从阴门流出的黏液稀薄透明,牵缕性强;发情后期黏液量少,色泽浑浊而浓稠。

2. 阴道检查法

阴道检查法是用阴道开膣器来观察阴道的黏膜、分泌物和子宫颈口的变化来判断发情与否。发情母牛阴道黏膜充血潮红,表面光滑湿润;子宫颈外口充血、松弛、柔软开张,排出大量透明的牵缕性黏液,如玻棒状(俗称吊线),不易折断。黏液最初稀薄,随着发情时间的推移,逐渐变稠,量也由少变多。到发情后期,量逐渐减少且黏性差,颜色不透明,有时含淡黄色细胞碎屑或微量血液。不发情的母牛阴道苍白、干燥,子宫颈口紧闭,所以无黏液流出。通俗讲,发情初期:阴道有阻力,黏膜粉红,无光泽,少量黏液颈口略开;发情盛期:滑润,潮红有光泽,处女牛黏膜有血丝,颈口开启;发情末期:黏液少而黏稠,颈口闭合,色淡。

3. 直肠检查法

一般正常发情的母牛其外部表现是比较明显的,所以用外部观察法就可判断牛是否发情。阴道检查是在输精时作为一种鉴定发情的辅助方法。目前随着直肠把握输精的进展,直肠检查法在生产实践中被广泛采用。把手臂伸入母牛直肠内,隔着直肠壁触摸卵巢上卵泡发育的情况来判断发情与否。母牛在发情时,可以触摸到突出于卵巢表面并有波动的卵泡。排卵后,卵泡壁呈一个小的凹陷。在黄体形成后,可以摸到稍为突出于卵巢表面、质地较硬的黄体。母牛卵泡发育过程的特征见表9-1。

表 9-1　母牛卵泡发育的特征

卵泡发育时期	特点	外在表现
卵泡出现期	卵巢表面触感有一个凸起软泡（卵泡），波动不明显，弹性较强	刚开始发情，症状不明显。为时 10 小时
卵泡发育期	卵泡突出呈小球状，波动明显，弹性减弱	发情处于盛期，为时 10～12 小时
卵泡成熟期	卵泡增至最大体积，壁变薄，波动明显，有一触即破之感	发情症状减弱，本交或人工授精的良好时机，为时 6～8 小时
卵泡排卵期	卵泡壁破裂，卵泡液流失，壁松软，成一小凹陷，6～8 小时后形成黄体，黄体质地柔软，表面突出，体积 0.5～0.8cm。成熟后可达 2～2.5cm。配种已晚	性欲消失后十几小时(10～15h)。夜间排卵多于白天，右侧卵巢活跃

（1）直肠检查操作步骤：

①准备工作：准备衣服，手套；指甲要剪短，磨光，防止抓伤直肠；洗手，准备润滑液（液蜡，软皂，油粉团）。

②保定动物：牵入保定架，保定好。尾巴固定在一侧。

③站立于牛正后方，双脚前后站立，根据情况进行左右检查，并诱导排尿粪等。

④手指并成锥体形，通过肛门进入直肠。

⑤掏尽宿粪，若有肠收缩过紧成扩张则应分散其注意力，待牛体恢复正常时，再检查。

⑥检查完毕后，清洗和消毒。

（2）直肠检查的指标：

①弹性:指卵泡壁在指压下,放松手指压力后的回缩能力。

②波动:卵泡壁因受外界压力(指压),卵泡液受挤而向壁部冲击的触力及冲击的范围,波动实质是卵泡液受到压力后的流动。

③卵泡壁的厚薄:指泡壁由厚变薄的程度及速度。

(3)直肠检查应注意的问题:

①发现努责,过于扩张,膀胱挤尿,应停止检查。

②分清卵巢和粪球,防止捏碎卵泡、过分牵拉、到处抓等。

③防止时间过长,注意人畜安全。

(4)判断卵泡排卵时注意事项:

①综合判断:注意卵泡大小,排卵窝丰满程度,卵泡壁厚薄,弹性强弱,卵泡波动现象,母牛有无痛反应等。

②注意卵泡与黄体的区别:发情前期的卵泡有光滑、较硬的感觉,卵泡的形状像半个弹球扣在卵巢上一样,而没有退化的黄体一般呈扁圆形,稍突出于卵巢表面;卵泡的生长过程是渐进性变化,由小到大,由硬到软,由无波动到有波动,由无弹性到有弹性,而黄体则是退行性变化,发育时较大而软,到退化时期越来越小、越来越硬;黄体与卵巢连接处有明显的界限且不平直,而正常的卵泡与卵巢连接处光滑,无界限。

③区别大卵泡与囊肿:大卵泡超出正常卵泡体积,波动不明显,维持时间长,能排卵受胎;囊肿,时间长,无明显变化,体积往往很大,不能排卵受胎。

此外,发情鉴定的方法还有电测法、仿生学法以及生殖道黏液pH测定法等,但应用均不及上述方法普遍。

三、发情控制技术

应用某些激素或药物以及畜牧管理措施,人工控制雌性动物个体或群体发情并排卵的技术,称为发情控制技术。发情控制技术包括诱导发情、同期发情、超数排卵技术。

　　应用某些激素或药物以及某些畜牧管理措施诱导单个乏情动物发情并排卵的技术,称为诱导发情;使一群动物在同一时间内发情并排卵的技术,称为同期发情;使单个或多个动物发情并排出超过正常数量卵子的技术,称为超数排卵。诱导发情与同期发情的原理相近,主要是对象群体不同,这里主要介绍同期发情技术,超数排卵在胚胎移植章节中介绍。

　　生产实践中,肉牛养殖户(场)往往比较分散和交通不便,在实施杂交繁育初期缺少相应的人工授精员,如果以母牛自然发情输精,不利于人工授精和肉牛杂交改良技术的推广。为此常需要采用同期发情技术,使一群母牛在短时间内集中发情,人工授精员则根据预定日程巡回定期输精。同期发情技术在实施中还能促使部分乏情母牛发情,从而提高母牛繁殖率。

　　但是,正确的饲养管理是动物正常繁殖的基本条件;使用激素制剂实施同期发情应有严格科学的态度,每种激素产生作用都需要特定的条件,需要考虑特定的生理状态、血液中激素浓度、激素维持时间、激素之间的相互作用等。最好在实施同期发情前,对母牛进行仔细检查,一是可查出部分妊娠母牛,避免造成流产;二是可以根据卵巢黄体的发育情况,更有针对性地实施同期发情技术。

(一)同期发情的原理

　　在自然状态下,任何一群母牛,每个个体均随机处于发情周期的不同阶段。同期发情技术主要是借助外源性激素,有意识地干预母牛的发情过程,暂时打乱自然发情规律,继而把发情周期的进程调整到统一的步调之内,使它们的机能处于一个共同的基础上。

　　母牛周期性发情的实质是黄体期与卵泡期的交替过程,黄体期的结束是卵泡期的开始。在黄体期,相对高的孕激素水平抑制了母牛的发情。因此,同期发情技术的核心是控制黄体期的寿命,即延长或缩短其寿命,并同时终止黄体期,使母牛摆脱孕激素控制的时间一致,从而导致卵泡同时发育,达到同时发情。

(二)母牛同期发情的方法

同期发情的处理方法主要有延长黄体期和缩短黄体期两种(图 9-2)。

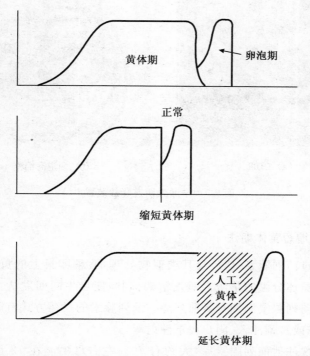

图 9-2　同期发情的处理方法——延长黄体期和缩短黄体期

1. 延长黄体期法

通过孕激素处理,造成人工黄体期,抑制发情。母牛处理一定时间(6~9 天或者 14~16 天)后,同时停药解除孕激素对发情的抑制即可引起母牛同时发情。此类孕激素包括孕酮及其合成类似物,如甲孕酮、炔诺酮、氯地孕酮、18-甲基炔诺酮等。投药方式有阴道栓塞(有阴道海绵栓与 CIDR 两种,图 9-3)、皮下埋植等。目前以阴道留置 CIDR 为主。

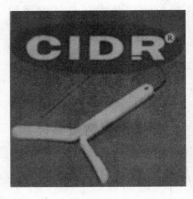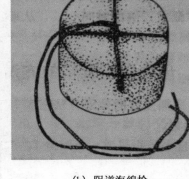

(a) CIDR   (b) 阴道海绵栓

图 9-3 孕激素阴道释放装置

2. 缩短黄体期法

通过前列腺素(PG)及其类似物处理,溶解卵巢上的黄体,中断卵巢黄体分泌的孕激素对发情的抑制,使母牛同期发情。目前常用的前列腺素制剂是氯前列醇。前列腺素的投药方式有肌内注射、宫腔或宫颈注入、阴户皮下注射等。

一次注射前列腺素后,大约有 70%左右母牛能在 72 小时左右发情,其中有 20%~30%牛在 72 小时前排卵。因此缩短黄体法同期发情,应在注射前列腺素后 48~72 小时观察母牛发情表现,并及时输精。

(三)提高牛同期发情率的措施

1.延长阴道栓留置时间

牛用孕激素阴道栓一般留置 9～12 天后撤除,但这时因部分母牛自然黄体并未消退而不能同时发情。为此可将阴道栓留置时间延长到 16～18 天后取出以提高同期发情率,但输精受胎率有所下降。

2.药物刺激

在放置阴道栓的同时,另外也可肌内注射苯甲酸雌二醇 2mg、黄体酮 50mg,在撤栓时肌内注射 PG 0.4mg 来提高同期化率。放栓的同时肌内注射雌二醇是促使已形成黄体的溶解或抑制新黄体的形成,而黄体酮是抑制即将发生的排卵,PG 是促使撤栓时未消退黄体的溶解。一般多数母牛在注射 PG 后 72 小时左右发情、输精。

3.提高发情的同期化程度

由于前列腺素仅对卵巢特定时期的黄体(牛排卵后 4 天至退化前的黄体)有溶解作用,而对群体来说,黄体存在于发情同期的各个阶段,所以要提高处理的同期化程度,必须间隔一定时间(9～12 天)后再处理一次,才能使群体发情达到最大同期化。

四、影响发情的因素

对母牛发情影响比较明显的因素有牛的品种差异、饲养管理条件的影响、自然因素的影响以及个体之间的差别。

1.品种

不同种的牛或不同品种的牛,初情期的早晚及发情的表现不同。一般情况下,大型品种初情年龄晚于小型品种的牛。如奶用小型品种娟姗牛初情年龄为 8 月龄,而更赛牛和荷斯坦牛为 11 月龄。肉用牛品种初情期的年龄往往比乳用品种为迟,而母水牛初情期更迟,一般为 13～18 个月。母牦牛的初情期平均为 24 个月。

2. 自然因素

由于自然地理因素的作用,不同的牛种或品种经过长期的自然和人工选择,形成了各自的发情特征,虽然这种特征随着饲养方式的改变已经发生了很大变化,但自然的影响有时还能看出来。母牛发情持续时间长短亦受气候因素的影响。高温季节,母牛发情持续期要比其他季节短。在炎热的夏季,除卵巢黄体正常地分泌孕酮外,还从母牛的肾上腺皮质部分泌孕酮,导致发情持续期缩短。草原放牧饲养的母牛,当饲料不足时,发情持续期也比农区饲养的母牛短。

3. 营养水平

营养水平是影响家畜初情期和发情表现的重要因素,自然环境对母牛发情的影响,在一定程度上亦是因营养水平的变化所致。一般情况下,良好的饲养水平可以增加牛的生长速度,提早牛的性成熟,也可以加强牛的发情表现。牛的体重变化与初情期有直接的关系,因此,在良好的饲养管理条件下,牛的健康生长有利于性成熟。试验表明,高营养水平的奶牛与低水平的营养比较,前者可以使牛的初情期提早 6～9 个月。秦川母牛在较好的饲养条件下,平均在 9.3 月龄(280 天)即进入性成熟期,而在饲养水平较低的情况下,初情期可能要晚 3～6 个月。

在牛自然采食的饲料中,可能含有一些物质,影响牛的初情期和经产牛的再发情。如存在于豆科牧草(如三叶草)中的植物雌激素,就可能影响牛的发情特征。我国传统上在早春季节利用某些植物牧草及根给动物催情,即是利用植物雌激素的例证。长期采食三叶草后,母牛流产率增高,处女牛乳房及乳头发达。实验研究表明,某些植物存在的类雌激素物质,可抑制牛卵泡发育和成熟,导致牛繁殖力的改变。

4. 生产水平和管理方式

母牛的发情表现与生产性能有关,肉用牛性表现往往没有乳用牛明显,而产奶量高的奶牛个体,其发情表现有时也没有其他牛明显。其原因可能与高产奶牛产奶代谢功能的旺盛,一定程度上抑制了与发情有关的生殖内分泌作用所致。过度肥胖的牛,发情特征往往不明显,可能与激素分泌有关。因此,在生产上,应注意母牛产后恢复发情的时间。间隔与牛饲养管理措施有关,例如,高产奶牛比较低产奶牛约延长 9 天才出现发情,每天挤奶或哺乳次数越多,间隔越长;营养差、体质弱的母牛,其间隔时间也较长。肉牛产前、产后分别饲喂低、高能量饲料可以缩短第一次发情间隔,如产前喂以足够能量而产后喂以低能量,则第一次发情间隔延长,有一部分牛在配种季节不发情,这部分牛若要提前配种,必须尽可能采取措施(提早断奶等),让牛提前发情。

第二节　人工授精技术

牛人工授精是利用器械采集公牛的精液,经检查检验和处理后,人工用器械将精液输入到发情母牛的生殖道内,以代替自然交配而繁殖后代的一种技术。

一、人工授精技术在肉牛生产中的意义

1. 提高了优良种公牛的配种效能和种用价值，扩大配种母牛的头数

人工授精可以超过自然交配的配种母牛数许多倍，甚至数百倍，特别是现代冷冻精液的推广普及，可使一头优秀公牛每年配种母牛达数万头以上。

2. 加速品种改良，促进育种工作

由于人工授精极大地提高了种公牛的配种能力，因此就能选择最优秀的公牛用于配种，使良种遗传基因的影响显著扩大，从而加速品种改良的进程。

3. 降低了饲养管理费用

由于每头公牛可配的母畜数增多，所以减少了饲养公牛的头数，既降低了生产费用，又可节约大量的饲料。

4. 防止各种疾病，特别是生殖道传染病的传播

由于公母牛不直接接触，人工授精又有严格的技术操作要求，因此可防止疾病，特别是某些因交配而感染的传染病传播。

5. 有利于提高母牛的受胎率

人工授精所用的精液都经过品质检查，保证质量要求。对母牛经过发情鉴定，可以掌握适宜的配种时机；另外还可克服因公、母畜体格相差太大不易交配，或生殖道某些异常不易受胎的困难，因此有利于提高母畜的受胎率和减少不孕。

6. 可以进行精液的长期保存

保存的精液经过运输到不同地理位置的输精网点,可使母牛配种不受地区的限制,并有效地解决了公牛不足地区的母畜配种问题。

7. 为开展科学研究提供了有效手段

人工授精可以实现远缘的种间杂交,目前已有黄牛和牦牛等动物的杂种后代,这在自然交配条件下是难以实现的。

二、人工受精技术

人工受精技术包括采精、精液品质鉴定、稀释、冷冻及解冻和输精几个方面。

(一)采精

公牛采精都用假阴道法采精。假阴道包括硬橡胶外胎,装于外胎内薄而软的橡皮内胎,由固定圈固定,后接橡皮漏斗及集精管,外套保护及保温套,外胎上有一注水孔及阀门,供注水及充气用(图 9-4)。

采精前将假阴道消毒并安装好,往内外胎夹层中注入 45～60℃温水适量。在假阴道前 1/3～1/2 处涂一薄层凡士林润滑,充气后使假阴道阴茎插入口呈三角状,内胎温度 38～42℃,置于恒温箱内备用。

一般公牛 1 周采精 2 次。采精时通常选择母牛或另一头公牛作台牛,保定于采精架内,采精员右手持假阴道,站在台牛右侧适当位置,由助手或饲养员将待采精公牛牵引至台牛后躯,一旦采精公牛起身爬跨台牛时,采精员须迅速上前将假阴道紧贴并固定在台牛尻部右侧,并与公牛阴茎勃起伸出方向呈一直线,同时左手轻

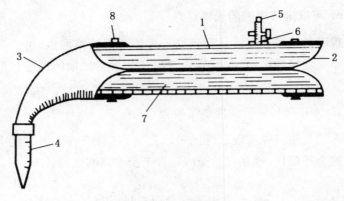

图 9-4　牛的假阴道

1. 外胎　2. 内胎　3. 橡胶漏斗　4. 集精管
5. 气嘴　6. 注水孔　7. 温水　8. 固定胶圈

拨阴茎包皮部位协助将其龟头准确导入假阴道内;当公牛阴茎在假阴道内往返抽动几次用力向前一冲时即完成射精;当采精公牛从台牛后躯下移时,采精员亦将假阴道随阴茎后移适当位置并立即将假阴道竖起,放出假阴道内腔空气,并将集精管从橡胶漏斗端取下,送精液处理室进行精液品质常规检验和稀释处理。为了增强公牛的性欲,在采精前让公牛重复空爬 1～2 次,可提高精液质量和有效射精量。

(二)精液品质鉴定

每次采得的精液首先要进行计量、色泽、气味等一般检查,然后进行精子活力等的鉴定,合格的精液方可进行稀释和制作冷冻精液。这是保证输精效果的一项重要措施。

牛每次射精的射精量一般为 5～10ml,为乳白或淡黄色,有一种特殊腥味,颜色乳白色程度越高精液密度越好。

1. 精子活力检查

将原精液或稀释后的精液滴一小滴在载玻片上,用普通光学显微镜或投影显微镜放大 150～300 倍,在 37～38℃温度下观察直线前进运动精子所占的比例,一般以"0～1.0 十级评分法"评定,如精液中有 80％的精子呈直线运动,精子活力计为 0.8。也可用伊红—苯胺黑死活染色法染色,着色的为无活力精子,不着色的为活精子,在显微镜下计数 500 个精子,计算不着色精子所占的百分率即为活力。牛原精液活力在 0.7(70％)以上,低温精液 0.6 (60％)以上,冻精 0.35(35％)以上方可使用。

2. 精子密度测定

精子密度是指单位体积内(1ml)精液内所含有精子的数目。常根据显微镜下精子的稠密度用密、中、稀三个等级评定,以估计每毫升精液的精子数。

牛原精液精子密度为 10 亿～15 亿个/ml。一般精子密度 10 亿个/毫升以上为"密",8 亿～10 亿个/ml 为"中",8 亿个/ml 以下为"稀"。

目前,多数种公牛站都根据透光率与精子密度成反比的原理,用精子密度测定仪自动测定精子密度,并根据输入的精子活力与稀释后的有效精子数,读取稀释倍数。

3. 精子畸形率测定

凡形态和结构不正常的精子都属畸形精子。精子畸形率检查可在计算死活精子比例的染色玻片上同时进行,也可用少许精液制成抹片,用普通染色液(如亚甲蓝)或蓝黑墨水染色 3 分钟,水洗干燥后,在 400 倍显微镜下观察计数 200～500 个精子,计算畸形精子的百分率(图 9-5)。正常牛精液畸形精子率应少于 18％。

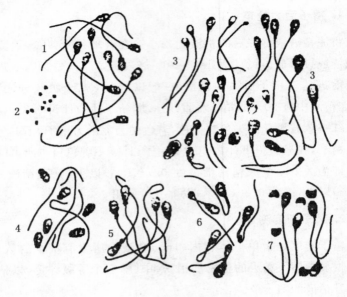

图 9-5　各种畸形精子

1. 正常精子　2. 游离原生质滴　3. 各种畸形精子　4. 头部脱落
5. 附有原生质滴　6. 尾部扭曲　7. 顶部脱落

4. 精子顶体异常率

将精液制成抹片,干燥固定后,用姬姆萨缓冲液染色 1.5～2
小时,干燥后用树脂封装,在高倍镜下计数 200 个精子,计算顶体
异常精子(图 9-6)所占的百分率。牛原精液顶体异常率应低于
14.1%,冻精顶体异常率应低于 60%。

5. 微生物指标检查

精液中微生物的来源与雄性动物生殖器官疾病和人工授精操
作卫生条件密切相关。精液中存在大量微生物不仅会影响精子寿
命和降低受精能力,而且还将导致有关疾病传播,因此有必要对精
液进行细菌学检查。

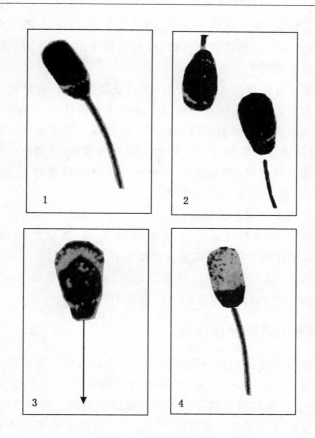

图 9-6　顶体异常精子

1. 正常顶体　2. 顶体膨胀　3. 顶体部分脱落　4. 顶体全部脱落

根据我国牛冷冻精液国家标准（GB4143—2008 代替 GB/T4143—1984）规定，解冻后牛精液应无病原微生物，每毫升中细菌菌落数不超过 800 个。

(三)精液的稀释与保存

精液稀释的目的是扩大精液容量，提高一次射精量增加可配母牛的头数;通过降低精子能量的消耗,补充适当的营养和保护物质,抑制精液中有害微生物活动,以延长精子的寿命;便于精液保存和运输。

一般精液采出经品质鉴定后,不合格精液报废,合格精液根据不同保存方法采用不同稀释液马上进行等温稀释。

牛的精液常用低温或冷冻保存。低温保存是添加抗冷休克物质后,降低温度抑制精子的代谢和微生物的繁殖,达到保存精液的目的。低温保存时,原精液可作 1∶(20～40)倍稀释后,分装成 1ml/剂量,保存于 0～5℃冰箱中。

牛常用低温保存稀释液:

配方一:二水柠檬酸钠 1.4g、葡萄糖 3.0g、蒸馏水 100ml。取其 80ml,加卵黄 20ml、青霉素和链霉素各 10 万 IU。

配方二:葡萄糖 4.0g、氨基乙酸 30ml、蒸馏水 100ml,取其 70ml,加卵黄 30ml、青霉素和链霉素各 10 万 IU。

(四)精液的冷冻保存技术

精液冷冻保存是目前精液保存最有效的方法。精液冷冻保存是以液氮(-196℃)作冷源,通过添加甘油等抗冻剂,并控制降温速度,避免冷冻过程中结晶的形成和渗透压的升高对精子的伤害,超低温保存使精子处于零代谢状态,升温后能使精子复苏并恢复受精能力,达到长期保存的目的。冷冻精液使用前要进行解冻。

冷冻精液剂型有颗粒和细管两种。现代细管冻精具有剂量准确、无污染、使用方便等优点,得到普遍应用。

冷冻精液的生产应按照国家标准(GB 4143—2008 代替 GB/T 4143—1984)执行,具体操作包括稀释与平衡、冷冻、解冻等过程。

1. 稀释液配方

细管冻精稀释液:二水柠檬酸钠 1.45g、蔗糖 6.0g、蒸馏水

100ml。取其 73ml,加卵黄 20ml、果糖 1.0g、甘油 7ml、青霉素和链霉素各 10 万 IU。

2. 稀释与平衡

用于生产冻精的原精液应品质优良、密度高、活力好、耐冻性好。冷冻精液的稀释方法有一次稀释法和多次稀释法,前者较常用。牛细管冻精稀释 7~12 倍,精液稀释好后缓慢降温至 0~4℃平衡 3~4 小时,再进行冷冻。

3. 冷冻方法

细管冻精经 0~4℃平衡后,在 0~4℃温度下进行分装(细管预先印上编码,现多用 0.25ml 剂型),再放置在冷冻架上,置于自动降温冷冻器中进行降温冷冻。温度在 5~-60℃每分钟降 4℃,-60℃起尽快浸入液氮装管保存。也可将分装后的细管平放到距液氮面 1cm 距离的铜纱网上,平衡 5 分钟,浸入液氮。

4. 冷冻精液的解冻

冷冻精液解冻是冷冻过程的逆过程,在升温过程中也存在重结晶对精子的伤害,因此在解冻过程中要控制好解冻温度。冻精解冻后必须进行活力检查,达到 0.35 以上方可进行输精。

(1)细管冻精解冻:细管冻精可直接投入 38~40℃温水中解冻,待细管由乳白色变透明时即可取出。

(2)解冻后的保存:理论上冷冻精液解冻后应在 15 分钟内输精,但在农村散养条件下很难做到,也就存在解冻后保存的问题。冻精解冻后保存的效果主要决定于解冻液与保存温度。

(3)注意事项:解冻时动作要迅速而准确,存放冻精的提筒不能离开液氮面太久,不能提出液氮罐颈口,夹取冻精的镊子要先预冷。

细管冻精由于含有高浓度的抗冻剂甘油,据试验解冻后以 0~

4℃保存较好,绝对存活时间达 161 小时,而且解冻后 0~4℃保存 10 小时以内不影响受胎率。解冻后室温(24~27℃)保存仅能存活 12 小时左右。

5. 液氮及液氮容器(罐)

目前,冷冻精液普遍采用液氮作冷源,液氮容器(罐)作贮存和运输。

(1)液氮及其特性:液氮是空气中的氮气经分离、压缩形成的一种无色、无味、无毒液体,相对密度 0.808,沸点温度－196℃。液氮具有很强的挥发性,当温度升至 18℃时,其体积可膨胀 680 倍。此外,液氮又是不活泼的液体,渗透性差,无杀菌能力。

基于液氮的上述特性,在使用时要注意防止冻伤、喷溅、窒息等,用氮量大时要保持空气流通。

(2)液氮容器:液氮容器的组成结构见图 9-7,是利用绝热材料制成的高真空保温容器,真空度为 133.3×10^{-6} Pa,保温原理类似保温瓶。使用时要小心轻放,避免撞击、倾倒,特别注意保护罐颈和真空嘴,存放时不可密闭,要定期检查液氮的消耗情况,当液氮减少 2/3 时,要及时补充。

取用冻精时,冻精不可离开液氮面太长时间,避免温度回升,为此可采用不漏液氮的提筒或小塑料管。

三、输精技术

输精是人工授精的最后一个环节,能否及时、准确地把精液输送到母牛生殖器官的适当部位,是保证受胎的关键。输精前要做好各方面的准备,确保输精的正常实施。

育成牛 8~12 月龄性成熟,15~18 月龄可初配;母牛产后 35~50 天开始发情,产后 60 天以上可配种。

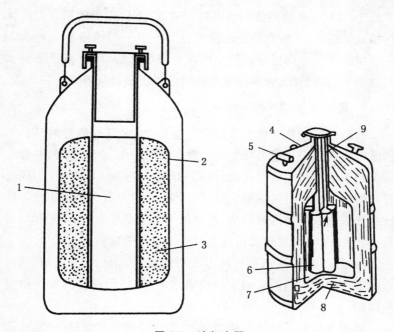

图 9-7　液氮容器

1.冷冻物存放区　2.真空和隔热层　3.稀释层　4.罐外壳　5.手柄
6.提筒　7.罐内壳　8.优质隔热层　9.颈管

(一)输精前的准备

1. 器械准备

输精器械必须经过清洗、消毒、干燥,不能有任何不利于精子存活的化学物质残留,一头母牛准备一支输精管(目前多用一次性输精管)。输精人员可戴一次性长臂手套操作,也可洗净双手涂抹肥皂即可,操作人员指甲应剪短、锉光。

2. 精液准备

精液应经品质检查,常温精液活力不低于 0.6,低温保存精液不低于 0.5,冷冻精液解冻后不低于 0.35 方可用于输精。低温保存精液输精前,还应将精液温度升至 20～30℃后输精。

目前多用冷冻精液输精。冷冻精液解冻后,细管冻精要剪去封口端装入输精枪;颗粒冻精要将精液吸进输精管等待输精。

3. 母牛准备

输精前首先要对母牛进行发情鉴定,确定是否适时输精。牛的适时输精时间一般为母牛发情接受爬跨后 12～13 小时,黏液由稀薄透明转为黏稠微浑浊状,直检卵泡凸起明显,泡壁变薄,接近排卵的第 3 期卵泡时输精 1 次,间割 10 小时左右再输精 1 次。经产牛比育成牛适当延迟输精,即育成牛上午发现发情,下午开始输精,而经产牛上午发现发情可次日上午或下午输精。

在输精时,要特别重视晚上的一次输精,因约有 72.4% 的牛在晚上排卵。对不明显的牛应改善营养、利用药物使其发情明显后输精。

输精前应对母牛进行适当保定,由助手将尾巴拉向一侧,外阴部用肥皂水清洗后,用清水洗净、擦干。

(二)输精的方法

牛人工授精的输精方法有直肠把握输精法和阴道开膛器输精法两种。

1. 直肠把握输精法

母牛保定好后,清洗外阴并擦干,冷冻精液解冻、装枪(细管冻精)或吸进输精管(颗粒冻精)。先用左手指抚摸牛肛门,欲试刺激将其积宿粪便排出,然后将左手并拢成锥形,缓慢地伸入肛门,将直肠内粪便掏净,随后用清水或 0.1% 高锰酸钾溶液将外阴部洗干净。再将左手插入直肠,把子宫颈后端轻轻固定地手内,手臂往下压,使阴门开张。右手持有精液的输精器自阴门斜向上方插一段,以避开尿道口,再改为平插或斜向下方插,把输精器(枪)送到子宫颈口,然后两手配合,使输精枪尖端插入子宫颈 5~8cm 部位处注入精液,最后退出输精枪。然后,再镜检管内剩余精子的活力,直把式输精法示意图见图 9-8。

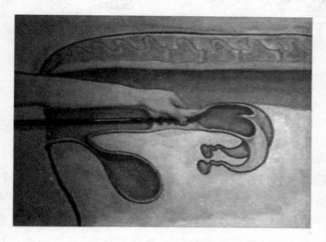

图 9-8 直把式输精法示意图

输精管通过子宫颈皱褶时有触及软骨的感觉,在不能通过子宫颈皱褶时,只要尽量把输精管导向子宫颈轴心、双手协调就行。确认输精器到达子宫体时,缓慢注入精液,退出输精管。牛直肠把握输精的方法见图 9-9。

此法的优点是用具简单,操作安全、方便;输精部位深,不易倒流、受胎率高,能防止给假发情牛误配,但初学者不易掌握,输精管较难通过子宫颈。

2. 阴道开膣器(内窥镜)输精法

此法能直接观察到输精部位,容易掌握。但操作时牛易骚动不安、精液倒流,受胎率低,目前很少应用。操作时一手持开膣器

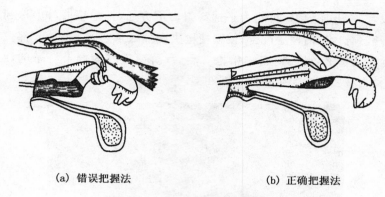

(a) 错误把握法　　　　　　(b) 正确把握法

图9-9　牛的直肠把握输精法

或阴道内窥镜,打开母牛阴道,借助光源找到子宫颈口,另一手持吸有精液的输精管,插入子宫颈2~3cm处,慢慢注入精液,再退出输精管和开腟器或阴道内镜。这种方法简单省事,初学者容易掌握。但器械消毒麻烦,不易彻底,常易引起生殖道感染,发生炎症。冬季由于开腟器的冷刺激引起母牛努责、弓腰而造成精液倒流。这种方法受胎率不高,同时易造成生殖道机械性损伤。目前这种方法已基本不用。

3. 输精注意事项

(1)输精器械应按防疫卫生要求严格消毒,并注意使用器械的温度,防止冷刺激造成的不良后果,每输完1头母牛后,输精器要重新洗净并消毒。其方法是:输精器管内要用2.9%柠檬酸钠溶液冲洗3~4次,输精器的外面用生理盐水棉球擦净污物,再用75%酒精棉球擦拭消毒,待其酒精挥发后,用2.9%柠檬酸钠溶液棉球擦净,方可再用,最好1头牛使用1根消毒过的输精器。

(2)处理精液的过程中,如吸取精液或注入精液时,动作要慢,以减少对精子的机械性刺激。

(3)输精时,精液的温度应保持在28~36℃,接触精液的输精器应与精液的温度相等或接近。

(4)在输精过程中,如母牛腰强烈努责时,应暂时停止操作,决不能强行输精。可让助手捏母牛腰椎,缓和腰部紧张。

(5)输精器输入子宫颈时,动作要小心,慢慢旋转前进,遇到阻力时,不能强行插入。

(6)输精过程中,输精员应随牛的左右摆动而摆动,以免将输精器折断。

(7)输精完毕,手不能松开后端活塞或小橡皮球,待输精器撤出后才能松手,防止精液回吸到输精器内。

(8)发现大量精液倒流时,应重新输精1次。

第三节 胚胎移植技术

胚胎移植技术是将一头良种母牛配种后的早期胚胎取出,移植到另一头生理状态相近的母牛体内,使之受孕并发育为新个体的技术,也叫借腹怀胎。提供胚胎的个体为供体,接受胚胎的个体为受体。1996年宁夏开始引进胚胎移植技术,在宁夏家畜繁育中心引进夏洛来牛、利木赞牛、西门塔尔牛、安格斯牛胚胎进行移植,取得了良好的效果。

一、胚胎移植的意义

通过胚胎移植可以充分发挥优良母畜的繁殖潜力,使优良母畜免去漫长的妊娠期,缩短繁殖周期,生产更多的优秀后代;加快特定群体的扩群速度;胚胎经过长期冷冻保存,可以使移植不受时间和地点的限制,因而可通过胚胎的运输代替以往的活畜进出口,大大节约引种费用；利用冷冻胚胎保存品种资源，建立品种的基因库，可以避免遭受意外灾害而灭绝，并减少保种费用；用胚胎移植代替剖腹产仔建立无特定病原（SPE）畜群更有效；也是体外受精、克隆和转基因动物生产等生物技术研究的基础。

二、胚胎移植的生理学基础和基本原则

（一）胚胎移植的生理学基础

1. 孕向发育

母牛的每一次发情、配种都是受精、妊娠的前奏。无论发情后是否配种，或配种后是否受精，在最初一段时期（周期黄体期），生殖系统均处于受精后的生理状态，此时高水平孕酮使子宫内膜的组织增生和分泌功能增加及生理生化发生特异性变化，在生理机能上妊娠与未妊娠并无区别。这就给胚胎的成功移植和在受体内正常发育提供了理论依据。

2. 早期胚胎的游离状态

早期胚胎在透明带内卵裂，从输卵管移行到子宫角后并未马上与子宫建立实质性联系，而是漂浮在子宫内靠自身的营养或子宫乳继续发育，使其可以脱离活体而被取出，在短时间内也容易生存。

3. 胚胎移植不存在免疫问题

受体母畜的生殖道对于具有外来抗原性质的早期胚胎，在同一物种之内，无排斥现象。

4. 妊娠信号是由胚胎发出的

动物的妊娠信号是胚胎在一定发育阶段发出的，而不是受精阶段就已确定。

5. 胚胎的遗传特性不受受体母畜的影响

胚胎的遗传特性不受母体环境改变的影响，母体环境仅在一定程度上影响胎儿的体质发育。因此胚胎移植的后代仍保持其原有的遗传特性，继承其供体母畜的优良生产性能。

（二）胚胎移植的基本原则

1. 胚胎移植前后所处环境的同一性

（1）同一物种：供体和受体在动物分类学上属性相同，两者须属于同一物种。

（2）同一生理阶段：即受体和供体在发情时间上的要求相差在24小时以内。

（3）同一解剖部位：即移植后的胚胎与移植前所处的空间环境相似性。

2. 胚胎发育的期限

胚胎采集和移植的期限（胚胎的日龄）不能超过周期黄体的寿命，要在周期黄体退化之前数日进行移植。通常在供体发情配种后3～8天收集胚胎，受体同时接受移植。

3. 胚胎的质量

胚胎不应受到任何不良因素（物理、化学和微生物等）的影响而危及生命力，必须经过鉴定确认为正常者。

4. 供受体的状况

供体的生产性能、经济价值均须大于受体，两者均须健康无病。此外，还需强调的是胚胎移植只是空间位置的变换，而不是生理环境的改变。

三、胚胎移植的程序

胚胎移植主要包括供、受体母畜的选择,供、受体同期发情,供体的超数排卵、发情配种、胚胎采集,胚胎质量鉴定和保存,受体移植等环节(图 9-10)。

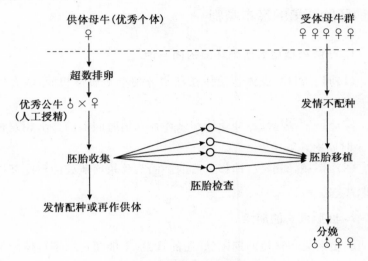

图 9-10　胚胎移植程序模式图

(一)供体和受体的准备

胚胎移植的供体应具备下列条件:①具有遗传优势,有较高的育种价值;②生殖器官健康、发情周期正常,具有良好的繁殖能力;③年龄适当,青年母牛最好在初配年龄后、经产母牛在 4～7 胎以内;④卵巢经检查发育良好,丰满并有弹性;⑤健康无病,营养良好的母牛。

受体则应具备具有良好繁殖性能和健康体况、生殖器官健康、发情周期正常、黄体发育良好、难产率低、年轻的非良种母牛(最好青年母牛)。

(二)供体的超数排卵与受体的同期发情

超数排卵简称超排,指在母牛发情周期的适宜时间,用促性腺激素处理,使卵巢上有比在自然情况下更多的卵泡发育并排出有受精能力的卵子。超排技术的应用,可充分发挥优良种母(供体)牛的作用,加速牛群改良,同时也是胚胎移植的重要环节。

1. 供体超数排卵的处理方法

(1)PMSG＋PG 法:在性周期第 8～12 天内 1 次肌内注射 PMSG(孕马血清促性腺激素 2 000～3 000U,48 小时后肌内注射氯前列烯醇[前列腺素(PG)类似物]0.4～0.6mg 或子宫灌注 0.2～0.4mg,一般在注射 PMSG 后 5 天左右多数母牛发情。但 PMSG 不宜与 PG 同时注射,否则会导致排卵率降低。

(2)FSH＋PG 法:在性周期第 8～12 天的任一天开始肌内注射 FSH(促卵泡激素),每日 2 次,连续递减注射 3～4 天,总剂量 30～40mg(或 400～500U),在第五次注射的同时,注射氯前列烯醇 0.4～0.6mg,如表 9-2。

表 9-2　牛 FSH 分次减量注射超排剂量表

项目	第一天		第二天		第三天		第四天		第一天
	1次	1次	1次	2次	1次	2次	1次	2次	
FSH/(单位)	100	100	70	70	50	50	30	30	20
维生素(A、D、E)/ml	10								上午不出现发情时才注射
氯前列烯醇/mg					0.4～0.6				

注:表中空白项表示没有相应的注射处理。

2. 提高超数排卵效果的措施

(1)用孕激素作超排预处理:在避开发情当日的任意一天进行 CIDR(或氟孕酮阴道栓)处理,然后再肌内注射雌二醇 2mg,并于放入 CIDR 的第 5 天开始进行以上的 FSH 超排处理,可以提高母牛对促性腺激素的敏感性。

(2)输精时配合促排卵类药物:经超排处理的母牛,卵巢上发育的卵泡数要多于自然发情的卵泡数,仅依靠内源性促排卵激素可能会导致部分卵泡不排卵。因此,在母牛发情输精时,需要注射外源性人绒毛膜促性腺激素(HCG)或促黄体生成素释放激素(LRH)等,以提高排卵率,避免卵巢上卵泡发育多而排卵少的情况出现。

(3)提高反复超排效果的措施:超排应用的 PMSG、HCG、FSH 及 LH 均为大分子蛋白质制剂,对母牛作反复多次注射后体内会产生相应的抗体,使卵巢的反应逐渐减退,降低超排效果。

为此,重复超排应间隔一定时间(60~80 天以上),或适当增加药物的剂量,或更换激素制剂等。

3. 供体与受体的同期发情

在供体母牛进行超排处理的同时,对受体母牛进行同期发情处理,即在供体母牛注射 PG 的前一天对受体母牛注射或子宫灌注氯前列烯醇 0.4mg。如在灌注氯前列烯醇后 24 小时配合注射适量的 FSH、PMSG,可明显提高同期发情效果。

受体母牛发情后不输精,发情后 6~8 天内在供体母牛采胚的同时进行受体移植。受体母牛也可用孕激素阴道海绵栓或 CIDR 进行同期发情处理。

如用冷冻胚胎对自然发情母牛做受体移植,则受体不需同期发情处理。

(三)输精

供体母牛发情后,要用良种公牛精液输精,为提高排卵率和受精率,最好配合注射促排卵类激素,并输精 2~3 次。受体母牛发情不输精。

(四)胚胎的采集与鉴定

利用冲胚液将胚胎从供体生殖道中冲出,收集到器皿中,称为胚胎的采集。目前牛多采用二路式采胚管、非手术法子宫角采集发情后第 6~8 天的早期胚胎(图 9-11)。

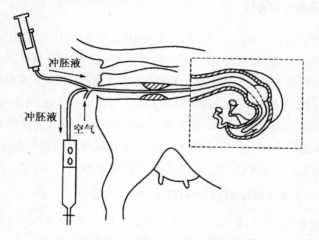

冲胚液

冲胚液   空气

图 9-11　非手术法采集胚胎

冲胚液、培养液现多用杜氏磷酸盐缓冲液(PBS,见表 9-3)。在使用前都要加入血清白蛋白,含量一般为 0.1%~3.2%,也可用犊牛血清代替,但需加热(56℃水浴 30 分钟)灭活其中的补体,以利胚胎存活。冲胚液犊牛血清含量一般为 3%(1%~5%),培养液血清含量为 20%(10%~50%)。目前也有市售的商品冲胚液和培养液。冲胚液、培养液用前放 37℃ 的水浴锅或恒温箱中预热、备用。

表9-3　杜氏磷酸盐缓冲液(PBS)成分(毫克/升)

成分	NaCl	KCl	$CaCl_2$	$MgCl_2 \cdot H_2O$	Na_2HPO_4	KH_2PO_4	葡萄糖	丙酮酸钠
用量	8 000	200	100	100	1 150	200	1 000	36

胚胎采集后,要在体视显微镜下检查胚胎的形状、发育阶段。只有胚胎发育阶段与胚龄基本一致,卵裂球有基本结构,比较紧密,透明带呈圆形的胚胎可以用于移植或装管保存。

(五)胚胎的保存

20 世纪 90 年代以前,绝大部分牛胚胎都是用常规甘油冷冻法冷冻保存的,需要繁琐的分步脱甘油过程,要有专业技术人员操作和实验室条件,不利于现场操作,限制了胚胎移植技术的推广和应用。90 年代初,用乙二醇(EG)作冷冻保护剂的解冻后直接移植法取得了成功,受胎率与常规甘油法相近。EG 直接移植法不需分步脱除防冻剂,可像细管冻精一样解冻并直接移植给受体,不需实验室条件,现已广泛应用于商业性胚胎移植。

1. 冷冻液的配制(100mlEG)

取 83mlPBS 液,加入 1mlAA(复合抗生素溶液),7ml 胎牛血清(FCS)和 9mlEG。配制后过滤灭菌,分装冷冻保存。

2. 装管方法

用 0.25ml 的细管装管,每管装一枚胚胎。装管原则是中间一段为装载胚胎的冷冻液,两端为 PBS 液。具体如下:

先将胚胎移入 EG 冷冻液中,然后按顺序吸取 1cmPBS 保存液、小空气泡、2.5cmPBS 液、小空气泡、一小段 EG 冷冻液、小空气泡、一小段 EG 冷冻液、小空气泡、2.5cmEG 冷冻液加胚胎、小空气泡、一小段 EG 冷冻液、小空气泡、一小段 EG 冷冻液、小空气泡、PBS 保存液至细管末端,最后封口(图 9-12)。

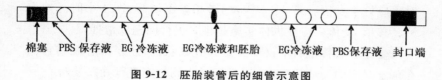

棉塞　PBS 保存液　EG 冷冻液　EG 冷冻液和胚胎　EG 冷冻液　PBS 保存液　封口端

图 9-12　胚胎装管后的细管示意图

3. 冷冻方法

采用自动控温程序冷冻仪冷冻。胚胎在 EG 冷冻液中于室温下平衡 10～20 分钟后,将细管直接插入预冷至 -4.8℃的冷冻室中,平衡 10 分钟,在 -4.8℃植冰,再平衡 10 分钟,然后以每分钟降温 0.4℃的温速降至 -30℃,再平衡 10 分钟,最后将细管投入液氮生物容器,常规液氮保存。

(六)胚胎解冻与受体移植

1. 胚胎的解冻

将胚胎从液氮中垂直取出,不要摇动,在室温空气中停留 5～10 秒钟,然后放入 37～38℃的温水中至完全溶化。拔掉或剪去封口塞后,直接将细管装入胚胎移植枪,在 10 分钟内移入受体牛黄体发育侧的子宫角小弯处。

2. 胚胎的移植

清洗消毒外阴,拔开外阴唇→插入移植器至子宫颈外口→左手进直肠把握子宫颈→右手持移植器前行,双手配合顶开外套膜→通过子宫颈行至移植侧子宫角(黄体侧)→行至移植部位(小弯处或稍后)→慢慢推进胚胎→移植器退回 0.5cm,转一下移植器(防止胚胎丢失)→退出移植器。整个操作手法要轻缓,防止意外损伤。

　　由于采集的胚胎是供体发情后第 6~8 天的胚胎,故受体移植时也应处于发情后第 6~8 天,两者相差不能起过 24 小时。如为鲜胚移植,受体牛应在供体实施超排时进行同期发情处理。

　　受体胚胎移植后不仅要注意其健康状况,还要留心观察它们在预定时间的发情状况,60 天后经过直肠检查进行妊娠诊断。

第四节　妊娠诊断技术

　　母牛配种后,应及时进行妊娠诊断,对未孕母牛及时找出未孕原因,如输精时间不当、精液质量不好、卵泡发育不明显等,及时采取相应的改进或治疗措施,缩短空怀时间。对妊娠母牛及时加强饲养管理,减少早期胚胎死亡,避免因误配或其他原因引起的流产。因此,及时进行妊娠诊断是提高肉牛繁殖率、增加牛肉产品产量的重要措施。

一、妊娠母牛的生理变化

　　牛的妊娠期平均为 282(276~290)天,母牛妊娠后,由于胎儿和胎盘的存在,内分泌系统出现明显的变化,使母牛在妊娠期间的生殖器官和整个机体都出现特殊的变化。

　　妊娠后,母牛新陈代谢增强,食欲增加,消化能力提高,营养状况改善,体重增加,膘情改善,毛色光润,行动变得谨慎。妊娠中、后期由于胎儿迅速生长发育需要大量营养,尽管母牛食欲增加,母牛积蓄的营养摄入仍满足不了胎儿发育的需要,因此膘情有所下降。特别是青年母牛本身在妊娠期仍需进行正常的生长,如营养不足,则不仅影响胎儿的发育,还影响自身的生长。但如营养过度,则容易造成胎儿过大、难产。

在后备母牛,妊娠 2 个多月后,乳房开始发育、隆起;产奶牛则妊娠 4 个月后产奶量明显下降。

妊娠后半期,由于胎儿的发育,母牛的右侧腹部增大。在妊娠后期,由于子宫体积的增大、内脏受子宫挤压及心脏负担加重,部分母牛出现四肢、腹下等部位的水肿,呼吸增数,由胸腹式变胸式呼吸,母牛行动变得比较稳重、谨慎、嗜睡、易疲倦。

母牛配种后,如果没有妊娠,卵巢上的黄体退化、发情。在妊娠后卵巢上黄体则会继续存在,进而发育成妊娠黄体,并持续分泌孕酮,从而中断发情周期。在妊娠早期,这种中断是不完全的。对于一些母牛,由于卵巢的卵泡活动,妊娠早期仍有 3%～5% 的牛可能出现假发情,但这些卵泡多闭锁退化。

二、妊娠诊断的方法

根据上述变化,母牛早期妊娠诊断的方法很多,大体分为有外部观察法、阴道检查法、直肠检查法、激素测定法、B 型超声波检查法等。

(一)外部观察法

母牛妊娠后,一般外部表现为:周期发情停止,食欲增进,营养状况改善,毛色润泽,性情变得温顺,行为谨慎安稳,育成牛妊娠 3 个月后乳房明显发育,妊娠 5 个月后腹围增大,阴户开始水肿,到妊娠后期可隔着腹壁摸到或看到胎动,部分牛还不定期从阴户流出很黏稠的黏液,有的挂在阴户下不脱落。

外部观察法不能早期确诊,而且准确性不高,对没妊娠不发情及妊娠后又假发情的不能确诊,因此在牛的妊娠诊断中,外部观察法只能起辅助作用。不过也可据此用60天或90天的不返情率估计某一技术措施的受胎效果。

(二)阴道检查法

母牛妊娠后,由于胎儿的存在,母牛阴道黏膜的色泽、黏液,子宫颈发生变化,如妊娠初期阴道黏膜苍白、干涩,开腔器插入时感觉有阻力。妊娠1.5～2个月时子宫颈口附近有少量黏稠黏液(黏液栓),看不清子宫颈外口,3～4个月后黏液增多,黏稠如稀糊,6个月后,有时黏液排出阴门外,黏附于阴门及尾上(挂牌)。妊娠后期阴道壁松软、肥厚,子宫增重下沉,使子宫颈位置前移,往往偏于一侧,颈口紧闭。

阴道检查法不能确定妊娠时间,但结合直肠检查法区别真假发情比较有效。

(三)直肠检查法

直肠检查法是牛妊娠检查最基本和可靠的方法。有经验的人员,可以在母牛妊娠40～60天判断其妊娠与否,准确率达90%以上。通过直肠检查可以判断母牛的大致妊娠时间、假发情、假妊娠、胎儿的死活及一些生殖器官疾病等。

直肠检查是用手隔着直肠触摸妊娠子宫、胎儿和胎膜的变化情况,并由此判断牛的妊娠。该法特别是对于牛早期的妊娠诊断,比较准确可靠,应用也较普遍。但像牛的发情鉴定一样,使用该法进行妊娠鉴定需要丰富的实践经验。

直肠检查判定母牛妊娠的依据是妊娠后生殖器官的一些变化。这些变化要随妊娠时间的不同而有所侧重,在妊娠初期,以卵巢、子宫角的形态质地变化为主;在妊娠4个月后,以子宫动脉的妊娠脉搏和子叶变化为主。

1. 母牛妊娠后各个时期的直肠检查情况

（1）配种后 19～22 天：子宫的变化不明显，如在上次发情排卵处有发育成熟的黄体，可认为妊娠。如子宫收缩反应明显，卵巢上没有明显的黄体，且有大于 1cm 的卵泡或卵巢质地松软局部有凹陷，是正在发情或刚排过卵，说明未孕。

（2）妊娠 30 天：母牛子宫孕角已略增粗，比较饱满、有弹性，并有轻微液体波动感。用手轻轻按摩子宫时，可感觉到角间沟清楚，非孕角收缩力较强，而孕角无收缩力。触摸孕角一侧卵巢有妊娠黄体存在。

（3）妊娠 60 天：子宫孕角比非孕角增粗约 1 倍且较长，角间沟稍平坦，液体波动感明显（图 9-13）。

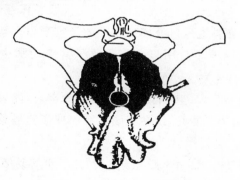

图 9-13　牛妊娠 2 个月的子宫

（4）妊娠 90 天：子宫角间沟消失，孕角粗如婴儿头，液体波动感非常明显，非孕角也增粗约 1 倍（图 9-14），子宫开始沉入腹腔，子宫颈移至耻骨前缘。孕角子宫中动脉根部可感到微弱的妊娠脉搏。

（5）妊娠 120 天：子宫已全部沉入腹腔，子宫颈已越过耻骨前缘，一般只能摸到子宫的背部及该处的子叶，形如蚕豆。子宫中动

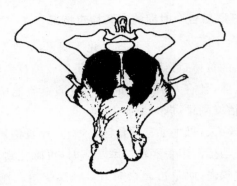

图 9-14　牛妊娠 3～3.5 个月的子宫

脉可感觉到妊娠脉搏，一般不易摸到卵巢。

（6）妊娠 150 天：子宫继续增大并沉入腹腔深部，触摸子宫已很困难，只能在骨盆入口处摸到朝上的子宫颈口。孕角子宫中动脉增粗，妊娠脉搏十分明显。非孕角子宫中动脉也有轻微妊娠脉搏。

（7）妊娠 180 天：整个子宫沉入腹腔深部，但能摸到似鸽蛋大的子叶。不易摸到胎儿，仅在胃肠充满而使子宫后移升起时可摸到胎儿。

（8）妊娠 210 天：由于胎儿更大，故之后都容易摸到胎儿，两侧子宫中动脉都明显。

（9）妊娠 240 天以后：由于胎儿体积增大使子宫的位置从原来的腹腔深部，上升到骨盆入口附近，很容易摸到胎儿。

2. 直肠检查时的注意事项

检查妊娠 90 天以内的胎儿，在检查子宫角变化的同时，必须检查孕侧的卵巢及黄体，以便与子宫蓄脓积液、膀胱、盲肠臌气区别。妊娠的子宫壁较薄，饱满有波动感，孕角与非孕角粗细不一（怀双胎外）；子宫积脓积液则子宫壁增厚，触之有面团样感，弹性差,同时检查时阴道可能有脓性分泌物等流出,如一时无法确定,则间隔一段时间检查子宫角仍无变化;膀胱充满时,与妊娠 60～90 天的子宫相似,但表面感觉有网状不平的血管网,结合检查子宫角角间沟及两侧卵巢易于区别;盲肠臌气是母牛强烈努责时出现在骨盆入口处的暂时性臌气,形态像妊娠的子宫角,但没有角间沟及子宫颈,轻轻按摩或稍停片刻就会消失。有时还应与刚流产不久的子宫相区别。

检查 120 天以上的胎儿时,以检查子宫中动脉的妊娠脉搏(图 9-15)和子宫子叶及胎儿胎动为主。

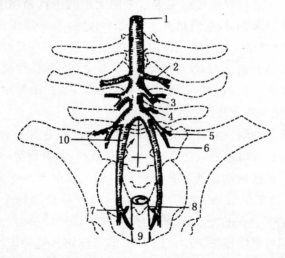

图 9-15　牛的子宫中动脉位置(自下面看,箭头所指处为岬部)

1. 腹主动脉　2. 卵巢动脉　3. 髂外动脉　4. 肠系膜后动脉　5. 脐动脉

6. 子宫动脉　7. 尿生殖动脉　8. 尿生殖动脉子宫支

9. 阴道　10. 髂内动脉

有的妊娠母牛,因饲养环境的突然改变或饲料营养的问题,造成妊娠中断,形成死胎。死胎的牛检查时,首先是子宫变化与妊娠月龄不相符,其次是子宫壁收缩与胎儿贴得很近,子宫角表面凹凸不平,触摸没波动感和弹性,更没有妊娠脉搏。

(四)实验室诊断法

即血清、乳、尿及子宫颈黏液的检查法。

1. 子宫颈黏液煮沸法

(1)蒸馏水煮沸法:妊娠牛子宫颈阴道黏液的黏性很大,凝固成块状,加水煮沸时,在很短的时间内黏液不溶解,而仍保持一定形状,如似云雾状,浮游在无色透明的液体中。打开被检牛的阴道,用长镊子或特制的长匙采取玉米粒大小的子宫颈黏液置于试管内,加蒸馏水 5ml,在酒精灯上煮沸 1 分钟,若黏液不溶解且呈白色絮状物悬浮在无色透明的液体中,则可判定该牛已孕;若黏液溶解,溶液呈无色透明状,则判定该牛未孕;若黏液浑浊,呈微白色,并有小泡沫状和大小不等的凝絮浮游于表面,或黏附于管壁,则为子宫积脓或化脓性子宫内膜炎的表现。

(2)苛性钠溶液煮沸法:子宫颈阴道黏液中含有一种黏多糖-蛋白复合物,在碱性物质的作用下,加热煮沸,黏液分解,黏多糖即分解出糖,糖遇碱则呈淡褐色或褐色。同上法取玉米粒大小的子宫颈黏液置于试管内,加 10% 或 25% 的苛性钠溶液 5ml,煮沸1 分钟。若液体呈橙色至暗褐色,则可判定该牛已孕;若溶液呈透明黄色,则可判定该牛未孕。用10%的苛性钠其妊娠诊断准确率可达 85% 以上,用 25% 的其妊娠诊断准确率可达 90% 以上。

2. 子宫颈阴道黏液比重法

怀孕 1~9 个月母牛子宫颈阴道黏液的比重为 1.013~1.016。未怀孕母牛的比重则不到 1.008,因此可利用比重为 1.008 的硫酸铜溶液来测定子宫颈及阴道黏液的比重,以决定是否怀孕。如果黏液在溶液中是块状沉淀就认为是怀孕;反之,若黏液漂浮在溶液表面,则可判断为未孕。

3. 尿液的碘酒测定法

取配种后 23 天以上母牛早晨的尿液 10ml 置于试管,用滴管在其中加入 7％的碘酒 1～2ml,仔细观察反应 5～6 分钟,若混合液呈棕褐色或青紫色,则可判定该牛已怀孕;若混合液颜色无多大变化,则可判定为该牛未孕。该方法的妊娠诊断准确率可达 93％左右。

4. 乳汁的硫酸铜测定法

取配种后 20～30 天母牛中午的常乳和末把乳的混合乳样约 1ml 置与平皿中,加入 3％硫酸铜溶液 1～3 滴,混合均匀,仔细观察反应,若混合液出现云雾状,则可判定该牛已孕;若混合液无变化,则判定该牛未孕。本方法妊娠诊断准确率达 90％以上。

(五)特殊诊断法

即超声波探测法和免疫学妊娠诊断法。

1. 超声波探测法

(1)B 型超声诊断:即幅度调整型探测法:将超声波载入母牛体内,将胎囊中液体的反射波转变为电脉冲,进而再将电脉冲转变成以声响和灯光显示的报警信号,提示被检牛已孕。具体方法是将探测仪探头缓慢插入阴道,达到阴道穹隆,并使探头抵在穹隆下半部的阴道壁上,由左向右移动探头进行探查,必要时可将探头前后左右移动,发出连续的阳性信号且指示灯持续发光,即为已孕;反之,则未孕。妊娠母牛最早在配种后 18～21 天即可诊断出。

(2)超声多普勒测定法:利用超声波多普勒效应的原理,探测母畜怀孕后子宫血流的变化,胎儿心跳,脐带的血流和胎儿活动,并以声响信号显示出来的一种方法。具体方法是应用开膣器将阴道打开,送入探头,也可直接将探头慢慢插入阴道,使探头位置大致在阴道穹隆 2cm 以下的两侧区域。实践中通过仔细辨听母体宫血音判定。应用 SCD-Ⅱ型超声多普勒探测仪探诊 30～70 天的母牛,妊娠诊断准确率可达 90％以上。

2. 免疫学妊娠诊断法

(1)血液透明质酸酶免疫学诊断:根据抗体抗原结合的原理,利用孕牛血液中透明质酸酶的增多,可灵活应用于牛的早期妊娠诊断。具体方法是应用透明质酸酶作为抗原,制成透明质酸酶血清抗体,并使绵羊红细胞致敏。将被检牛的血清稀释 5 万倍,取出 0.5ml,加入透明质酸酶抗血清,混合均匀,再加入 2 滴绵羊致敏红细胞,混合均匀后在 37℃温箱中静置 1 小时后仔细观察,若不凝集则为已孕;反之,则为未孕。本方法对妊娠 20 天以后的诊断准确率可达 95％以上。

(2)特异性怀孕抗原诊断法:母牛怀孕早期体内存在有特异性抗原,这种抗原在母牛怀孕后不久就可以从其胚胎、子宫及黄体中鉴定出来。用早期母牛胚胎免疫兔子,获得抗血清。取抗怀孕血清少许置于平皿中,然后滴入 1～2 滴被检母牛红细胞。若发生凝集现象则为已孕;反之,则为未孕。该方法的妊娠诊断准确率可高达 90％。

(3)血清、乳汁孕酮免疫测定法:国内外专家在这方面做了很多研究。其中有放射免疫法、酶联免疫吸附法、免疫乳胶凝集抑制试验法、单克隆抗体酶免疫法等。这些方法中有很多操作复杂,成本高,难以推广。但也有一些简单易行的可应用于实际生产。如免疫乳胶凝集抑制试验(LAIT)法易于掌握。具体方法是取被检牛清晨时自然排出的尿液和兰州生物制品研究所提供的免疫乳胶凝集抑制妊娠诊断试剂各 1 滴置于载玻片上,混合均匀,3 分钟后用 100 倍显微镜观察。若不出现凝集颗粒,则该牛已孕;若出现均匀一致的凝集颗粒则可判定该牛未孕。该方法用于配种后 23 天左右的母牛,妊娠诊断准确率可高达 92%。

　　另外,也可用乳中或血中孕酮放射免疫测定法诊断,根据母牛配种后 21~24 天的乳汁中孕酮含量判定卵巢黄体功能,确定是否妊娠。据报道,母牛配种后 18~23 天牛乳中孕酮含量小于 5mg/ml 的为未孕,大于 7mg/ml 为妊娠,在 5~7mg/ml 为可疑。

第五节　妊娠母牛的护理

　　母牛妊娠后,不仅本身生长发育需要营养,而且还要满足胎儿生长发育的营养需要和为产后泌乳进行营养蓄积。因此,要加强妊娠母牛的饲养管理,使其能够正常的产犊和哺乳。

一、加强妊娠母牛的饲养

　　母牛在妊娠初期,由于胎儿生长发育较慢,其营养需求较少,为此,对妊娠初期的母牛一般按空怀母牛进行饲养。母牛妊娠到中后期应加强营养,尤其是妊娠最后的 2~3 个月,加强营养显得特别重要,这期间的母牛营养直接影响着胎儿生长和本身营养蓄积。如果此期营养缺乏,容易造成犊牛初生重低,母牛体弱和奶量不足。营养严重缺乏时,会造成母牛流产。

　　舍饲妊娠母牛,要依妊娠月份的增加调整日粮配方,增加营养物质给量。对于放牧饲养的妊娠母牛,多采取选择优质草场、延长放牧时间、牧后补饲等方法加强母牛营养,以满足其营养需求。在生产实践中,对妊娠后期母牛每天补喂 1~2kg 精饲料。同时,又要注意防止妊娠母牛过肥,尤其是头胎青年母牛,更应防止过度饲养,以免发生难产。在正常的饲养条件下,使妊娠母牛保持中等膘情即可。

二、做好妊娠母牛的保胎工作

在母牛妊娠期间,应注意防止流产、早产,实践中应注意以下几个方面:

(1)将妊娠后期的母牛同其他牛群分别组群。

(2)为防止母牛之间互相挤撞,放牧时不要鞭打驱赶以防惊群。

(3)雨天不进行放牧和驱赶运动,防止滑倒。

(4)不在有露水的草场上放牧,也不要让牛采食大量易产气的幼嫩豆科牧草,不采食霉变饲料,不饮带冰碴水。

(5)对舍饲妊娠母牛应每日运动2小时左右,以免过肥或运动不足。注意对临产母牛的观察,及时做好分娩助产的准备工作。

三、提高母牛受胎率的措施

(一)受胎率的概念与计算

受胎率是指本年度内妊娠母畜数占配种母畜数的百分率。在受胎率统计中又分为总受胎率、情期受胎率、第一情期受胎率和不返情率。

1. 总受胎率

指本年度末,受胎母畜数占本年度内参加配种的母畜数的百分比,主要反映畜群中受胎母畜头数的比例。

总受胎率＝受胎母畜数/配种母畜数×100%

2. 情期受胎率

指在一定期限内妊娠母畜数占配种情期数的百分比,它在一定程度上更能反映受胎效果和配种水平,情期受胎率通常要比总受胎率低。

情期受胎率＝妊娠母畜数/配种情期数×100％

3. 第一情期受胎率

为第一个发情周期的母畜受胎率。

第一情期受胎率＝第一情期配种妊娠母畜数/第一情期配种母畜数×100％

4. 不返情率

指在一定期限内,配种后再未出现发情的母畜占本期内参加配种母畜数的百分比,随着配种后时间的延长,不返情率就越接近于实际受胎率。

在正常的饲养管理、正常的自然环境条件下,动物所能达到的最经济的繁殖力,称为正常繁殖力。我国牛的繁殖水平,一般成年肉牛受胎率为70％左右,分娩率和犊牛成活率在90％左右。

(二)提高母牛受胎率的措施

1. 加强母牛的饲养管理

(1)确保营养全面均衡:营养是影响母牛繁殖力的重要因素,对母牛的发情、配种、受胎以及犊牛成活起决定性作用。营养不良时,胎衣不下、难产等产科疾病的发病率增高,泌乳能力下降,犊牛成活率降低。因而,应当加强牛的营养供给,特别是对于高产奶牛,在妊娠期的营养水平,要依据不同的孕期,调整营养结构和饲料给量,补充蛋白质、矿物质、维生素,尤其是钙、磷以及维生素A、维生素D、维生素E的供给要充足合理,为牛提供均衡、全面、适量的各种营养,以满足牛本身维持和胎儿生长发育的需要。

营养水平过高也可引起繁殖障碍,主要表现为性欲降低,交配困难。此外,如果母牛过度肥胖,胚胎死亡率增加,仔畜成活率降低。

对初情期的牛只,应注重蛋白质、维生素和矿物营养的供应,以满足其性功能和机体发育的需要。青饲料供应对于非放牧的青年牛很重要,应尽可能给初情期前后的牛供应优质的青饲料或牧草。

(2)保证饲料质量与安全:某些饲料本身存在对生殖有毒性作用的物质,如大部分豆科植物和部分葛科植物中存在植物雌激素,对母牛可引起卵泡囊肿、持续发情和流产等,如棉籽饼中含有的棉酚会影响母牛受胎、胚胎发育和胎儿成活等。因此,在饲养中应尽量避免使用或少用这类饲料和牧草。

此外,饲料生产、加工和储存等过程中也可能产生对生殖有毒、有害的物质。如饲料生产过程中残留的某些除草剂和农药,饲料加工不当所引起的某些毒素(如亚硝酸钠)以及储藏过程中产生的毒素(如黄曲霉毒素)均对卵子和胚胎发育有不利影响。

(3)加强环境控制:要注意牛舍环境的影响,尽可能避免高温、高湿或严寒,特别是前者对牛的影响。实践和研究都证明,高温、高湿对牛繁殖的危害要大大高于寒冷。在炎热季节,重点是加强防暑降温。例如,可采取遮荫、水浴等办法降温。

2. 加强繁殖管理

(1)提高母牛受配率

①确定合理的初配年龄,维持正常初情期:育成牛配种过早,影响母牛自身及胎儿发育,易出现难产及泌乳性能降低等现象,并影响以后配种及终生生产力。配种过晚,则增加培育成本,降低了产犊效率。长期发情不配,易导致生殖激素紊乱,造成难孕。从肉

牛生产实际看,饲养状况良好的育成牛适宜配种年龄为 16 月龄。发育状况稍差的可适当延迟。使母牛在达到初情期后正常发情排卵,是提高母牛受配率的关键。为避免初情期延迟,可定期用公牛诱导发情,必要时也可用 FSH、PMSG、雌激素进行诱导发情。

②缩短产犊间隔:缩短产犊间隔不仅可以提高繁殖力,而且可以提高产奶量。在牛分娩后进行药物处理,促进子宫复原和卵巢生殖机能恢复,在配种后进行早期妊娠诊断,及时诱导空怀母牛发情配种等。

(2)做好母牛配种管理

①做好发情鉴定适时配种和加强妊娠期管理:配种前对母牛的发情规律和繁殖情况进行调查,掌握牛群中能繁殖、已妊娠及空怀、流产的头数和比例。母牛产犊 20 天后,要注意观察发情情况,对发情不正常或不发情的牛只要查明原因,采取相应的措施进行处理,对隐性发情牛要加强试情或直肠检查工作,做到适时配种,防止漏配,不喂腐坏、冰冻饲料及禁忌药品。母牛进出圈门时防止拥挤,严禁乱打急追,避免母牛过于剧烈运动、惊吓、滑倒等。对配种后 3~5 个月表现发情征兆的母牛,要做好卵巢和子宫检查,防止母牛孕后假发情而配种导致流产。后备母牛配种不宜过早,对妊娠母牛给予营养充足的饲料,适当运动、分娩时搞好助产工作。每年进行整群,将发育不良、母性不强、连续流产、有疾病及老龄母牛淘汰。改变传统垫圈积肥养牛的方式,牛舍应做到冬暖夏凉,干燥,通风良好,光线充足。

②采用诱导发情,提高受孕率:对哺乳乏情母牛采用犊牛早期断奶的方法,或结合使用三合激素提高其受孕率。方法是:每100kg 体重 1ml 肌内注射或与 PMSG(孕马血清促性腺激素)500IU/头,同时肌内注射。病理性乏情使用前列腺素(如 $PGF_{2\alpha}$)消除黄体,停止其分泌孕酮的机能,为卵泡的生长发育创造条件。用氯前列烯醇肌内注射 0.4~0.5mg 或宫注 0.2~0.25mg(用盐

糖水或注射用水稀释到 20ml)。

③遵守操作规程,推广繁殖新技术:繁殖新技术的推广应用为提高动物繁殖力将发挥更大的作用。

a. 推广早期妊娠诊断技术,可防止失配空怀;

b. 推广人工授精和冷冻精液技术,可大大提高优良种公牛的繁殖效能;

c. 推广胚胎移植技术,可大大提高优良母牛的利用率,充分发挥母牛的繁殖潜力;

d. 合理应用生殖激素,可诱发母牛发情,提高母牛的排卵率及恢复正常繁殖功能。

(3)减少胚胎死亡和防止流产:胚胎死亡是影响产仔数和繁殖力的一个很重要因素。动物早期胚胎死亡率很高,牛 20%～40%。因此,减少胚胎死亡和防止流产是提高繁殖力的一个有效手段。

(4)加强犊牛的饲养管理

①犊牛早期断奶:早期断奶可促使母牛尽快恢复体况,提早发情配种,提高母牛情期受胎率。

②母仔分离,定时哺乳:犊牛出生后 3～6 天自由哺乳;第 7 天开始将母仔分离,定时哺乳或喂乳,每天哺乳次数为 3～4 次,每次哺(喂)时间为 20～30 分钟。

③犊牛早期补饲:8～12 日龄后开始训练补饲混合精料,混合精料参考配方:玉米 50%、麦麸 30%、青菜叶 5%、大豆或豌蚕豆13%、食盐 1.5%、石粉 0.5%。15～30 日龄每天补饲 0.1kg,30～70 日龄每天补饲 0.3～0.4kg,70 日龄至断奶每天补饲 0.6kg。18～21 日龄开始训练采食青草。

④适时断奶:犊牛在不喂乳情况下,补饲少量精料和干草就能进行正常反刍活动,保证其正常生长发育所需营养。断奶适宜时间为 4～5 月龄。

(5)预防生殖疾病

①输精员必须严格按操作规程输精,防止通过输精枪污染母牛生殖道,造成外源性感染。

②母牛产犊时尽量避免将手伸入生殖道内助产或检查,让母牛自然分娩。需要助产时手臂进行严格消毒,同时用消毒药液清洗外阴,或待犊牛两前肢露出母牛外阴后,牵引两前肢助产。产犊后可投入抗菌药物,预防子宫炎症发生。

③日常注意观察,发现疾病及时隔离治疗。如遇疑难病症,立即请兽医诊治。

(6)做好繁殖组织和管理工作:提高繁殖力是技术工作和组织管理工作相互配合的综合技术,不单纯是技术问题,所以必须有严密的组织措施相配合。包括:建立一支有事业心的技术队伍;定期培训、及时交流经验;做好各种繁殖记录等。

第六节　分娩与助产

分娩是指妊娠期满,胎儿发育成熟,母体将胎儿及其附属物从子宫内排出体外的生理过程。分娩的发动不是由某一特殊因素所致,而是由机械扩张、激素、神经等多种因素相互联系、协调而引起的。其中胎儿的下丘脑－垂体－肾上腺轴对发动分娩起着重要作用。黄牛的妊娠期平均为282(276～290)天。

一、分娩的预兆

分娩预兆是指随着胎儿的发育成熟和分娩的临近,母牛的生殖器官、骨盆、行为发生的一系列生理变化,以适应排出胎儿和哺育犊牛的需要的过程。

(一)乳房变化

在临近分娩前乳房迅速发育,膨胀增大,出现乳房浮肿。约产前10天乳头表面有蜡状光泽,产前2～3天则充满初乳,若乳汁由乳白色稀薄变得黄色而浓稠时,就为分娩前征兆;当出现漏乳现象后数小时至1天左右即分娩。

(二)阴户变化

分娩前数天到1周左右,阴唇逐渐变松软、肿胀、发亮,阴唇皮肤皱褶展平,从阴道流出黏液由浓稠变稀薄。

(三)荐坐韧带变化

骨盆韧带在分娩前1～2周开始软化,分娩前1天荐坐韧带后缘很软,尾根两侧下陷,称"尾根塌陷",另外荐髂韧带同样也很软。

(四)行为变化

在分娩前母牛的行为也有明显变化,如食欲不振,精神抑郁、来回走动不安或离群寻找安静地点。

二、决定分娩的因素

分娩时,排出胎儿的动力是依靠子宫肌和腹肌的强烈收缩,但分娩的顺利与否,主要取决于产力、产道和胎儿。

(一)产力

产力指胎儿从子宫中排出的力量,是由子宫肌和腹肌有节律的收缩共同形成的。阵缩是子宫肌有节律的收缩,是分娩过程中的主要动力。努责是由腹肌、膈肌的收缩而引起的，是分娩的辅助动力，当母畜横卧分娩时更为明显。

分娩时，阵缩由弱到强，由无规律到有规律，子宫肌呈间歇性收缩，使胎盘血液循环和氧气供应不会因子宫肌持续收缩而发生障碍，造成胎儿窒息。分娩时牛的子宫收缩从孕角尖端开始，且两子宫角的收缩一般是不同步进行的。随着胎儿的前置部分连同胎儿和胎囊对子宫颈和阴道的刺激，使神经垂体释放催产素，增强膈肌和腹肌的收缩力。在分娩时母体所发生的阵缩和努责的密切配合，共同协作产生强大的收缩力使胎儿顺利排出。

在分娩过程中，血液乙酰胆碱和催产素是促使子宫肌收缩的主要因素。雌激素由于能抑制胆碱酯酶和催产素酶的产生，因此能提高子宫肌对催产素的敏感性。

（二）产道

产道是分娩时胎儿由子宫内排出所经过的道路，可分为软产道和硬产道。软产道包括子宫颈、阴道、前庭及阴门这些由软组织构成的通道。分娩时软产道变得柔软、松弛，以适应胎儿的产出。硬产道即骨盆（图 9-16），由荐骨、前 3 个尾椎、髂骨及荐坐韧带构成。牛的骨盆结构入口呈竖长椭圆形，倾斜度小，骨盆底下凹，荐

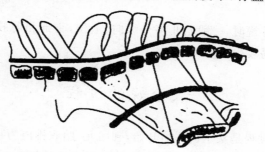

图 9-16　牛的骨盆结构

骨突出于骨盆腔内,骨盆侧壁的坐骨上棘很高且斜向骨盆腔,因此,横径小、荐坐韧带窄、坐骨粗隆很大。而且由于牛骨盆底后部向上倾斜,使骨盆轴呈曲线形,又是单胎动物,胎儿较大,因此难产率较高。

(三)胎儿

影响分娩的胎儿因素包括胎儿与母体产道之间、胎儿本身各部位之间的相互关系,即胎向、胎位、胎势,以及胎儿的大小。

胎向是指胎儿纵轴与母体纵轴的关系;胎位是指胎儿背部与母体背部的关系;胎势是胎儿在母体子宫内身体各部之间的关系,即各部分是伸直还是屈曲的。前置指胎儿最先进入产道的部分,如正生时头和前肢先进入产道;倒生时后肢先进入产道。难产时,常用"前置"说明胎儿的反常情况,如前肢的腕部是屈曲的,腕部向着产道,叫腕部前置。

分娩前,胎儿在母体子宫内的方向绝大多数是纵向的,而且大多数是头(前躯)前置,少数是后躯前置。分娩时胎向不发生改变,但胎势和胎位则必须改变,以适应骨盆腔的情况。这种改变主要靠分娩时子宫的阵缩压迫胎盘血管,胎儿处于缺氧状态,引起反射性挣扎,使胎儿由侧位或下位转为上位,头颈和四肢由屈曲变为伸展。

母牛分娩时,一般胎儿多是纵向、上位,头部和前肢前置。故在倒生时易发生难产。

三、分娩的过程

分娩过程是从子宫阵缩开始,到胎儿、胎衣排出为止。可人为地分为 3 个阶段:开口期、胎儿产出期、胎衣排出期。

(一)开口期

从子宫有规则地出现阵缩开始到子宫颈口完全开张,与阴道之间的界限消失为止。这一时期的特点是仅有阵缩而无努责。经产母牛较安静,等待分娩。初产母牛则食欲减退、起卧不安、举尾徘徊、频频排尿。

在开口期的初期,子宫阵缩较弱,约每 15 分钟出现 1 次,持续 15~30 秒,随后收缩频率、强度和持续时间不断加强,使胎儿的姿势由屈曲变为伸直,使胎水和胎儿前置部分向子宫颈方向移动,并逐渐使胎儿的前置部分进入子宫颈管和阴道。在开口期末期,有时有胎膜囊露出阴门外。

(二)胎儿产出期

胎儿产出期指从子宫颈口充分开张至胎儿全部排出为止的时期。这一时期,子宫阵缩、母体努责共同发生,其中努责是排出胎儿的主要力量。

在这一时期,母牛表现极度不安,起卧频繁,前蹄刨地,后肢踢腹,常回顾腹部,弓背努责,继而产畜卧下。当胎儿前置部分以侧卧胎势通过骨盆和出口时,产畜四肢伸直,努责的强度和频率达到极点。母牛呼吸脉搏加快,达到 80~130 次/秒。

在产出期间中,胎儿的最宽部分的排出需要较长时间,特别是头部。正生胎向时,当胎头露出阴门外之后,母牛稍微休息,阵缩和努责稍缓和,继而将胎儿其他部分迅速排出,仅胎衣仍留在子宫内。此时不再努责,休息片刻后,母畜就能站起来照顾新生幼仔。

牛属子叶型胎盘,胎儿产出时胎盘与母体子叶继续供氧,不会发生窒息。

母牛分娩时多数开始努责时卧下,间隔(65±54)分钟左右羊膜绒毛膜形成囊状突出于阴门外,内有羊水和胎儿头部与前肢,在努责过程中被撕裂并排出淡白或微黄色浓稠的羊水后,间隔(31±25)分钟最后排出胎儿。胎儿排出时一般无完整的羊膜包裹,因此胎儿一般不会窒息。

牛的胎儿产出期 3～4 小时,胎衣排出期 2～8 小时,最多 12 小时。

(三)胎衣排出期

胎衣是胎膜的总称,包括部分断离的脐带。胎衣排出期指胎儿被排出后至胎衣完全排出为止。

胎儿排出后,产畜即安静下来。几分钟后,子宫再次开始轻微的阵缩和努责而使胎衣排出。这个阶段阵缩的特点是持续时间较长,每次 100～130 秒、间隔也长,每次 1～2 分钟。

胎衣的排出是借助于子宫的强烈收缩,从绒毛膜和子叶中排出大部分血液,使母体子宫黏膜腺窝压力降低;胎儿排出后,母体胎盘的血液循环减弱,子宫黏膜腺窝的紧张性减低;以及胎儿胎盘的血液循环停止后,绒毛膜上的绒毛体积缩小,间隙增大,使绒毛较易从腺窝中脱落。但由于牛的胎盘属上皮为结缔组织型,母子胎盘联系较紧密,因此胎衣不下发生率较高。

四、分娩助产技术

助产的目的在于经对母、犊进行跟踪观察,在必要时加以帮助,以免犊牛和母牛受到损失。

助产前要做好产房、器械、药品等准备工作。产房要宽敞、清洁、干燥、阳光充足、通风良好、垫铺草;在准备必要的消毒药品、催产素、强心药等的同时,还应备有常规产科器械、绳子、照明设备、足量的热水等;临产前 1 周母牛要进入产房,适应环境,助产前,应消毒产畜外阴部,把尾巴拉向一侧;分娩前助产人员应熟悉母牛的分娩规律和助产方法,助产时严格遵守助产的操作规程。

(一)正常分娩的助产

一般情况下,正常分娩不需人为干预,助产人员的主要任务是监视分娩情况和护理新生犊牛。

1. 产畜的护理

工作人员穿好工作服、胶鞋,对手臂进行消毒、润滑。同时对产畜进行健康检查,若有异常,应先处理,防虚脱。临产前要清洗母牛外阴部,并用消毒药水擦洗。当胎儿前置部分进入产道时,要及时检查胎儿与母体的关系是否正常,及时调整异常的胎儿胎位、胎势、胎向等,如果正常一般可自然产出。同时还应检在产畜骨盆有无变形,阴道、阴门及子宫颈的松软程度,判断有无产道反常而发生导致难产的可能。

胎儿头部或唇部露出阴门时,如上面盖有羊膜尚未破裂,应及时撕破羊膜,擦净胎儿鼻孔内的黏液,以利呼吸,防止窒息。但也不要过早地撕破羊膜,使胎儿的羊水流失过早。

注意观察产畜的努责与产出过程是否正常。若在分娩时羊水已流出,而胎儿尚未排出,产畜的阵缩和努责又微弱时,助产人员应及时抓住胎儿头部和两前肢的腕部,随着产畜的努责顺势拉出,避免胎儿由于脐带被挤压,供氧中断而窒息。

分娩停止后,应检查胎儿是否全部产出,并注意观察胎衣排出情况,产畜排出的胎衣应及时拿走,避免被产畜吞食,引起消化不良。

2. 新生犊牛的护理

犊牛产出后应及时擦干口、鼻内的羊水及黏液,观察呼吸是否正常。同时认真做好脐带的结扎、消毒工作,擦干身体或让母畜舔干(有促进母畜血液循环,利于胎衣排出的作用),尤其天冷时,应注意犊牛保温，并及早扶助犊牛站立，帮助其尽早吃上初乳。

新生犊牛出生后，由于生活条件的改变，以及遗传、免疫、营养、环境等因素的影响，容易发生新生仔畜假死、脐带闭合不全或脐带炎、胎粪阻塞等疾病，应积极采取预防措施，做好种畜的选择和妊娠期间的饲养管理，注意保持环境整洁等工作。

当新生牛犊发生假死时，即胎儿呼吸发生障碍或停止，心跳微弱，脐带充满血液（脐血饱满），外挤后出回流现象时，可采取倒提后腿、按摩胸部等措施急救，在采取上述急救措施的同时，可配合使用刺激呼吸中枢的药物，也可酌情使用其他强心剂。

（二）难产及其助产

1. 难产的种类

根据引起难产的原因不同，可分为三类。

（1）产力性难产：阵缩及努责微弱、阵缩及破水过早和子宫疝气等。阵缩及努责微弱在奶牛较常见，有因母牛营养不良、体弱、过老、全身性疾病等引起在分娩开始即出现的，也有长时间分娩引起母牛过度疲劳引起的。

（2）产道性难产：包括因母畜子宫捻转、子宫颈、阴道及骨盆狭窄、产道肿瘤、便秘、膀胱充溢等，以子宫捻转较多见。

（3）胎儿性难产：主要由胎儿的姿势、位置、方向异常所引起，也有因胎儿和骨盆的大小不相适应而发生。在牛的难产中，胎儿性难产约占70%以上，尤其是肉牛，因犊牛的头颈和四肢较长，容易发生姿势性难产，尤其容易因头颈侧弯和前肢异常而造成难产。

2. 难产时的助产原则

助产前要检查产畜体质（体温、心跳、呼吸等），做到心中有数，避免术中意外，并初步判定是否属于产力性难产。

要正确判定发生难产的原因和采取的助产方法。检查胎儿时,不仅要了解正生或倒生情况,同时要了解胎势、胎位与胎向,以及胎儿进入产道的程度,并正确判断胎儿的死活,以利于确定助产的方法和方式。

在判定正生与倒生时,根据腕跗关节的异同区分进入产道的是前肢还是后肢较准确,同时要注意是否颈部下弯。

在检查胎儿的同时,要检查产道的干燥程度,并判明产道是否有损伤、水肿、狭窄、畸形和肿瘤等,以及子宫颈的开张程度,观察流出黏液的颜色和气味是否正常。

矫正胎儿异常姿势,应尽量将胎儿推回到子宫内进行,并正确使用助产器械,避免损伤产道。

助产时,除要尽力确保母仔安全外,还要做好助产过程中的消毒工作,避免产道受损伤和感染,以保持产畜的再繁殖能力。

3. 难产的预防

牛因胎儿较大及特殊的骨盆结构,特别是杂交改良中选择与配父本体型较大,致使难产率较高,如处理不当,极易引起犊牛死亡,甚至危及母牛生命,或使产道和子宫受到损伤、感染疾病,影响母牛的繁殖能力。因此,积极预防难产对提高动物的繁殖率具有重要意义。预防难产的措施如下:

(1)避免过早配种:否则由于母牛尚未发育成熟,分娩时容易发生骨盆狭窄,造成难产。

(2)合理饲养:以保证胎儿的生长和维持母牛的健康,减少发生难产的可能性。对杂交母牛妊娠后期特别要避免过度饲养,以免胎儿过大造成难产。

(3)适当使役、运动:适当的运动可提高全身和子宫的紧张性,使分娩时胎儿活力和子宫收缩力增强,并有利于胎儿转变为正常分娩的胎位、胎势,减少难产、胎衣不下的发生,有利于产后子宫恢复。

(4)做好母牛产前和分娩过程中的环境适应等工作:在预产期前1周或半个月时应让母牛进入产房,适应环境,避免环境应激效应。在分娩过程中,要保持环境的安静,并应有专人护理和接产。

(5)做好临产检查:在分娩时,当胎膜露出到排出胎水后,及时检查胎儿的前置部分及胎位。如胎儿正生时前置部分(头与两前肢)正常进入产道、胎位也正常,则可任其自然分娩。如有异常(如腕部前置、头侧弯)应及时矫正。因此时胎儿的躯体尚未进入骨盆腔,胎水还未流尽,子宫内润滑,矫正比较容易,可避免难产发生。如果诊断为倒生时,要迅速助产,防止胎儿窒息。

(三)产后期母牛的护理

产后期是指胎衣排出到母牛生殖器官恢复原状的持续时间,在这个期间最重要的是子宫内膜的再生、子宫的恢复和重新出现性周期(发情周期)。

分娩后,母牛子宫排出一些变性脱落的母体胎盘、部分血液、残留的胎水、白细胞和子宫分泌物等,这些混合物称为恶露。其最先呈红褐色,以后变为淡黄色,最后为无色透明。牛的恶露排出的时间持续 10~12 天。如果恶露排出时间延长,则说明子宫内可能有病理变化。

母牛分娩后生殖器官发生了很大变化,分娩过程中产道还可能受到损伤,以致机体的抵抗力降低;分娩后子宫内沉积大量恶露,易引起病原微生物的侵入和繁衍。因此要加强母牛的产后护理。

母牛分娩时由于脱水严重,一般都会发生口渴现象。因此产后应及时供给足够的温盐水或麸皮温盐水,以增强母牛体质,有利于恢复健康。

分娩后要注意观察胎衣及恶露排出情况,注意防止阴道、子宫脱出。

　　产后最初几天,要给予品质好、易消化的饲料,满足机体营养需要。

　　在高温季节为防止母牛子宫、产道发生炎症,最好在母牛产后立即注射抗生素,对个别炎症严重的个体可用高锰酸钾、呋喃西林、青链霉素等药物进行灌洗子宫的处理。

第十章　肉牛常见病的防治

第一节　普通病

一、内科病

（一）咽炎

咽炎是咽黏膜及其邻近部位炎症的总称。

【病因】

咽炎根据发病原因,可以分为原发性和继发性两种。

原发性咽炎常见于受寒、感冒和过劳,这是引起咽炎的主要致病因素。因为家畜突然受到寒风、冷雨侵袭,或因过劳又被雨淋,发生感冒,机体的抵抗力降低,防卫机能减弱,极易受到链球菌、葡萄球菌、坏死杆菌、巴氏杆菌、沙门菌、大肠杆菌等条件性治病菌的侵害,导致咽炎的发生。特别是早春晚秋,气候剧变,车船长途输送,家畜过度疲劳,更容易引起咽炎的发病。机械性、化学性或温热的刺激,也可以引起咽炎,多见于粗硬的饲料和异物、霉败的饲料和饲料、过冷或过热的饲料和饮水的直接刺激和损伤等。

继发性咽炎,一般常继发于流感、炭疽、结核、牛热性卡他热、以及口蹄疫等,常伴发咽炎症状,口炎、食管炎等也常常继发本病。

【发病症状】

牛只采食咀嚼缓慢,咽下困难,或离开饲槽,不愿采食,精神沉郁;唾液腺受到炎性反射的刺激,大量分泌,因咽下困难,大量唾液和黏液由口角流下;由于咽黏膜炎性渗出物增多,由鼻孔流出,有时是一侧性的,有时两侧并流,其中混有食糜和唾液;咽炎的病畜常伴发喉炎,常常引起咳嗽,并有疼痛表现,同时咳出食糜和黏液,重剧病例呼吸促迫。重剧性炎症,咽部周围组织发生炎性浸润,呈现浮肿,外部触诊,温热疼痛,精神沉郁,倦怠无力,头颈伸展。

【治疗】

咽炎的治疗,在于消炎、清热、解毒、利咽喉。

注意治疗时,严禁经口投药,防止误咽。

病初,咽喉部先冷敷,后热敷,每天2～3次,每次30分钟。并用樟脑酒精或鱼石脂软膏涂布,效果良好。或用青霉素400万IU,肌内注射。

重剧性炎症,根据外用内治的原则,清热、解毒、收敛、止痛,可用青黛散:

青黛　15g　黄连　15g　白矾　15g

人中白　15g　柿霜　15g　黄柏　15g

硼砂　10g　冰片　5g　栀子　10g

研为末,装布袋,衔于病畜口内,给饲饮水时取出,每天更换1次。

针对重剧性炎症,牛可采取封闭疗法:0.25％普鲁卡因50ml,青霉素160万IU,进行咽喉封闭,具有一定得急救功效。

【预防】

搞好经常性饲养管理工作,防止牛只受寒、感冒、过劳。注意饲料质量和调制,避免饲喂霉败或冰霜冷冻的饲料。注意畜舍环境卫生,保持畜舍内的清洁和干燥。

(二)食道阻塞

食道阻塞是食团或异物突然阻塞于食道的一类疾病。

【病因】

家畜的食道阻塞,根据其发病原因,可以分为原发性和继发性两种。

原发性食道阻塞,主要是由于采食马铃薯、甘薯、萝卜等块根饲料以及西瓜皮或苹果等,吞咽过急;或采食大块豆饼、花生饼、玉米棒及稻草、青干草等,未经充分咀嚼,急于吞咽所引起。还有由于误咽毛巾、手帕、破布、木片、胎衣等而发病。

继发性食道阻塞,常见于食道麻痹、狭窄和扩张等。

【发病症状】

家畜在采食中突然发生退槽、停止采食。病畜神情紧张、骚动不安,头颈伸展,频频出现吞咽动作、张口伸舌、大量流涎,从口、鼻流出大量的泡沫,呼吸急促,惊恐不安。完全阻塞,采食、饮水完全停止,表现空嚼和吞咽动作,不断流涎;不能进行嗳气和反刍,迅速发生瘤胃臌胀、呼吸困难。不完全阻塞无流涎症状,无瘤胃臌胀现象。

【治疗】

本病的治疗,在于除去食道内阻塞物。

咽后食道起始部阻塞,大家畜可装上开口器,手经口腔伸入排除阻塞物,但颈部和胸部的食道阻塞,则应该根据阻塞物的性状及阻塞的程度,采取必要的治疗措施。

石蜡油或植物油50～100ml,配合1%的普鲁卡因10ml灌入食管,然后插入胃管将阻塞物徐徐向胃内疏导,多数病例可以治愈。

颈部食管发生阻塞时,先灌入少量的解痉剂和润滑剂,再将病畜横卧保定,控制其头部和前肢,用平板或砖垫在食道阻塞部位,然后用手掌抵住阻塞物的下端,朝向咽部挤压到口腔。

采取上述方法,仍不见效,应立即采取手术疗法,切开食管,取出阻塞物,防止食管壁组织坏死和麻痹。牛食管阻塞,常常引起瘤胃臌胀,容易引起窒息,应及时施行瘤胃穿刺放气,并向瘤胃内注入防腐消毒剂,然后采取必要的治疗措施,进行急救。

【预防】

加强饲养管理,定时饲喂,防止采食过急或在牛只采食过程中惊吓牛只。

(三)前胃迟缓

前胃迟缓,是由于各种原因导致的前胃兴奋性降低、收缩力减弱,瘤胃内容物运转缓慢,瘤胃的菌群失调,产生大量腐败分解和酵解的有毒物质,引起消化障碍,食欲、反刍减退以及全身机能紊乱的一种疾病。

【病因】

前胃迟缓的病因比较复杂,根据致病原因,可分为原发性和继发性两种。

原发性前胃迟缓也称为单纯性消化不良,引起的主要原因有:饲料质量低劣,利用小杂树枝或作物秸秆饲喂牛,由于纤维粗硬,刺激性强,难于消化,引起前胃迟缓;饲料过于单纯,长期饲喂粗纤维较多,营养成分少的稻草、麦秸等饲草,消化功能陷于单调和贫乏,突然转换饲料,极易引起消化不良;无一定饲养标准,不能按时定量饲喂,或精料过多,饲草不足,影响消化机能,从而引发本病;饲料日粮配合不当,矿物质和维生素缺乏,特别是钙的缺乏,影响到神经体液调节机能,引发前胃迟缓。

继发性前胃迟缓通常是一种临床综合征,病因比较复杂,常继发于一些内科病、传染病和寄生虫病如:酮病、生产瘫痪、结核病、肝片吸虫等。

【发病症状】

前胃迟缓按发病过程,可分为急性和慢性两种类型。

急性多呈现急性消化不良,精神萎顿。食欲减退或消失,反刍迟缓或停止,体温、呼吸、脉搏及全身机能状态无明显异常;瘤胃收缩力减弱,蠕动次数常减少,瓣胃蠕动音低沉,时而嗳气,有酸臭味,便秘,粪便干硬,呈深褐色;瘤胃内容物充满,黏硬,或呈粥状;一般病例轻,容易康复。如果伴发前胃炎或酸中毒症,病情急剧恶化,呻吟,扎牙,食欲废绝,排出大量棕褐色糊状粪便、有恶臭。精神高度沉郁,皮温不整,体温下降。鼻镜干燥,眼球下陷,黏膜发绀,发生脱水现象。

慢性型通常多为继发性因素所引起,或由急性转变而来,多数病例食欲不定,时好时坏。常常磨牙、空嚼,发生异嗜。反刍不规则,间断无力或停止。嗳气减少,嗳出气体带酸臭味。

【治疗】

本病的治疗,应着重改善饲养管理,增强神经体液调节功能,健胃、防腐、止酵、消导、强心、输液防止脱水和自体中毒的综合性措施。

原发性前胃迟缓,可兴奋副交感神经恢复神经体液调节机能,促进瘤胃蠕动。可用新斯的明 $10\sim20$mg;毛果芸香碱注射液 $30\sim50$mg 皮下注射。孕畜禁用,以防流产。

防腐止酵,可用酒精 100ml,稀盐酸 $15\sim30$ml,常水 500ml;或用鱼石脂 $15\sim20$g,酒精 50ml,常水 1 000ml,1 次内服。或用石蜡油 1 000ml,苦味酊 $20\sim30$ml,内服,促进瘤胃内容物的转运和排空。

促反刍液 $500\sim1$ 000ml,5% 碳酸氢钠注射液 $500\sim1$ 000ml 静脉注射,1 日 2 次。或用 10% 氯化钠溶液 500ml,5% 氯化钙溶液 250ml,20% 安钠咖溶液 10ml,静脉注射。可促进前胃蠕动,提高治疗效果。

【预防】

前胃迟缓的发生,多因饲养管理不当引起。所以,应加强饲养管理,注意饲料的选择、保管和调制。不可突然变换饲料或加大喂量。注意提高牛群健康水平,防止本病的发生。

(四)瘤胃积食

瘤胃积食,是因为前胃收缩力减弱,采食大量难以消化的饲草或容易膨胀的饲料所致。本病可引起急性瘤胃扩张、瘤胃容积增大、内容物停滞和阻塞、瘤胃运动和消化机能障碍、形成脱水和毒血症。本病是牛常见的多发病之一,特别是舍饲牛更为常见。

【病因】

主要是采食过多或采食了易于膨胀的干料或难以消化的饲料引起,有的是采食后立即大量饮水,更容易诱发本病;有的是由于消化能力减弱,采食大量饲料而又饮水不足引起;有的是长期舍饲的牛,突然变换可口的饲料,采食过多而诱发本病;有的是体质衰弱,产后失调以及长途运输,机体疲劳,神经反应性低,而诱发本病;饲料保管不严,牛偷食过多精料也会发病。

【发病症状】

病初,病牛神情不安,目光凝视,回头顾腹,或后肢踢腹,有腹痛症状。食欲、反刍停止,拱背,虚嚼,不断起卧,往往伴有呻吟。瘤胃蠕动音减弱或消失,触诊瘤胃,病畜不安,瘤胃内容物黏硬,用拳按压,遗留压痕。便秘,粪便干硬呈饼状,间或发生下痢。晚期病例,病情急剧恶化。肚腹膨隆,瘤胃积液,呼吸促迫而困难。心悸,脉搏疾速,皮温不整,四肢末梢和耳根冰凉,全身战栗,眼球下陷,全身衰弱,卧地不起,陷于昏迷状态。发生脱水或自体中毒,呈现循环虚脱。

【治疗】

本病的治疗原则在于恢复前胃运动机能,促进瘤胃内容物运转,消食化积,防止脱水与自体中毒。

一般病例,可用酵母粉 500～1 000g,1 天分 2 次内服,具有化食作用。或可用硫酸镁或硫酸钠、人工盐 300～500g,石蜡油或植物油 500～1 000ml,鱼石脂 15～20g,75％乙醇 50～100ml,常水 6 000～10 000ml,1 次内服。服用泻剂后,可兴奋副交感神经恢复神经体液调节机能,促进瘤胃蠕动。用新斯的明 10～20mg;毛果芸香碱注射液 30～50mg 皮下注射。孕畜禁用,以防流产。

促反刍液 500～1 000ml,5％碳酸氢钠注射液 500～1 000ml 静脉注射,1 日 2 次。或用 10％氯化钠溶液 500ml,5％氯化钙溶液 250ml,20％安钠咖溶液 10ml,静脉注射。可促进前胃蠕动,提高治疗效果。

必要时可接种健康牛的瘤胃液。

危重病例,药物治疗无效时,需进行瘤胃切开术,取出内容物。

【预防】

坚强饲养管理,防止突然变换饲料或过食。

(五)瘤胃臌胀

瘤胃臌胀,是因为前胃神经反应性降低,收缩力减弱,采食了容易发酵的饲料,在瘤胃内菌群的作用下,异常发酵,产生大量的气体,引起瘤胃和网胃急剧膨胀,膈与胸腔脏器受到压迫,呼吸与血液循环障碍,发生窒息的一种疾病。

【病因】

本病依据病因,可分为原发性和继发性;从性质上区分,又可分为泡沫性和非泡沫性;按其经过,可分为慢性和急性。

原发性瘤胃臌胀,主要是采食了大量易于发酵的青绿饲料,特别是舍饲转为放牧的牛,最容易导致瘤胃臌胀的发生。采食大量开花前的幼嫩多汁的豆科植物,迅速发酵,产生大量气体易发病;采食堆积发热的青草,或经霜、露、雪、冰霜冻结的牧草,霉变的干草,往往引发本病;饲料配合或调理不当,谷类饲料过多,粗饲料不足,或因矿物质不足,钙磷比例失调等,都可引起瘤胃臌胀的发生。

继发性瘤胃臌胀,最常见于前胃迟缓,其他如创伤性网胃腹膜炎、食道阻塞、瓣胃阻塞以及前胃内存有泥沙、结石或毛球等,都可引起排气障碍,导致瘤胃壁扩张而引发臌胀。

【发病症状】

急性采食后不久腹部急剧膨胀,呼吸苦难,叩击瘤胃声呈鼓音,呼吸苦难,触诊有弹性,腹壁高度紧张。严重时可视黏膜发绀,四肢张开,甚至口内流涎。病到后期,病畜精神沉郁,不愿运动,有时突然倒地窒息,痉挛而死。泡沫性臌胀,瘤胃穿刺时,能断断续续排出少量气体。

继发性瘤胃臌胀,臌胀时好时坏,反复发作。当发作时,食欲减少或废绝,一旦臌胀消失食欲又可恢复正常。

【治疗】

本病的治疗原则是排出气体、防腐止酵、理气消胀、强心补液、健胃消导。

病初,可用松节油 20～30ml,鱼石脂 15～20g,乙醇 30～50ml,加温水适量,1 次内服,具有良好的消胀作用。

严重病例,当有窒息的危险时,首先应用套管针进行瘤胃穿刺放气。放气后用 0.25% 的普鲁卡因溶液 30～50ml,青霉素 160 万IU 注入瘤胃,效果更佳。非泡沫性臌胀,放气后,可用鱼石脂15～20g,酒精 100ml,加水 1 000ml 一次性灌服。

泡沫性臌胀,以消胀为目的,可用表面活性物质,如二甲基硅油 2～2.5g;也可以用松节油 30～40ml,石蜡油 500～1 000ml,加水适量 1 次内服,以降低瘤胃内液的表面张力,达到消胀的目的。

在治疗过程中,应注意全身机能状态,及时强心补液,促进瘤胃运动机能,具体可参照瘤胃积食的相关治疗方法。

【预防】

应注意避免采食开花前的豆科植物。要尽量少喂堆积发酵或被雨露浸湿的青草，以防臌胀；注意加强饲料保管、防止霉败变质。

(六)胃肠炎

胃肠炎是胃肠表层黏膜及深层组织的重剧炎症过程。

【病因】

造成胃肠炎的原因多种多样。饲养管理上的错误占主要原因。牛吃进品质不良的草料，如霉败的干草、冷冻腐烂的块根、发霉变质的玉米、大豆和豆饼等，都可以引发胃肠炎。

继发性胃肠炎见于各种细菌性和病毒性传染病。很多内科病也可继发胃肠炎。

【发病症状】

病牛精神沉郁，食欲减退或废绝，口干臭；腹泻是胃肠炎的重要症状。排泄软粪，并杂有血液、黏液和黏膜组织，有时混有脓液和恶臭。病的后期，肠音减弱或停止。腹泻时间长的病牛，出现里急后重现象；眼球下陷，皮肤弹性减退。脉搏快而弱，体温大多数患牛突然达到40℃以上。

【治疗】

本病的治疗原则是清理胃肠，保护胃肠黏膜，防止胃肠内容物腐败发酵，解除中毒，预防脱水。

石蜡油500～1 000ml或植物油500ml加鱼石脂20～30g，加温水适量内服。

磺胺脒25～30g，内服，1日3次；5%葡萄糖注射液1 000ml，维生素C注射液2～5g，氧氟沙星注射液0.6～0.8g，1次静脉注射，1日2次。肠出血可静脉注射10%葡萄糖酸钙溶液250～500ml。如果患牛大量丧失体液，应注意补充。

【预防】

注意饲料的保管和调制工作,防止饲料霉败。检查饮水质量,禁止饮用污秽不洁饮水,以免扰乱消化功能,保证家畜的健康。

(七)支气管肺炎

支气管肺炎是个别肺小叶或几个肺小叶的炎症。

【病因】

受寒感冒、饲养管理失调,物理和化学性因素的刺激,过度劳累等因素,使机体的抵抗力降低,以致引发本病,是原发性支气管肺炎的主要原发性致病因素;在大多数情况下,支气管肺炎是一种继发性疾病,凡是足以引起支气管炎的原因,都是支气管肺炎发生的原因。另外,一些化脓性疾病,如牛的子宫炎、乳房炎等,其病原菌都可以通过血源的途径进入肺脏而致病。

引起本病的的病原菌,均为非特异性。

【发病症状】

病初患牛有干短带痛的咳嗽。随之病牛全身症状恶化,精神沉郁,食欲减少或废绝,前胃迟缓;体温升高 1.5~2℃,通常呈弛张热;呼吸发生苦难,随着病程的发展和渗出物的增多,时有分泌物被咳出;鼻液呈黏性,常因被牛只舔食而不被发现。

【治疗】

本病的治疗重在改善营养加强护理,消炎、止咳、制止渗出物的渗出和促进吸收及对症治疗等。

青霉素 400 万 IU,链霉素 4g,生理盐水或注射用水稀释,1 次肌内注射。每天 3 次,连用 1 周。对大多数病例效果良好。

如果病情严重或顽固,可应用葡萄糖生理盐水(或 5% 葡萄糖注射液)1 000ml,四环素 3~4g(或氧氟沙星注射液 0.6~0.8g),静脉注射,每日 2 次。

青霉素 480 万 IU,链霉素 400 万 IU,3% 盐酸普鲁卡因 10~20ml,

加生理盐水稀释至 50ml,1 次气管内注入,每日 1 次,效果良好。

制止渗出,可用 5%氯化钙溶液 250ml 静脉注射,每日 1 次。

【预防】

尽量避免牛只受寒冷、风、雨、潮湿的侵袭;不饮冷水和喂给冰冷的饲料;牛舍要通风透光,保持空气清新洁净,以增强牛只的抵抗力。

(八)佝偻病

佝偻病是幼畜维生素 D 缺乏及钙磷代谢障碍所导致的骨营养不良性疾病。本病常发于快速生长的犊牛。

【病因】

维生素 D 不足;或长期关禁饲养,维生素 D 的转化发生障碍;饲料中的钙磷不足,或钙磷比例不平衡,都可造成犊牛的骨基质钙化不足而引发佝偻病。

【发病症状】

早期犊牛食欲减退,消化不良,不活泼,出现异嗜癖。发育停滞,消瘦;经常卧地,不愿运动;最后在骨面和躯干、四肢骨骼有变形现象,间或伴有咳嗽、腹泻、呼吸困难和贫血;犊牛低头,拱背,站立时前肢腕关节屈曲,向前方外侧凸出,呈内弧形,后肢跗关节内收,呈"八"字形叉开站立。运动时步态僵硬,肢关节增大。

【治疗】

内服鱼肝油,每次 3～10ml,1 日 2 次;肌内注射维生素 D$_2$。静脉注射 10%葡萄糖酸钙 50～100ml 或肌内注射维丁胶性钙注射液,每日 1 次,每次 10ml 或隔日注射 2ml,连用 1 周。

【预防】

加强牛只的饲养管理,注意日粮中的钙磷补充及平衡比例。

(九)硒缺乏症

硒缺乏症是由于微量元素硒的缺乏或不足而引起的畜禽器官

或组织变性、坏死的一类疾病。

实际上,单纯的硒缺乏症并不多见。在临床上较为多发的是微量元素硒和维生素 E 的共同缺乏所引起的畜禽硒-维生素 E 缺乏症。其病理特征主要表现为骨骼变性、坏死,肝脏营养不良以及心肌纤维变性等变化。

【病因】

硒缺乏症的病因比较复杂,土壤的低硒环境乃是致病的根本原因。即低硒环境通过食物作用于动物机体而引起发病。根据资料的记载,土壤含硒量低于 5×10^{-7},饲料的含硒量低于 5×10^{-8},即可引起畜禽的发病。

【发病症状】

在缺硒地区多呈地方性流行,犊牛易发。可能在临床中不表现任何明显症状而突然死亡,主要表现为心肌营养不良(急性型);生长发育明显受阻,典型的运动障碍和心功能不全,并有顽固性腹泻(慢性型);骨骼肌营养不良(亚急性型);仅见有瘦弱及原因不明的持续性腹泻(隐性型)。成年公牛表现为食欲不振,精子异常,活力降低,严重时没有精子,甚至于丧失配种能力;成年母牛表现为流产、早产、死胎,可视黏膜及乳房皮肤出现出血性紫癜,心率 90 次以上。有的表现肌肉震颤,收缩乏力,卧地不起等。

【治疗】

治疗原则是补硒为主,辅以维生素 E。

0.1%的亚硒酸钠—维生素 E 注射液臀部深层分点肌内注射,成年牛每次 30～50ml,犊牛 10ml。10 天后重复注射 1 次。

【预防】

注意牛只日粮中硒和维生素 E 的科学合理补充。

(十)碘缺乏症

碘缺乏症是微量元素碘的缺乏或不足而引起的地方性甲状腺

肿、生长发育受阻、繁殖力降低等一系列机能紊乱的疾病。

【病因】

饲料和饮水中碘的含量不足或缺乏是主要的致病原因。

【发病症状】

成年牛甲状腺肿大,皮肤干燥,被毛脆弱,生殖力下降。公畜性欲减退、精液不良;母畜性周期紊乱、产期拖延、流产、死胎;新生胎儿水肿、皮厚、毛粗糙且稀少,抑或无毛;犊牛衰弱无力,骨骼发育不全,四肢骨弯曲变形导致站立困难,严重者以腕关节触地,皮肤干燥、增厚且粗糙。甲状腺明显肿大,可压迫喉部引起呼吸和吞咽困难,最终由于窒息而死亡。

【防治】

补碘是最重要和有效的防治措施,但应该严格控制用药剂量以免超量中毒。

补给碘盐 由食盐 1kg 和碘化钾 250mg(或是由食盐 10kg 加碘化钾 1g)组成。对病区饲养的母牛可于妊娠后期在日粮中加入碘盐,也可每天补给碘酊 2～5 滴或添加有 1‰碘化钾液 1ml 于饮水中的含碘饮水。

对肿大的甲状腺部可涂擦碘软膏;对软化或化脓的甲状腺体可实行手术切开,排脓后用稀碘液冲洗。

(十一)铜缺乏症

铜缺乏症是由于动物机体缺铜而引起的贫血、神经机能紊乱、运动障碍等一系列病理变化的疾病。

【病因】

铜缺乏症病因主要是土壤含铜量的不足或缺乏。饲料中含铜量低于 3×10^{-6} 便可以引起发病。

【发病症状】

病牛营养不良,被毛粗糙蓬乱,毛色改变(红色和黑色牛变为棕红色或灰白色),此外尚可出现癫痫症状,其特征是外观貌似健康的病牛出现头颈高抬,不断哞叫,肌肉震颤并倒卧于地,多数病牛很快死亡。少数病牛可持续一天以上,呈间歇性发作,并以前肢为轴做圆圈运动,多于发作中突然死亡。

犊牛生长发育缓慢,消瘦,步态僵硬,四肢运动障碍,关节肿胀且僵硬,触压疼痛敏感,易发生骨折。消化不良呈持续性腹泻,病犊排黄绿色乃至黑色的水样粪便。

【防治】

病牛铜缺乏症的主要防治措施是补铜。

可用硫酸铜 0.5~1.0g,内服,间隔数日 1 次。

饲料含铜量应保持一定的水平,牛为 10mg/kg,亦可使用含有硫酸铜的矿物质舔砖。

(十二)硝酸盐和亚硝酸盐中毒

由于过量摄入(饮入)含有硝酸盐或亚硝酸盐的饲料(水)引起的高铁血红蛋白血症的一类化学性中毒症。临床上主要表现为皮肤、黏膜呈蓝紫色及其他缺氧症状。

【病因】

许多菜叶中含有硝酸盐,如果发生腐烂,硝酸盐转变为亚硝酸盐,牛采食后引起中毒。或者食入过多含有硝酸盐的饲草,在瘤胃微生物的作用下生成亚硝酸盐而引起中毒。

【发病症状】

牛只采食后数个小时开始发病,出现流涎、疝痛、腹泻甚至呕吐等症状。全身突然痉挛,口吐白沫,呼吸困难,站立不稳。可视黏膜迅速变为蓝紫色,脉搏加快,瞳孔散大,排尿次数增多,常倒地迅速窒息死亡。

【治疗】

1%美蓝(亚甲蓝)溶液静脉注射,牛 8mg/kg;5%甲苯胺蓝溶液静脉注射,牛 5mg/kg。也可做肌肉或腹腔注射。

(十三)食盐中毒

食盐中毒是饲喂不当采食过量的食盐而引起的消化道炎症和脑组织水肿、变性为病理基础的中毒性疾病。

【病因】

主要原因是采食过量的食盐而引起。

【发病症状】

病牛临床表现兴奋不安、磨牙、怕光、肌肉震颤、步态不稳、转圈、后肢无力或瘫痪。食欲废绝,反刍停止,呕吐、流涎、腹泻、腹痛、瞳孔散大,反射消失,呼吸困难,多尿等症状。

【治疗】

本病的治疗原则是促进食盐排出,恢复阳离子平衡和对症治疗。

治疗可用 5%氯化钙溶液 250~500ml 或 10%葡萄糖酸钙溶液 250ml 一次静脉注射。

缓解脑水肿可静脉注射 25%山梨醇溶液或高渗葡萄糖液。为促进毒物的排出,可用利尿剂和油类泻剂。

(十四)氢氰酸中毒

氢氰酸中毒是由于家畜采食富含氰苷配糖体的青饲料,在胃内由于酶和水解的胃液盐酸的作用,产生游离的氢氰酸,而引发中毒。

【病因】

主要是由于采食或误食含氰苷或可产生氰苷的饲料所致。在很多情况下是大量采食了高粱或玉米的新鲜幼苗所引起发病。

【发病症状】

氢氰酸中毒,发病很快,当牛只采食富含氰苷的饲料后很快表现为呼吸加快且困难,可视黏膜鲜红,流出大量白色泡沫状唾液,首先兴奋,很快转为抑制,呼出气体有苦杏仁味,随之全身极度衰弱无力,行走步态不稳,很快倒地,体温下降,后肢麻痹,肌肉痉挛,瞳孔散大,反射减少或消失,心搏动徐缓,呼吸浅表,脉搏细弱,最后昏迷而死亡。血液凝固不良,呈现红色,尸体长时间不腐败。

【治疗】

治疗可用 10% 亚硝酸钠 20ml 加于 10% 的葡萄糖注射液 500ml 中缓慢静脉注射,然后再以 10% 的硫代硫酸钠溶液 50ml 静脉注射。此外,根据病情还可以进行对症治疗。

(十五)尿素中毒

尿素中毒是因为牛采食过多的尿素或尿素蛋白质补充饲料所导致的一类中毒性疾病。

【病因】

牛只误食大量的尿素;使用尿素饲料不当,使牛只采食过量的尿素类物质。

【发病症状】

采食后开始呈现不安,呻吟,肌肉震颤和步态不稳,继则反复发作痉挛,同时呼吸困难,自口、鼻流出泡沫状液体,心搏动亢进,脉数增至 100 次/分钟以上。末期则明显出汗,瞳孔散大,肛门松弛。急性中毒病例,病程仅不过 1~2 小时即因窒息死亡。

【治疗】

早期可灌服大量的食醋或稀盐酸等弱酸类,以中和尿素的分解产物氨。

静脉注射 10% 葡萄糖酸钙 300~500ml,25% 葡萄糖注射液 500~1 000ml。

【预防】

严格饲料保管制度,不能将尿素饲料同其他饲料混杂堆放,以防误用。在畜舍内尤其应避免放置尿素肥料,以防牛只偷食;正确控制尿素的定量及同其他饲料的配合比例。而且在饲用混合日粮前,必须先经仔细地搅拌均匀,以避免因采食不均,引起中毒事故。饲喂后 60 分钟再供给饮水,不要与豆类饲料合喂。

(十六)有机磷中毒

有机磷农药中毒是家畜由于接触、吸入或采食某种有机磷制剂所引致的一种体内的胆碱酯酶活性受抑制,神经生理功能紊乱的一类疾病。

【病因】

本病的发生情况及其复杂,造成的原因主要有以下几个方面:违反保管和使用农药的安全操作规程引起牛只的中毒;不按正规地使用农药做驱除内外寄生虫等医用目的而引发中毒;人为地投毒破坏活动。

【发病症状】

病牛临床表现为兴奋、流涎、腹痛、腹泻、呕吐、多汗、尿失禁、瞳孔缩小、呼吸困难、肌肉震颤。严重者表现为狂暴不安,向前猛冲,盲目运动,全身战栗,呼吸困难,抽搐痉挛,粪尿失禁,体温升高,甚至昏睡等。

【治疗】

治疗原则是立即解毒排毒,结合对症治疗。

经皮肤中毒,立即用清水冲洗。经胃中毒,反复洗胃,后灌盐类泻剂,禁用油类泻剂。

超剂量使用硫酸阿托品,0.25mg/kg 皮下 1 次注射。1 小时后未见效果者可重复注射。以后每隔 3~4 小时重复皮下按一般剂量注射。

用特效解毒药解磷定或氯磷定,双解磷或双复磷等。解磷定或氯磷定剂量为每次 15~30mg/kg,用生理盐水稀释成 10%溶液缓慢静脉注射,每2～3小时1次。双解磷或双复磷首次量为1次3～6g,以后每2小时1次,剂量减半肌内注射。

另外,还要根据具体情况进行对症治疗。

(十七)有机氯中毒

因摄入有机氯农药所致的,有明显的中枢神经机能扰乱为主要特征的家畜中毒称为有机氯中毒。

【病因】

最常见的病因为不按正规要求贮存、运销或使用有机氯农药,致发生漏失散落,污染饲料而引起中毒。

【发病症状】

急性中毒主要表现为神经症状。兴奋不安,触觉、听觉过敏,流涎,腹泻,依次出现头颈、前躯和后躯肌肉震颤或痉挛,步态不稳,进而出现猛进、后退、冲撞或蹦跳,呼吸极度困难,体温升高。慢性中毒最常出现肌肉震颤,先从头颈开始,依次向后扩展,遍及躯体的其余肌肉。若转化为急性,则病情突然恶化,步态不稳,鼻镜溃烂,口黏膜呈黄色,有烂斑,后肢麻痹、痉挛发作重剧,频繁,呼吸极度困难,数日内死亡。

【治疗】

治疗原则是排毒解毒,对症治疗。

停止饲喂怀疑被有机氯农药污染的饲料、饮水等。

经皮肤中毒者用清水或肥皂水冲洗皮肤,经消化道中毒者,反复洗胃,后灌服盐类泻剂。

静脉注射25％葡萄糖液500～1 000ml,10％维生素C注射液20～30ml。

对症治疗,如兴奋和痉挛用盐酸氯丙嗪注射液等。

二、外科病

（一）创伤

　　创伤是因锐性外力或强烈的钝性外力作用于机体组织或器官，使受伤部位皮肤或黏膜出现伤口及深层组织与外界相通的机械性损伤。

　　【病因】

　　由各种机械性外力作用于机体组织和器官而引起。

　　【发病症状】

　　创伤的一般症状为：创口裂开，出血，创围肿胀，疼痛和功能障碍。

　　【治疗】

　　对于创伤，由于新鲜的创伤和感染化脓的创伤治疗方法不同，所以应该分别不同情况，有针对性地加以治疗。

　　1. 新鲜创伤

　　（1）可采取纱布压迫、结扎、止血钳等进行止血。

　　（2）用外用止血粉撒在创伤口，也可在必要的情况下，用安络血、氯化钙或者维生素 K_3 等进行全身性止血。

　　（3）用灭菌的纱布盖住伤口，再剪去伤口周围的被毛，用新洁尔灭溶液或者生理盐水把伤口的周围洗净，再用 5% 碘酒消毒。

　　（4）除去伤口上的覆盖物，除去伤口内的异物，用生理盐水、高锰酸钾溶液或者苯扎溴铵溶液反复冲洗伤口内，再撒上磺胺粉，最后进行缝合、包扎。

　　（5）肌内注射 5 000～10 000IU 破伤风类毒素和抗生素。

2. 感染化脓的创伤

（1）要排出脓汁，把坏死的组织刮掉或者切除掉，再用高锰酸钾溶液或者双氧水冲洗创腔，并要用酒精棉球揩干，然后用消过毒的纱布条埋进创腔内引流，接着撒上磺胺消炎粉，最后用消毒的纱布覆盖在创口上，用绷带或者胶布包扎固定。

（2）创口不能缝合而且有明显的污染时，要向创腔内撒碘仿磺胺粉、青霉素粉等。

（3）用1%普鲁卡因溶液加进青霉素40万IU，在创口周围进行封闭注射，每天封闭1次。

（4）当出现全身症状时，还要结合使用青、链霉素等抗生素或磺胺治疗，同时进行输液、强心、解毒等对症治疗。

（5）对于肉芽创，要先用生理盐水或者0.1%雷夫奴尔清洗创面，再用甘油红汞、水杨酸氧化锌软膏、3%龙胆紫或者水杨酸磺胺软膏等药剂，涂在创面。肉芽组织赘生时，要用硫酸铜腐蚀。

（6）用氧化锌13g，碘仿25g，液体石蜡38g，混合后制成糊剂，用作外部涂用，对于已长肉芽的创面，可防腐、促使表皮生长。

（7）创面大的肉芽创，经过处理和修整后，要撒上青霉素粉，并进行密封缝合或者刨口边缘、创壁的阶段性缝合。

（二）脓肿

脓肿是一种由局部外科感染而引发形成的疾病，是在任何组织（如肌肉、皮下等）和器官（如关节、鼻窦、乳房等）内经过化脓性外科感染面形成的外有脓肿膜包裹，内有脓汁蓄积的化脓腔洞。

【病因】

引起脓肿的致病菌主要是葡萄球菌，其次是化脓性链球菌、大肠杆菌，绿脓杆菌较少见，此外刺激性强的药液（如氯化钙、水合氯醛、高渗盐水等）在静脉注射时误漏入皮下也可引起。

【发病症状】

浅在性脓肿常发于病牛皮下或肌间,初期只有急性炎症症状,局部增温,肿胀,疼痛明显,发红,以后逐渐局限化,形成界限明显的坚实感肿块,随着脓液的形成,中央软化,出现波动,最后皮肤破溃流出脓汁。由于脓肿位于深部,症状不明显,患部有轻微的炎性肿胀,指压留痕且有疼感,波动不显著,为了确诊,可进行穿刺查看有否脓汁。

【治疗】

病初可用普鲁卡因青霉素病部周围封闭疗法,已出现脓肿时可涂布鱼石脂软膏,雄黄软膏(雄黄、鱼石脂各 40g,樟脑、冰片各20g,凡士林 98g,调成软膏)以及温敷疗法。脓肿已经成熟,波动明显时,应立即切开排脓。再以 0.1％高锰酸钾或浓盐水冲洗脓腔,撒入磺胺结晶或青霉素粉,也可撒入樟脑白糖粉,必要时可以用浸有青霉素鱼肝油的纱布条进行脓腔内引流,当脓汁少而长出肉芽时,按肉芽创处理。

三、产科病

(一)流产

牛的流产是胚胎或胎儿与母体的正常关系遭到破坏,使妊娠中断的病理现象。

【病因/症状】

由于流产的发生时期、原因及母畜反应能力有所不同,流产的病理过程及所引起的胎儿变化和临床症状也很不一样。归纳起来有 4 种,即隐性流产、排出不足月的活胎儿、排出死亡而未经变化的胎儿和延期流产。

1. 排出不足月的活胎儿

这类流产的预兆及过程与正常分娩相似,胎儿是活的,但未足月即产出,所以也称为早产。产出前的预兆不像正常分娩那样明显,往往仅在排出胎儿2～3天以前乳腺突然膨大、阴唇稍微肿胀、乳头内可挤出清亮液体,牛阴门内有清亮黏液排出。

助产方法与正常分娩相同。但在胎儿排出缓慢时,必须及时加以协助。早产胎儿如有吮乳反射,须尽力挽救,帮助它吮食母乳或人工喂奶,并注意保暖。

2. 排出死亡而未经变化的胎儿

这种情况是流产中最常见的一种。胎儿死后,它对母体好似外物一样,引起子宫收缩反应(有时则否,如胎儿干尸化),而于数天之内即将死胎及胎衣排出。怀孕初期的流产,因为胎儿及胎膜很小,排出时不易发现,而被误认为是隐性流产。怀孕前半期的流产,事前常无预兆。怀孕末期流产的预兆和早产相同。胎儿未排出前,直肠检查摸不到胎动,怀孕脉搏变弱。阴道检查发现子宫口开张,黏液稀薄。如胎儿小,排出顺利,预后较好,以后母畜仍能受孕。否则,胎儿腐败后可以引起子宫阴道炎症,以后不易受孕,偶尔还可能继发败血病,导致母畜死亡。因此必须尽快使死胎排出来。

3. 延期流产

胎儿死亡后如果由于阵缩微弱,子宫颈管不开或开放不大,死后长期停留于子宫内,称为延期流产。依子宫颈是否开放,其结果有以下两种:

(1)胎儿干尸化:胎儿死亡,但未排出,其组织中的水分及胎水被吸收,变为棕黑色,好像干尸一样,称为胎儿干尸化。排出胎儿以前,母牛不表现全身症状,所以不易发现。但如经常注意母牛的全身状况,则可发现母牛怀孕至某一时间后,怀孕的外表现象不再发展。

（2）胎儿浸溶:怀孕中断后,死亡胎儿的软组织被分解,变为液体流出,而骨骼留在子宫内,称为胎儿浸溶。牛胎儿气肿及浸溶时细菌引起子宫炎并因而使母畜表现败血症及腹膜炎的全身症状,先是在气肿阶段精神沉郁,体温升高,食欲减少瘤胃蠕动弱并常有腹泻。如为时已久,上述症状即有所好转但极度消瘦,母畜经常努责。胎儿软组织分解后变为红褐色和棕褐色难闻的黏稠液体,再努责时流出,其中并可带有小的骨片。最后则仅排出脓液,液体沾染在尾巴和后体上干后成为黑痂。

【治疗】

首先应确定属于何种流产以及怀孕能否继续进行,在此基础上再确定治疗原则。

1. 对先兆流产的处理,临床上出现孕畜腹痛、起卧不安、呼吸脉搏加快等现象,可能流产。处理的原则为安胎,使用抑制子宫收缩药,为此可采用如下措施:

（1）肌内注射孕酮:牛 50～100mg,每日或隔日 1 次,连用数次。防止习惯性流产,也可在怀孕的一定时间,试用孕酮。也可注射 1%硫酸阿托品 1～3ml。

（2）禁行阴道检查,尽量控制直肠检查以免刺激母畜,可进行牵遛,以抑制努责。

2. 先兆流产经上述处理,病情仍未稳定下来,阴道排出物继续增多,起卧不安加剧;阴道检查,子宫颈口已经开放,胎囊已进入阴道或已破水,流产已成难免,应尽快促使子宫内容物排出,以免胎儿死亡腐败后引起子宫内膜炎,影响以后受孕。如子宫颈口已经开大,可用手将胎儿拉出。流产时,胎儿的位置及姿势往往异常,如胎儿已经死亡,矫正遇有困难,可以行使截胎术。如子宫颈管开张不大,手不易伸入,可参考人工引产中所介绍的方法,促使子宫颈开放,并刺激子宫收缩。

3. 对于延期流产,胎儿发生干尸化或浸溶者,首先可使用前列腺素制剂,继之或同时应用雌激素,溶解黄体并促使子宫颈扩张同时因为产道干涩,应在子宫及产道内灌入润滑剂。对于干尸化胎儿,由于胎儿头颈及四肢蜷缩在一起,且子宫颈开放不大,必须用一定力量或先截胎才能将胎儿取出。对于胎儿浸溶,如软组织已基本液化,须尽可能将胎骨逐块取净。分离骨胳有困难时,须根据情况先加以破坏后再取出。如治疗的早,胎儿尚未浸溶,仍呈气肿状态,可将其腹部抠破,缩小体积,然后取出。操作过程中,术者须防止自己受到感染。取出干尸化及浸溶胎儿后,因为子宫中留有胎儿的分解组织,必须用消毒液或 $5\% \sim 10\%$ 盐水等,冲洗子宫,并注射子宫收缩药,促使液体排出。对于胎儿浸溶,因为有严重的子宫炎及全身变化,必须在子宫内放入抗生素,并须特别重视全身治疗,以免发生不良后果。

【预防】

引起流产的原因是多种多样的,各种流产的症状也有所不同,除了个别流产在刚一出现症状时可以试行抑制以外,大多数流产一旦有所表现,往往无法阻止。尤其是群牧牲畜,流产常常是成批的,损失严重。因此在发生流产时,除了采用某些治疗方法,以保证母畜及其生殖道的健康以外,还应对整个畜群的情况进行详细调查分析,观察流出的胎儿及胎膜,必要时并进行实验室检查,首先做出确切诊断,然后才能提出有效的具体预防措施。

调查材料应包括饲养放牧条件及制度(确定是否为饲养性流产);管理及使役情况,是否受过伤害、惊吓,流产发生的季节及气候变化(损伤性及管理性流产);母畜是否发生过普通病、畜群中是否出现过传染性及寄生虫性疾病;以及治疗情况如何,流产时的怀孕月份,母畜的流产是否带有习惯性等。

对排出的胎儿及胎膜,要进行细致观察,注意有无病理变化及发育反常。在普通流产中,自发性流产表现有胎膜上的反常及胎儿畸形;霉菌中毒可以使羊膜发生水肿、革样坏死,胎盘也水肿、坏死并增大。但由于饲养管理不当、损伤及母畜疾病、医疗事故引起的流产,一般都看不到有什么变化。

在传染性及寄生虫性的自发性流产,胎膜及(或)胎儿常有病理变化。例如牛因布氏杆菌病流产的胎膜及胎盘上常有棕黄色黏脓性分泌物,胎盘坏死、出血,羊膜水肿并有皮革样的坏死区;胎儿水肿,胸腹腔内有淡红色的浆液等。上述流产后常发生胎衣不下。具有这些病理变化时,应将胎儿、胎膜以及子宫阴道分泌物送实验诊断室检验,有条件时并应对母畜进行血清学检查。症状性流产,则胎膜及胎儿没有明显的病理变化。对于传染性的自发性流产,应将母畜的后躯及所污染的地方彻底消毒,并将母畜适当隔离。

正确的诊断,对于做好保胎防流工作是十分重要的。只要认真进行调查、检查和分析,做出诊断,才能结合具体情况提出实用的措施,预防流产的发生。

防治流产的主要原则是:在可能情况下,制止流产的发生;当不能制止时,应促使死胎排出,以保证母畜及其生殖道的健康不受损害;分析流产发生的原因,根据具体原因提出预防方法;彻底杜绝自发性、传染性及自发性寄生虫性流产的传播,以减少损失。

(二)子宫脱出

子宫脱出是子宫、子宫颈和阴道部分或全部脱出于阴道之外的一种产科疾病。

【临床症状】

1. 轻症

母牛子宫部分脱出到阴户外,脱出初期多为鲜明的玫瑰色,随时间的延长,表面变为暗色、水肿,组织脆弱,患牛精神状况无明显变化。

2. 重症

母牛子宫全部脱出,脱出时间较长,子宫表面呈紫红色,肿胀严重、僵硬,患牛表现精神倦怠,食欲减退,频频努责,时欲卧地,粪干燥,口色淡白,脉迟细。

3. 危症

母牛子宫全部脱出时间已久,脱出子宫大部分发生坏死,严重肿胀,甚至僵硬,呈紫黑色,患牛精神萎顿,卧多立少,鼻镜干燥,不时鸣叫,食欲废绝,大便干黑且附有黏液,脉象迟细,口色枯白。

【治疗】

1. 轻症

患畜子宫部分脱出或全部脱出,脱出时间不长、肿胀不严重者,治疗时用 0.1%高锰酸钾液将脱出子宫及外阴尾根充分洗净,除去异物、坏死组织及附着的胎膜,手术者紧握拳头将脱出的子宫顶回阴道,整复至正常位置,固定,经 3～5 天拆去固定物即可。根据病情酌服中药补中益气汤:党参 60g,黄芪 90g,白术 60g,柴胡、升麻各 30g,当归、陈皮各 60g,炙甘草 35g,生姜 3 片,大枣 4 枚为引,共为细末,开水冲服,1 日 1 剂,连服 3 日。

2. 重症

患畜子宫全部脱出或阴道也随之脱出,脱出时间较长者,在整复时先以 30%的明矾水冲洗清洁,再用双氧水冲洗肿胀处,使水肿液渗出,使子宫变软,即可将脱出的子宫从靠近阴门处开始,用手在两侧交替向阴道内压进,整复至原位,加以固定。同时服用中药八珍汤:党参、白术、茯苓各 60g,甘草 30g,熟地、白芍、当归各 45g,川芎 30g,共为细末,开水冲服,1 日 1 剂,连服 5 剂。如营养不良、年老体衰、气血亏虚的可选用补中益气汤加熟地、阿胶以补气补血;若脾胃失调,加青皮、生地、麻仁等以滋阴养液,润燥滑肠,减少患畜因排粪而引起不必要的努责。

3. 危症

患畜子宫脱出已久,大部分发生坏死或肿胀严重,难以整复,不处理就会造成死亡的,在治疗时应及时进行子宫切除术,同时服八珍汤加健脾和胃药物;体温高而有感染者服黄连解毒汤:黄连30g,黄芩、黄柏、金银花、连翘各45g,栀子60g,水煎服,1日1剂,连服3剂。及时注射抗菌药物,强心补液。

(三)胎衣不下

牛胎衣不下也称胎衣滞留,是指母牛分娩后经过8~12小时仍排不出胎衣。正常情况下,母牛在分娩后3~5小时即可排出胎衣。

【病因】

主要原因有两个方面,一是产后子宫收缩无力,主要因为怀孕期间饲料单纯,缺乏无机盐、微量元素和某些维生素;或是产双胎,胎儿过大及胎水过多,使子宫过度扩张;二是胎盘炎症,怀孕期间子宫受到感染发生隐性子宫内膜炎及胎盘炎,母子胎盘粘连。此外,流产和早产等原因也能导致胎衣不下。

【临床症状】

胎衣不下分为部分胎衣不下及全部不下。部分胎衣不下,即一部分从于叶上脱下,其余部分停滞在于宫腔和阴道内,一般不易觉察,有时发现弓背、举尾和努责现象。全部胎衣不下即全部胎衣停滞在于宫和阴道内,仅少量胎膜垂挂于阴门外,其上有脐带血管断端和大小不同的干叶。

牛胎衣不下,在初期一般不会出现全身症状,两天后,停滞的胎衣开始腐烂分解,从阴道内排出暗红色混有胎衣碎片的恶臭液体。腐烂分解产物若被子宫吸收,可导致出现败血型子宫炎和毒血症,患牛表现体温升高、精神沉郁、食欲减退、泌乳减少等。

【治疗】

牛胎衣不下的治疗方法很多,概括起来可分为药物疗法和手术剥离法两种。

药物疗法:可在母牛皮下或肌内注射垂体后叶素 50～100IU (最好在分娩后 8～12 小时注射,如超过 24 小时,则效果不佳),也可注射 100IU 催产素 10ml 或麦角新碱 6～10mg。

手术剥离的方法:要先用温水灌肠,排出直肠中的积粪,再用 0.1%的高锰酸钾溶液清洗外阴,然后用左手抓住外露的胎衣,右手顺阴道伸入子宫内寻找子宫叶,用拇指找出胎儿胎盘的边缘,将食指伸入胎儿胎盘与母体胎盘之间,把它们分开。在胎儿胎盘被分离一半时,用拇指、食指、中指抓住胎衣,轻轻一拉,即可将胎衣完整地剥离下来。操作时须由近及远、循序渐进,越靠近子宫角尖端越不易剥离,尤需细心,力求完整取出胎衣,人工剥离后子宫内灌注抗生素。

【预防】

注重干奶期牛的饲养管理。在干奶牛的日粮中要添加足量的维生素和矿物质微量元素,供给干奶牛营养平衡的日粮。

(四)子宫内膜炎

子宫内膜炎是子宫内膜的炎症。牛的子宫内膜炎是引起牛繁殖障碍的一个重要原因,应予以重视。

【病因】

子宫内膜炎是在母牛分娩时或产后由于微生物感染所引起的,是奶牛不孕的常见原因之一。根据病程可分为急性和慢性两种,临床上以慢性较为多见,常由急性未及时或未彻底治疗转化而来。发病原因多见于产道损伤、难产、流产、子宫脱出、阴道脱出、阴道炎、子宫颈炎、恶露停滞、胎衣不下以及人工授精或阴道检查时消毒不严,致使致病毒侵入子宫而引起。

引起子宫内膜炎的致病菌较多,主要有链球菌、大肠杆菌和葡萄球菌等。

【临床症状】

患牛一般无全身症状,或体温略有升高,食欲和产奶量下降。有的病牛表现拱背、努责,常作排尿姿势。从阴门中排出黏液性或黏液脓性分泌物,卧下时排出的数量较多,常附着于阴门下角及尾根上,干燥后形成痂皮。

直肠检查,可触及到一侧或两侧子宫角变大,子宫壁变厚,收缩反应微弱,有时触摸子宫有痛感,有分泌物积聚,可感到有明显波动。

慢性脓性子宫内膜炎,经常由阴门排出脓性分泌物、特别是在发情时排出较多,阴道和子宫颈黏膜充血,性周期紊乱或不发情。

隐性子宫内膜炎,无明显症状,性周期、发情和排卵均正常,但屡配不孕,或配种受孕后发生流产,发情时从阴道中流出较多的混浊黏液。

【治疗】

当子宫炎无全身症状时,一般采用子宫局部用药。通常用下列药物中的 1 种:土霉素粉 2g;四环素粉 2g;金霉素 1g,青霉素 80 万～100 万 IU;青霉素 100 万 IU 和链霉素 0.5～1g,溶于蒸馏水 100～200ml,一次注入子宫。每日或隔日 1 次,直至排出的分泌物量变少而洁净清亮为止。

对慢性及其含有脓性分泌物的病牛,可用卢格液,或 0.1% 高锰酸钾液,或 0.05% 呋喃西林液,或 3～5% 氯化钠液,冲洗子宫。卢格液配制方法:碘 25g、碘化钾 25g,加蒸馏水 50ml 溶解后,再加蒸馏水到 500ml,配成 5% 碘溶液备用。用时取 5% 碘溶液 20ml,加蒸馏水 500ml,一次灌入子宫。碘溶液具有很强的杀菌力,用时由于碘的刺激性,可促使子宫的慢性炎症转为急性过程,因而可使子宫黏膜充血,炎症渗出液增加,加速子宫的净化过程,促使子宫早日康复。

对于子宫蓄脓症的治疗，可用前列腺素及其他类似物，肌内注射 2～6mg，能获得良好效果。

【预防】

加强饲养管理，给予品质好的饲料，尤其注意饲料中维生素 A、维生素 D、维生素 E 与硒、锰、钴等微量元素的含量以及钙、磷等矿物质的比例。适当增加日照和运动，提高奶牛抵抗力，防止内源感染。注意搞好环境卫生，及时处理母牛产后的疾病，进行配种、助产和剥离胎衣时必须严格遵守兽医卫生原则，以防外源感染发病。

四、其他疾病

牛钱癣

属于一种慢性疾病，局部性，表面霉菌病性皮炎。

【病因】

牛钱癣通常由癣状毛癣菌致病，发癣菌则较为罕见。

【临床症状】

钱癣病是皮肤真菌病，是由皮肤癣菌侵染表皮及其附属构造所引起的真菌疾病。其病程持久，难以治愈。各种动物都能感染，尤为犊牛最易感。特征是形成界限明显的圆形、不正圆形或轮状癣斑。牛钱癣的症状：潜伏期 2～4 周，初期仅呈豌豆粒大小的结节，逐渐向四周呈环状蔓延，呈现界限明显的秃毛圆斑，形如古钱币，癣斑上被覆灰白色或黄色鳞屑，有时保留一些残毛，病变多局限于颜面部，亦可发生于颈部、肛周，甚至蔓延到全身。此时病牛瘙痒，日渐消瘦，病程可持续 1 年以上。

【治疗】

病初可用灰黄霉素或克霉唑软膏涂擦，直到痊愈为止。对于重症病例,内外兼治。首先用温热肥皂水洗净,然后涂擦灰黄霉素软膏;再内服灰黄霉素片剂,每天 0.5g/头,连用 7 天。

【预防】

对于发病初期的病牛应早隔离、早治疗,避免与健康动物接触;应加强对污染的畜舍、饲槽、用具等物的消毒。可用 10%甲醛溶液或 5~10%漂白粉溶液喷洒消毒。

第二节　传染病

一、口蹄疫

口蹄疫也叫"口疮热"或"蹄癀",是由口蹄疫病毒所引起的偶蹄动物的急性、高度传染性的疾病。临床特征是口腔(舌、唇、颊、龈和腭)黏膜和嘴、蹄、乳头与乳房的皮肤上形成水疱,甚至糜烂。

口蹄疫在许多国家曾广为流行,因扩散快,流行广,引起肉牛、奶牛和其他动物的减产等所造成的危害极其严重,因此,为世界各国所普遍重视。

【病因】

口蹄疫病毒属于小核糖核酸病毒科口蹄疫属,是已知动物核糖核酸病毒中最细微的一级。病毒共分为 A、O、C、南非Ⅰ、南非Ⅱ、南非Ⅲ和亚洲Ⅰ(ASIAⅠ)等 7 个主型。每个主型又有很多亚型,目前发现的亚型有 65 个。口蹄疫病毒在不同的条件下,容易发生变异。各型之间的抗原性不同,彼此之间不能相互免疫,但各型在发病症状方面的表现却没有什么不同。口蹄疫病毒的不同型间没有交叉免疫性,只有在同型内的亚型间有部分的免疫性。由于口蹄疫病毒容易发生变异,因此常有新的亚型出现,各亚型与其主型之间虽然有较近的抗原关系,但在外界环境影响下仍可引起一定数量和不同程度的发病,活苗和死苗免疫的动物,由于亚型抗原性的不同而免疫不完全、疫苗毒株与流行毒株不同时,不表现出免疫性。

病畜和痊愈的病畜是口蹄疫的主要传播来源。发病初期的病畜是最危险的传染源,因为病状出现的头几天,排毒量最多,毒力最强。

消化道是最常见的感染门户,也能经损伤甚至没有损伤的黏膜和皮肤感染。家畜在自然感染后不久,病毒就能随分泌物和呼出的气体排出,病毒不仅在消化道繁殖,更常在上呼吸道繁殖。如吃了被污染的肉、奶以及奶制品等经消化道感染;吸入了感染动物呼出或喷出的气溶胶经过呼吸道感染;通过人工授精传播等。

由于防疫消毒制度不严,疫区家畜和畜产品的调运,人员和车辆的来往,被病畜分泌物、排泄物和畜产品污染的水源、牧地、饲料以及鸟、蝇、犬、鼠等,都是重要的传染媒介。最近证明,空气也是一种重要的传播媒介,病毒能随风散播到 50～100 公里的地方。如传播媒介移动快、气温低、病毒毒力强,本病常可发生远距离的跳跃式传播。

口蹄疫的发病没有严格的季节性,它可发生于一年的任何月份。但由于气温高低、日光强度等因素对口蹄疫病毒有直接影响,而不同地区的自然条件、交通情况、生产活动和牛的饲养管理水平不尽相同,因此在不同的地区,口蹄疫的流行表现为不同的季节性。如在牧区的流行特点,往往表现为秋季开始,冬季加剧,春季减轻,夏季基本平息。在农区这种季节性表现不明显。一般来说,幼畜易感,且常为急性。牛以冬、春季易发生。老流行区牛的发病率较低,新流行区的牛发病率高达 100%。

【发病症状】

牛平均潜伏期 2～4 天,最长可达 1 周左右。病牛体温升高达 40～41℃,精神萎顿,食欲减退,产奶量下降。水疱出现在鼻镜、唇内、齿龈、颊部黏膜上,直径为 1～2cm,色呈白色,并迅速增大,相互融合成片,破裂后,液体流出,留下粗糙的、有出血的颗粒状糜烂面,边缘不齐附有坏死上皮,体温降至正常。如无继发感染,病灶恢复较快,由新形成的上皮代替。病畜大量流涎,下流成线状,采食和咀嚼困难。如有细菌感染,糜烂加深,发生溃疡,愈合后形成瘢痕。有时并发纤维蛋白性坏死性口炎和咽炎、胃肠炎。

在口腔发生水疱的同时或稍后,趾间及蹄冠的柔软皮肤上表现红、肿、痛,迅速发生水疱,并很快破溃,出现糜烂,或干燥形成硬痂,然后逐渐愈合。若病牛衰弱,或饲养管理不当,糜烂部位可能发生继发性感染化脓,坏死,病畜站立不稳,甚至蹄匣脱落。严重者卧地不起,发生褥疮,导致脓毒血症而死亡。

乳头皮肤有时也出现水疱,很快破裂成烂斑。如波及乳腺引起乳房炎,泌乳量显著减少,甚至泌乳停止。

病毒侵害心肌,引起恶性口蹄疫。病畜虚弱,呼吸和心跳加快,最后心肌麻痹而死亡。此多见于犊牛,死亡率高达 70％以上。

【预防】

鉴于口蹄疫有多种动物宿主,高度接触性传染性、病毒抗原的多样性和变异性,以及感染后或接种疫苗后免疫期短等特点,因此在实际工作中使口蹄疫的控制变得相当困难,为控制本病的流行,目前采取的方法主要有:

1. 严格执行防疫消毒制度

成立口蹄疫防制小组,负责疫病的防制工作;提高对本病危害性认识,自觉地遵守防疫消毒制度;场门口要有消毒间、消毒池,进出牛场必须消毒;严禁非本场的车辆入内;猪肉及病畜产品严禁带进牛场食用;定期对牛舍、牛栏、运动场用2%氢氧化钠或其他消毒药进行消毒,消毒要严格彻底。

2. 坚持进行免疫接种

定期对所有牛进行系统的免疫接种,使牛具有较好的免疫力。

3. 使用合格疫苗

我国兰州研制生产并已使用的口蹄疫灭活疫苗,其型和免疫程序(规模化牛场免疫程序):

疫苗分为:

牛羊O型口蹄疫灭活苗(单价苗)

牛羊O-A型口蹄疫双价灭活疫苗(双价苗)

牛羊O-ASIAⅠ型口蹄疫双价灭活疫苗(双价苗)

4. 采用规模化牛场免疫程序

对成年母牛,每隔4～6月接种1次(分娩前3个月接种)。单价苗肌内注射3ml/头,双价苗肌内注射4ml/头。

犊牛出生后4～5个月首免,肌内注射单价苗2ml/头或双价苗2ml/头。首免后6个月二免(方法、剂量同首免),以后每间隔4～6月接种1次,肌内注射单价苗3ml/头或双价苗4ml/头。

【已发生口蹄疫的防制措施】

1. 在很少发生或没有流行过口蹄疫的牛场和地区,一旦发生疫情,应采取果断措施,扑杀疫区内的所有牲畜,彻底消毒。或者是在流行过口蹄疫的地区,如果疫区不大,疫点不多,在经济条件允许的条件下,将疫区内的病畜和易感动物全部扑杀,彻底消毒,在距疫区10公里以内的地区,对易感动物进行预防接种。

2. 封锁区内的所有家畜活动都要受到限制,人的活动也要限制,须活动时,应彻底消毒后才可放行。

3. 疫区内病畜和易感动物尽快屠杀并掩埋掉,并做好无害化处理。房舍、地面、墙壁、围栏及其他物体,用2‰氢氧化钠消毒。住处、挤奶厅及其他密闭建筑物可用甲醛熏蒸。

4. 工作用物品如胶皮手套、靴子等用2‰碱液或过氧乙酸消毒,旧草、褥草、粪便等一律焚烧。

5. 疫区封锁令的解除:疫区内最后1头病畜扑杀后,经过一个潜伏期的观察,在未发现病畜时,经彻底消毒清扫,由原发布封锁令的县以上人民政府发布解除封锁令,并通报邻近地区和有关部门,同时报告上级人民政府和防疫部门备案。

二、布氏杆菌病

布氏杆菌病是由布氏杆菌引起的动物及人共患的一种传染病。主要侵害生殖道,引起子宫、胎膜、关节、睾丸及附睾的炎症;母牛临床发生流产、胎衣不下及繁殖障碍。

【病因】

牛布氏杆菌病广泛的分布于世界各地,凡是养牛的地区都有不同程度的感染和流行,特别是饲养管理不良、防疫制度不健全的牛场,其感染更为严重。

病牛是该病主要的传染源。流产胎儿、胎衣、羊水及流产母牛的乳汁、阴道分泌物、血液、粪便、脏器及公牛的精液,皆含有大量的病菌。

本病传播途径较多,主要传播途径是消化道,及摄取被病原体污染的饲料和饮水而感染;通过人工输精经生殖道而感染;病菌通过鼻腔、咽、眼黏膜,乳管上皮及擦伤的皮肤等,经呼吸道和皮肤黏膜感染。

日粮不平衡,营养不良,卫生条件差,不消毒等皆可造成机体抵抗力的降低,增强机体的易感性。兽医在人工助产时、配种员在输精时消毒不严,可直接将本病扩散。

【发病症状】

本病潜伏期 2 周～6 个月。母牛最显著的症状是流产。流产可发生在妊娠的任何时期,最常发生在妊娠的第 6～8 个月,已经流产过的母牛如果再流产,一般比第一次流产时间要迟。流产时除在数日前表现分娩预兆象征,还有生殖道的发炎症状,由生殖道流出灰白色或灰色黏性分泌液。流产时,胎水多清朗,但有时含有浑浊脓样絮片。胎衣可能正常排出,但常见胎衣滞留。特别是妊娠晚期流产者,滞留更多。流产后常继续排出污灰色或棕红色分泌液,有时恶臭。早期流产的胎儿,通常在产前已经死亡。发育比较完全的胎儿,产出时比较衰弱,不久死亡。布病在临床上常见到的症状还有关节炎,甚至可以见于未曾流产的牛只,关节肿胀疼痛,有时持续躺卧。

如流产胎衣不滞留,则病牛迅速康复,又能受孕,但以后可能再度流产。如胎衣未能及时排出,则可能引发慢性子宫炎,引起长期不育。但大多数流产牛经 2 个月后可以再次受孕。

布病在新感染的牛群中,大多数母牛都将流产一次。如在牛群中不断加入新牛,则疫情可能长期持续,如果牛群不更新,由于流产过 1～2 次的母牛可以正产,疫情似乎静止,再加以饲养管理得到改善,病牛也可能有半数自愈。但这种牛群决非健康牛群,一旦新易感牛只增多,还可引起大批流产。

【预防】

对奶牛布病的预防包括以下环节:定期检疫与及时隔离病畜,对确诊病牛坚决扑杀,进行无害化处理;加强消毒防疫制度,消除病原菌侵入和感染机会;培育健康犊牛。

三、结核病

结核病是由结核分枝杆菌引起的人、畜共患的一种慢性传染病。发病后,常常侵害肺脏、消化道、淋巴结、乳腺组织、引起被侵害组织形成肉芽肿,以及机体的渐进性消瘦。

本病在世界各国都有发生,特别是在养牛多而对结核病控制不严的地区,其流行更为严重。多年来,国内对牛结核病的防制,做了大量的工作,在净化牛群中,取得了很多有效经验,从而,保证了牛的健康,成功地培育出了无结核病的健康牛群。

【病因】

结核分枝杆菌分 3 型,即人型、牛型和禽型。其中牛型对牛的致病力最强。

本病可侵害多种动物。在家畜中牛最敏感,特别是奶牛。牛结核病主要由牛型结核杆菌,也可由人型结核杆菌引起。牛型菌可感染人,也能使其他家畜致病。

病牛特别是开放性结核病牛是重要的传染来源。病牛通过分泌物及排泄物向外排菌。由于呼出的气体、唾液、痰、粪便、尿液、精液、伤口的分泌物和乳汁中都含有病原菌,当它们污染了食槽、用具、饲料和水时,都能使病很快传播。

结核病的传播主要有 2 种途径:一种是呼吸道;另一种是消化道。经呼吸道传染,可以通过飞沫,如病畜咳嗽、打喷嚏时,将病菌扩散在空气中,牛吸入空气中含有结核杆菌的病原微生物而患病。也可通过尘埃感染,及病畜的分泌物、排泄物干涸后,随尘埃被牛吸入而患病。

经消化道感染,是由于食入了被病菌污染的饲草、饮水,及未经消毒的病牛奶和病牛肉所致。此外,也可通过生殖道感染。

不良的环境条件,以及饲养管理不当,可促使结核病的发生与流行。如饲料营养不足,矿物质、维生素的不足与缺乏;圈舍阴暗潮湿,牛舍狭窄,牛群密集;阳光不足,运动缺乏,环境卫生差,不消毒,不坚持定期的检疫等,皆可使结核病发生,且呈地方性流行。

【发病症状】

结核病潜伏期长短不一,短者十几天,长者数月甚至几年。该病常呈慢性过程,因此,病牛常呈现渐进性的消瘦,产奶量降低,逐渐虚弱。由于病菌侵害部位和侵害组织损伤程度不同。因此,临床表现也不尽一致。具体临床表现:

肺结核 牛多发。病初,偶尔听到短的干咳,后咳嗽由少增多,带疼感。鼻漏呈黏性、脓性,色灰黄色。呼出气具腐臭味。呼吸急促,深而快,当呼吸极度困难时,见伸颈仰头,呼吸声如"拉风箱"。咳嗽频繁,病牛消瘦、贫血。当呈弥漫性肺结核时,体温升高至 40℃,呈弛张热或稽留热。

肠结核 主要表现为前胃迟缓和瘤胃臌账。消化道有时产生溃疡,当波及整个肠壁时,腹泻,粪便呈稀粥状,内混有黏液或脓性分泌物,也可引起肠穿孔和脓性腹膜炎。营养不良,渐进性消瘦,全身无力,肋骨外露。直肠检查,腹膜表面粗糙,不光滑,肠系膜淋巴结肿大。

淋巴结核 由于淋巴结病变部位不同,因此,表现不一。如咽后淋巴结肿大时,压迫咽喉,呼吸声增粗,响亮;支气管淋巴结肿大时,使呼吸道受压,产生响亮的喘息声;纵隔淋巴结肿大,产生慢性瘤胃臌胀;肩前和股后淋巴结肿大,可引起前、后肢跛行。

乳房结核 乳腺实质有大小不等、多少不一的结节,质感坚硬,无热无疼。患区泌乳减少,乳汁稀薄,色呈灰白色;乳房淋巴结肿大。

除此之外,当生殖道患结核时,母牛流产,久配不孕。

【预防】

对无本病的畜群,加强平时防疫、检疫和消毒措施,防止本病传入。引入畜种时,必须就地检疫,隔离观察 1～2 月,确认无病者,方可混群饲养。健康畜群每年定期 2 次检疫,发现阳性反应者及时处理,该畜群按污染群对待。对污染场,要进行反复多次检疫,剔除阳性病畜和淘汰病畜,逐步达到净化。阳性牛产犊后,喂3天初乳后隔离,喂健康牛乳或消毒牛乳;1 个月、6 个月和 7 个半月各检疫 1 次,均为阴性者,可以假定健康牛群。畜舍除每年 2～4 次定期消毒外,每次检出阳性牛清除后,都要进行 1 次大消毒,同时注意粪便和尸体的无害处理。

四、牛场疫病预防控制措施

(一)预防措施

保证牛健康,预防是基础;预防措施的建立应以预防医学为基础,其中包括营养、消毒、隔离、诊断、淘汰和免疫。

营养是牛健康的物质基础,是机体健康的根本保证。合理的饲养,平衡的日粮,能增强机体抵抗力;营养不良,致使牛在临床上发生营养代谢性疾病已经屡见不鲜。

牛场环境定期清洁、消毒,特别是在产犊前后,可以减少环境微生物的生长繁殖;对病牛的隔离,或从其他牛场购进牛时,进行必要的健康检查,确保无病,并继续隔离 2～3 周,可以大大减少牛个体之间和畜群之间的疫病传播。

淘汰患有结核病、布氏杆菌病、口蹄疫的病牛是消灭传染源,防止其流行的有效方法。

在牛场的日常工作中,防疫消毒已逐渐被重视,防疫消毒措施也不断完善和加强。

免疫　免疫是指机体对疾病的抵抗能力或不感受性。即在疾病发生前,通过接种疫苗等手段,使机体经受轻度感染,从而激发家畜体内抵抗侵入病原微生物的免疫系统,产生抗体,以此与后来侵入机体的病原微生物进行斗争,从而防止同种病原微生物再次感染。这是牛群保健计划中最主要的措施之一。虽然免疫接种不可能预防所有的疫病,但是,许多对牛群危害严重的疫病,可以通过一定的免疫程序而得到预防。

(1)牛易患传染病的具体免疫程序见疫苗产品说明书。

(2)接种注意事项

①生物药品的保存、使用应按说明书规定进行。

②接种时用具(注射器、针头)及注射部位应严格消毒。

③生物药品不能混合使用,更不能使用过期疫苗。

④装过生物药品的空瓶和当天未用完的生物药品,应该焚烧或深埋处理。焚烧前应撬开瓶塞,用高浓度漂白粉溶液进行冲洗。

⑤疫苗接种后 2~3 周要观察接种牛,如果接种部位出现局部肿胀、体温升高等症状,一般可不做处理;如果反应持续时间过长,全身症状明显,应请兽医技术人员诊治。

⑥建立免疫接种档案,每接种 1 次疫苗,都应将其接种日期、疫苗种类、生产厂家、生物药品批号等详细记录。

(二)控制措施

(1)牛场应建立围墙或防疫沟:生产区和和生活区严格分开。生产区门口设消毒室和消毒池。消毒室内应装紫外灯、洗手用消毒器;消毒池内放置 2%~3%氢氧化钠液或 0.2%~0.5%过氧乙酸等药物,药液定期更换以保持有效浓度,应设醒目的防疫须知标志。

(2)非本场车辆人员不能随意进入牛场内,进入生产区的人员需要更换工作服、胶鞋,不准携带动物、畜产品、自行车等物进场。

(3)牛场工人应保持个人卫生:上班应穿清洁工作服、戴工作帽和及时修剪指甲。每年至少进行 1 次体格健康检查,凡检出结核病、布病者,应及时调离牛场。

(4)保持牛场环境卫生:运动场内无石头、砖块及积水;牛床、运动场每天清扫,粪便及时清除出场经堆积发酵处理;尸体、胎衣应深埋。

(5)夏季做好防暑降温工作,消灭蚊、蝇。

(6)冬季做好防寒保暖工作,如架设防风墙、牛床与运动场内铺设褥草。

(7)每年春、秋对全场(食槽、牛床、运动场)进行大消毒。其他时间的卫生消毒工作应定期进行。

(8)在受口蹄疫威胁地区,接种口蹄疫疫苗。

(9)结核病检疫采取结核菌素试验,按农业部颁发的《动物检疫操作规程》规定进行,每年春、秋各1次。可疑牛经2个月后用同样方法在原来部位重新检验。检验时,在颈部另一侧同时注射禽型结核菌素做对比试验,以区别出是否结核牛。2次检验都呈可疑反应者,判为结核阳性牛。凡检出的结核阳性牛,一律淘汰。

(10)布病检疫每年2次,于春、秋季进行。按《动物检疫操作规范》规定执行。先经虎红平板凝集试验初筛,实验阳性者进行试管凝集试验,出现阳性凝集者判为阳性,出现可疑反应着,经3～4周,重新采血检验,如仍为可疑反应,应判为阳性。凡阳性反应牛只,一律淘汰。

(11)在牛群中应定期开展牛传染性鼻气管炎和牛病毒性腹泻——黏膜病的血清学检查。当发现病牛或血清抗体阳性牛时,应采取严格防疫措施,必要时要注射疫苗。

(12)严格控制牛只进出:外售牛一律不再回牛场;调入牛,必须有法定单位的检疫证书,进场前,应按《中华人民共和国动物防疫法》的要求,经隔离检疫,确认健康后方可进场入群。

(13)一旦发生疫情,应立即上报有关部门,成立疫病防制领导小组,统一领导防制工作。

(14)各场应根据实际条件,选择适当场地建立临时隔离站。病畜在隔离站观察、治疗;隔离期间,站内人员、车辆不得回场。

（15）发生疫情的牛场在封锁期间，要严格检测，发现病畜要及时转送隔离站；要控制牛只流动，严禁外来车辆、人员进场；每 7～15 天全场用 2% 氢氧化钠消毒 1 次；粪便、褥草、用具严格消毒、堆积处理；尸体深埋或无害化处理；必要时可做紧急预防接种。

（16）解除封锁应在最后 1 头病畜痊愈、屠宰或死亡后，经过 2 周后再无新病畜出现，全场经全面大消毒，报请上级有关部门批准后方可解除封锁。

第三节　寄生虫病

一、牛绦虫病

本病由绦虫引起，它不仅可使犊牛发育不良，而且可引起牛死亡。

【病原】

引起牛绦虫病的病原主要为莫尼茨绦虫，危害最严重。虫体黄白色长带状，由头节、颈节和许多体节组成，最长可达 5m。成熟体节（含大量虫卵）及虫卵随粪便排出体外，被中间宿主地螨吞食，牛吞食地螨感染致病。

【诊断要点】

1. 流行特点

常呈地方性流行。

2. 临床症状

临床上多呈现慢性经过，最初表现为食欲减退，被毛粗乱，下痢与便秘交替发生,粪便中混有乳白色孕卵节片,进而病牛出现贫血、消瘦及犊牛生长发育迟缓等症状,少数病牛因极度衰竭并发其他感染而死亡。

3. 诊断

依据临床症状及流行病学材料综合分析,确诊需在粪便中检出虫卵或虫体。检查粪便可用直接涂片法,沉淀法或漂浮法。可选用驱绦虫药进行诊断性驱虫以资确诊。

【防治措施】

1. 治疗

定期驱虫,在舍饲转放牧前对牛进行1次驱虫,以减少牧地污染;放牧1个月内进行第2次驱虫,1个月后进行第3次驱虫。常用药物可选用:吡喹酮,每kg体重50mg,内服,每天1次,连服2次即可。丙硫咪唑15~20mg/kg体重,内服。氯硝柳胺(灭绦灵)60mg/kg体重,制成10%水悬液,灌服。硫双二氯酚40~60mg/kg体重,1次口服。

2. 预防

适时进行预防性驱虫,至少春秋季各进行1次;注意饮水卫生,夏季避免吃露水草;加强饲养管理,合理补充精料,增加畜体的抗病力;加强粪便管理,将粪便集进行生物热处理,以消灭虫卵和幼虫。

二、牛线虫病

牛线虫病是线中纲的各种线虫寄生于牛体所引起的疾病。

牛线虫病种类繁多,在消化道线虫病中,有无饰科的弓首蛔虫、牛新蛔虫病、主要寄生于犊牛小肠;有消化道圆线虫的毛圆科、毛线科、钩口科和圆形科的几十种线虫病，分别寄生在第四胃、小肠、大肠、盲肠；有毛首科的鞭虫病，主要寄生于大肠及盲肠；有网尾科的网尾线虫，寄生于肺脏；有吸吮科的吸吮线虫，寄生于眼中；有丝状科的腹腔丝虫和丝虫科的盘尾丝虫寄生于腹腔和皮下等。其中在本地区比较多见且危害严重的是消化道圆线虫病中的某些虫种，如血矛线虫病、钩虫病、结节虫病等。

(一)血矛线虫病

血矛线虫病是以捻转血矛线虫为代表的毛圆科的血矛线虫属、长刺线虫属、奥斯特线虫病、马歇尔属、古柏属、毛圆属和似细颈属的多种线虫寄生于真胃和小肠引起的寄生虫病。其中以捻转血矛线虫危害最烈，简介如下。

1. 病原

病原为血矛线虫属的捻转血矛线虫，因其雌虫由白色的生殖器官和红色的消化道相互捻转呈红白相间的麻花样而得名。雌虫长 27～30 毫米，雄虫长 15～19 毫米，虫卵大小为(75～95)微米×(40～50)微米，无色或稍带黄色。

2. 生活史

成虫寄生于牛真胃内排出虫卵，虫卵到外界在适宜的条件下孵出一期幼虫，幼虫经两次蜕变，变成三期幼虫，即感染性幼虫。感染性幼虫存活能力很强，可存活 3 个月至 1 年。感染性幼虫被牛吃进后，经第三次蜕皮变为第四期幼虫，并附着在胃黏模上开始吸血。后经第四次蜕皮，逐步发育为成虫，成虫不附着在黏膜上，而是以虫体前端刺入黏膜吸血。捻转血矛线虫幼虫不耐低温，因此冬季不感染，春夏季节是感染的高峰季节，秋季有时也能形成感染高潮。

3. 致病作用与症状

致病作用主要是大量吸取血液,造成贫血。据实验,2 000 条虫体寄生时,每天吸血可达 30ml。高度贫血可以造成循环失调和营养障碍。同时虫体还分泌大量抗凝血酶和其他有毒物质,加剧贫血,抑制中枢神经系统活力,进一步造成消化吸收机能紊乱。临床症状表现为高度消瘦与贫血,消化功能紊乱,急性的可能突然死亡,大多数是以发生恶病质而逐渐转归死亡。

4. 诊断

主要靠死后剖检找到虫体,活时根据症状结合流行病学情况判断。

5. 防治

①丙硫咪唑 20mg/kg 体重,灌服。②阿维菌素或伊维菌素系列药品,0.2mg/kg 体重,口服或皮下注射。一般地区于每年秋季用药,感染严重地区可在夏季加投 1 次药。

(二)结节虫病

本病是由毛线科食道口属的几种线虫寄生在牛肠腔与肠壁引起的。由于其幼虫钻入肠黏膜在肠壁形成结节,故称结节虫病。下以辐射食道口线为例介绍:

1. 病原

辐射食道口线虫雄虫长 13.9～15.2 毫米,雌虫长 14.7～18.0 毫米,虫卵大小(75～98)微米×(46～54)微米。

2. 生活史

虫卵在外界孵化出第一期幼虫,经两次蜕皮,变为三期幼虫,即感染性幼虫,被牛吃进后,在真胃、十二指肠和大结肠的内腔中脱鞘后,钻入小结肠和大结肠肠壁内形成结节,在其中蜕皮后返回到肠腔发育为成虫。整个生活史 40～50 天。本病的感染高潮 1 年有 2 次,一次在 3～4 月,另一次在 7～8 月份。

3. 致病作用与症状

幼虫侵入肠壁后引起发炎,形成结节,结节多时影响肠管蠕动与消化吸收。因此轻度感染时无症状,重度感染可引起顽固性下痢,粪便呈暗绿色含黏液,有时带血。病牛弓腰有腹痛症状。严重的可死于机体脱水,消瘦。

4. 诊断

生前诊断困难,死后剖检可以确诊。生前主要靠症状结合流行病学情况判断。

5. 防治

主要是定期驱虫,春秋各 1 次。所用药物为:①丙硫咪唑 20mg/kg 体重,灌服。②阿维菌素、伊维菌素系列药物按有效成分 0.2mg/kg 体重口服或皮下注射。

(三)钩虫病

牛钩虫病是由钩口科、仰口属的牛仰口线虫寄生在小肠引起的。

1. 病原

雄虫长 10～19 毫米,雌虫长 24～28 毫米,虫卵大小(75～80)微米×(40～50)微米。淡红色,口囊大并弯向背面,故称仰口线虫。

2. 生活史

卵孵出幼虫后,经 2 次蜕皮变成感染性三期幼虫。然后经皮肤钻入牛休内到肺,第 3 次蜕皮后形成四期幼虫。之后上经咽到小肠再经一次蜕皮发育为成虫。如经口感染可在小肠内直接发育为成虫。从侵入皮肤起经 50~60 天发育为成虫。感染性幼虫可存活 2~3 个月。

3. 致病作用与症状

幼虫钻入皮肤及在肺脏移行时可造成局部炎症,但主要致病作用还是成虫在小肠黏膜大量吸血,并留下伤口。故临床症状表现为进行性贫血,严重消瘦,下颌水肿,顽固性下痢,粪带黑色。幼畜还有后驱萎弱等神经症状。终因恶病质死亡。

4. 诊断

流行病学情况、症状及粪检虫卵仅可初步进行判断,尸体剖检发现虫体才能确诊。

5. 防治

主要是定期驱虫,秋季 10 月份驱虫是最佳时机。

用药:①丙硫咪唑,按 20mg/kg 体重口服。②阿维菌素、伊维菌素系列产品,按有效成分 0.2mg/kg 体重口服或皮下注射。

三、牛螨病

螨病是疥螨和痒螨寄生在动物体表而引起的慢性寄生性皮肤病。螨病又叫疥癣、疥虫病、疥疮等,具有高度传染性,发病后往往蔓延至全群,危害十分严重。

【病因/病原】

寄生于不同家畜的疥螨,多认为是人疥螨的一些变种,它们具有特异性。有时可发生不同动物间的相互感染,但寄生时间较短。疥螨形体很小,肉眼不易见,呈龟形,背面隆起,腹面扁平,浅黄色,体背面有细横纹、锥突、圆锥形鳞片和刚毛,腹面有 4 对粗短的足,虫体前端有一假头(咀嚼式口器),雌螨比雄螨大。

【流行病学】

生活史 疥螨和痒螨的全部发育过程都在宿主体上度过,包括虫卵、幼虫、若虫和成虫 4 个阶段,其中雄螨有 1 个若虫期,雌螨有 2 个若虫期。疥螨的发育是在牛的表皮内不断挖掘隧道,并在隧道内不断繁殖和发育,完成 1 个发育周期 8~22 天。痒螨在皮肤表面进行繁殖和发育,完成 1 个发育周期 10~12 天。

发病时,疥螨病一般始发于皮肤柔软且毛短的部位,如面部、颈部、背部和尾根部,继而皮肤感染逐渐向周围蔓延。痒螨病则起始于被毛稠密和温度、湿度比较恒定的皮肤部位,如水牛多见于角根、背部、腹侧及臀部;黄牛见于颈部两侧、垂肉和肩胛两侧,以后才向周围蔓延。

流行病学:疥螨以病畜和健畜直接接触而传染。也可以通过被病畜污染过的厩舍、用具等间接接触引起感染。另外,也可由饲养人员或兽医人员的衣服和手传播。本病主要发生于秋末、冬季和初春。因为在这些季节,日照不足,畜体毛长而密,皮肤湿度较高,最适合疥螨发育繁殖。牛疥螨病,开始于牛的头部、颈部、背部、尾根等被毛较短的部位,严重时可波及全身。

【症状】

该病初发时,因虫体的小刺、刚毛和分泌的毒素刺激神经末梢,引起剧痒,可见患畜不断在圈墙、栏柱等处摩擦。在阴雨天气、夜间、通风不好的圈舍以及随着病情的加重,痒觉表现更为剧烈。由于患畜的摩擦和啃咬,患部皮肤出现丘疹、结节、水泡甚至脓泡,以后形成痂皮和龟裂及造成被毛脱落,炎症可不断向周围皮肤蔓延。牛只因终日啃咬和摩擦患部、烦躁不安,影响了正常的采食和休息,日渐消瘦和衰弱,有时可导致死亡。

感染初期局部皮肤上出现小结节,继而出现小水疱,患部发痒,以至牛摩擦和啃咬患部,造成局部脱毛,皮肤损伤,破裂,流出淋巴液,形成痂皮。痂皮脱落后遗留下无毛的皮肤。皮肤变厚,出现皱褶、龟裂,病变向四周延伸。病牛食欲减退,渐进性消瘦,生长停滞。

【诊断】

实验诊断:根据其症状表现及疾病流行情况,刮取皮肤组织查找病原进行确诊。其方法是用经过火焰消毒的凸刃小刀,涂上50%甘油水溶液或煤油,在皮肤的患部与健部的交界处用力刮取皮屑,一直刮到皮肤轻微出血为止。刮取的皮屑放入10%氢氧化钾或氢氧化钠溶液中煮沸,待大部分皮屑溶解后,经沉淀取其沉渣镜检虫体。亦可直接在待检皮屑内滴少量10%氢氧化钾或氢氧化钠制片镜检,但病原的检出率较低。无镜检条件时,可将刮取物置于平皿内,在热水上或在日光照晒下加热平皿后,将平皿放在黑色背景上,用放大镜仔细观察有无螨虫在皮屑间爬动。

类症鉴别:

(1)与湿疹的鉴别:湿疹痒觉不剧烈,且不受环境、温度影响,无传染性,皮屑内无虫体。

(2)与秃毛癣的鉴别:秃毛癣患部呈圆形或椭圆形,界限明显,其上覆盖的浅黄色干痂易于剥落,痒觉不明显。镜检经10%氢氧化钾处理的毛根或皮屑,可发现癣菌的孢子或菌丝。

(3)与虱和毛虱的鉴别:虱和毛虱所致的症状有时与螨病相似,但皮肤炎症、落屑及形成痂皮程度较轻,容易发现虱与虱卵,病料中找不到螨虫。

【治疗】

(1)注射或灌服药物方法:可选用伊维生菌素(害获灭)或与伊维菌素药理作用相似的药物,此类药物不仅对螨病,而且对其他节肢动物疾病和大部分线虫病均有良好疗效。应用伊维菌素时,剂量按每千克体重 $100\sim200\mu g$。

（2）涂药疗法：适合于病畜数量少、患部面积小的情况，可在任何季节应用，但每次涂药面积不得超过体表的1/3。可选择下列药物：

①克辽林擦剂：克辽林1份，软肥皂1份，酒精8份，调和即成。

②5％敌百虫溶液：来苏儿5份溶于温水100份中，再加入5份敌百虫即成。此外，亦可应用林丹、单甲脒、双甲脒、溴氰菊酯（倍特）等药物，按说明涂擦使用。

③药浴疗法：该法适用于病畜数量多且气候温暖的季节，也是预防本病的主要方法。药浴时，药液可选用0.025％～0.03％林丹乳油水溶液，0.05％蝇毒磷乳剂水溶液，0.5％～1％敌百虫水溶液，0.05％辛硫磷油水溶液，0.05％双甲脒溶液等。

④治疗时的注意事项：为使药物有效杀灭虫体，涂擦药物时应剪除患部周围被毛，彻底清洗并除去痂皮及污物。药浴时，药液温度应按药物种类所要求的温度予以保持，药浴时间应维持在1分钟左右，药浴时应注意头部的浸浴。

群体药浴时，应对使用的药物预作小群安全试验，浴前饮足水，以免误饮药液。工作人员应注意自身安全防护。

因大部分药物对螨的虫卵无杀灭作用，治疗时可根据使用药物情况重复用药2～3次，每次间隔5天，方能杀灭新孵出的螨虫，以期达到彻底治愈的目的。

【防治措施】

流行地区每年定期药浴，可取得预防与治疗的双重效果；加强检疫工作，对新购入的家畜应隔离检查后再混群；经常保持圈舍卫生、干燥和通风良好，定期对圈舍和用具清扫和消毒；对患畜应及时治疗；可疑患畜应隔离饲养；治疗期间，应注意对饲管人员、圈舍、用具同时进行消毒，以免病原散布，不断出现重复感染。

四、牛寄生虫病及其防治

寄生虫病的传播和流行,必须具备传染来源、传播途径和易感动物三个基本环节,切断或控制其中任何一个环节,就可以有效地防止某种寄生虫病的发生与流行。

(一)传染源

通常指寄生有某种寄生虫的病牛和带虫的牛,寄生虫能在其体内寄居,生长,发育,繁殖并排除体外。寄生虫通过血、粪、尿及其他分泌物、排泄物等,不断地把某一发育阶段的寄生虫(虫体、虫卵或幼虫)排到外界环境中,污染土壤、饲料、饮水、用具等,然后经过一定途径转移给易感牛或其他中间宿主。

(二)感染途径

指来自传染源的病原体,经一定方式再侵入其他易感牛所经过的途径。牛寄生虫感染宿主的主要途径:

(1)经口感染:易感牛吞食了被侵袭性幼虫或虫卵污染的饲草、饲料、饮水、土壤或其他物体,或吞食了带有侵袭性阶段虫体的中间宿主、补充宿主或媒介等之后而遭受感染,大多数寄生虫是经口感染的,如蛔虫、球虫等。

(2)经皮肤感染:某些寄生虫的感染性幼虫可主动钻入牛皮肤而感染牛;吸血昆虫在刺牛吸血时,可把感染期的虫体注入牛体内引起感染,如焦虫病等。

(3)接触传染:感染牛与健康牛通过直接接触,或感染阶段虫体污染的环境、笼具及其他用具与健康牛接触引起感染,如疥螨、虱等。

（三）寄生虫的致病机制

寄生虫对宿主的致病作用阻塞和破坏作用如大量的蛔虫或绦虫寄生，就会引起肠道阻塞，严重的引起肠破裂，肠内寄生蠕虫用吸盘等附着于肠壁，引起肠黏膜损伤。

（1）夺取宿主营养：许多肠道寄生虫直接吸取宿主营养，导致贫血，发育受阻。如蛔虫和吸虫还会分泌消化酶于宿主组织上，使组织变性溶解为营养液，然后吸入体内。

（2）分泌毒素：寄生虫在宿主体内生长发育过程中，不断排出代谢物，对宿主可产生程度不同的局部或全身性的损害，其中在组织和血液内的寄生虫所造成的影响或损害更为明显。

（3）吸食宿主：血液和传播疾病畜体遭受到体外寄生虫侵袭时，由于吸食血液，引起皮肤发痒，进食不安，动物日渐衰弱、贫血。还可能传播其他疾病，如螺旋体病，脑炎等。寄生虫给畜牧业发展造成了巨大的经济损失，预防疾病传播首先要预防寄生虫对动物的侵害。

（四）寄生虫病的综合防治

寄生虫的防治措施必须坚持预防为主，防治结合的方针，消除各种致病因素。对本地牛寄生虫病的流行情况，认真调查，并制定适合当地牛群的预防和驱虫计划。

（1）控制或消除传染源，春季，对犊牛牛群进行驱虫的普查工作，发现病牛要及时驱虫。驱虫后及时收集奶牛排除的虫体和粪便进行无害化处理，防止病原散播。

（2）切断传播途径，减少或消除传染机会，夏、秋季进行全面的灭蚊蝇工作，并各进行 1 次检查疥螨、虱子等体表寄生虫的工作，杀灭外界环境中的虫卵、幼虫、成虫等，杀灭老鼠等传播媒介。

（3）加强牛饲养，饲喂优质饲料，防止饲料、饮水被病原体污染,在牛体上喷洒杀虫剂、避驱剂,防止吸血昆虫叮咬等。

　　(4)加强管理,保持饮水、饲料、厩舍及周围环境卫生,严禁收购肝片吸虫病流行疫区的水生饲料作为牛的粗饲料,严禁在疫区有蜱的小丛林放牧和有钉螺的河流中饮水,以免感染焦虫病和血吸虫病等。

　　(5)有计划、有目的、有组织地进行驱虫,定时化验,定时检查,逐个治疗。每年的6～9月份,在流行焦虫病的疫区要定期进行牛群体表检查,重点做好灭蜱工作,10月份,对牛群进行1次肝片吸虫的预防驱虫工作。

　　(6)驱虫在选择上应当以高效、广谱、低毒、绿色、无残留、无毒副作用,使用方便为原则。治螨虫、蛔虫和线虫等体内外寄生虫较好的药物是爱普利,可长期使用,不产生耐药性。

　　(7)消灭中间宿主和传播媒介,根据当地情况,如化学剂、生物的使用和结合农田水利建设,开辟新渠道,施放农药化肥等方法消灭中间宿主。

　　(8)搞好环境卫生,定期消毒厩舍、粪便,进行合理处理。

第四节　　肉牛卫生防疫标准化

一、牛场卫生防疫措施

(一)建立卫生消毒制度

　　卫生消毒是切断疫病传播的重要措施,牛场应建立卫生消毒制度,尽力减少疾病的发生。

1. 消毒剂

应选择对人、肉牛和环境安全、无残留，对设备无破坏和在牛体内不产生有害累积的消毒剂。如次氯酸盐、有机碘、过氧乙酸、生石灰、氢氧化钠、高锰酸钾、硫酸铜、苯扎溴铵、酒精等。

2. 方法

选择对清洗完毕的牛舍、带牛环境、牛场道路及进入场区的车辆可采用喷雾消毒；人员的手臂、工作服、胶靴等可浸液消毒；出入人员必须经过消毒间，进行紫外线消毒；牛舍周围、入口、产床等可喷撒消毒。

（1）机械性清除：用机械的方法如清扫、洗刷、通风等清除病原体，畜舍地面和畜体被毛经常清洗，可使污物清除，病原体同时也被清除；通风也具有消毒的意义，它可在短期内使舍内空气交换，减少病原体的数量。

（2）物理消毒法：主要有高温和阳光、紫外线和干燥的方法。在实际消毒过程中，分别加以应用，如墙壁可喷火消毒；粪便残渣、垫草、垃圾等价值不大的物品，以及死亡病畜的尸体，可用火焰加以焚烧；金属制品可用火焰烧灼和烘烤进行消毒；牧场、草地、畜栏、用具和某些物品主要是阳光的反复暴晒进行消毒。加热消毒主要用于防疫器械、工作服等，用高压锅15磅20分钟效果最好，无条件的也可以用沸水煮20分钟以上。

（3）化学消毒法：在兽医防疫实践中，常用化学药品的溶液来进行消毒。化学消毒剂种类很多，分为很多大类，它们各有特点，可按具体情况加以选用。在选择化学消毒剂时应考虑对该病原体的消毒力强、对人畜的毒性小、不损害被消毒的物品、易溶于水、在消毒环境中比较稳定、不易失去消毒作用、价廉易得和使用方便等。

①10%～20%生石灰乳剂、1%～10%的漂白粉澄清液，1%～

2%氢氧化钠(火碱)水,适于牛舍、场地消毒,一般每平方米面积用量为 1L。

②2%的氢氧化钠溶液用于消毒池的药液,2%热氢氧化钠溶液用于牛舍、车船、粪便等消毒,消毒后用清水冲洗干净。

③3%～5%煤酚皂溶液用于牛舍、用具、污物消毒。

(4)生物热消毒:生物热消毒法主要用于污染粪便的无害处理。在粪便堆沤过程中,利用粪便中的微生物发酵产热,可使温度高达 70℃以上。经过一段时间,可以杀死病毒、病菌(芽孢除外)、寄生虫卵等病原体而达到消毒的目的。

3. 消毒制度

(1)环境消毒:牛舍周围环境及运动场每周用 2%氢氧化钠或撒石灰消毒 1 次;场周围、场内污水池、下水道等每月用漂白粉消毒 1 次;在大门口和牛舍入口处设消毒池,车辆、人员都要从消毒池经过,使用 2%氢氧化钠消毒,消毒池内的药液要经常更换。

(2)人员消毒:外来人员严禁进入生产区,必须进入时应彻底消毒,更换场区工作服和工作靴,且必须遵守牛场卫生防疫制度;工作人员进入生产区应更衣、手臂消毒和紫外线消毒,禁止将工作服出场外。

(3)牛舍消毒:牛舍卫生要保持干净,经常清扫,每季度用生石灰或来苏儿消毒 1 次,每年用火碱消毒 1 次,饲槽及用具要勤清洗、勤消毒。牛只下槽后应进行彻底清扫,定期用高压水枪冲洗牛舍并进行喷雾消毒或熏蒸消毒。

(4)用具消毒:定期对饲喂用具、料槽、饲料车等进行消毒,可用 0.1%新洁尔灭或 0.2%～0.5%过氧乙酸;日常用具,如兽医用具、助产用具、配种用具等在使用前后均应进行彻底清洗和消毒。

(5)带牛环境消毒:定期进行带牛环境消毒,有利于减少环境中的病原微生物,减少疾病的发生。可用 0.1%苯扎溴铵、0.3%

过氧乙酸、0.1%次氯酸钠等。

（6）牛体消毒：助产、配种、注射及其他任何对牛接触操作前，应先将有关部位进行消毒擦拭，以减少病原体的污染，保证牛体健康。

（二）建立系统的防疫、驱虫制度

1. 疾病报告制度

发现异常牛后，饲养人员应立即报告兽医人员，兽医人员接到报告后应立即对病牛进行诊断和治疗；在发现传染病和病情严重时，应立即报告相关部门，并提出相应的治疗方案或处理方案。

2. 新引入肉牛和病牛隔离制度

肉牛场应建立隔离圈，其位置应在牛场主风向的下方，与健康牛圈有一定的距离或有墙隔离。新引入肉牛应在隔离圈内隔离饲养2个月，确认健康后才能与健康牛合群饲养。病牛进入隔离圈后应有专人饲喂，严禁隔离圈的设备用具进入健康牛圈，饲养病牛的饲养员严禁进入健康牛圈，病牛的排泄物应经专门处理后再用做肥料，兽医进出隔离圈要及时消毒，病牛痊愈后经消毒方可进入健康牛圈，不能治愈而淘汰的病牛和病死牛尸体应合理处理，对于淘汰的病牛应及时送往指定的地点，在兽医监督下加工处理，死亡病牛、粪便和垫料等送往指定地点销毁或深埋，然后彻底消毒。

3. 引进牛时要检疫

禁止从疫区购牛，引进种牛前，须经当地兽医部门对口蹄疫、结核病、布氏杆菌病、蓝舌病、地方流行型牛白血病、副结核病、牛传染性胸膜肺炎、牛传染性鼻气管炎和黏膜病进行检疫，签发检疫证明书；引进育肥牛时，必须对口蹄疫、结核病、布氏杆菌病、副结核病和牛传染性胸膜肺炎进行检疫。

4. 严格消毒制度

谢绝无关人员进入牛场,工作人员进入生产区更换工作服,消毒池的消毒药水要定期更换,车辆与人员进出门口时,必须从消毒池上通过。

5. 杀虫、蝇、蜱、蚊等节肢动物

杀灭这些媒介昆虫和防止它们的出现,有利于预防和扑灭肉牛疫病。所以,肉牛场应做好杀虫工作。杀虫的方法很多,可根据不同的目的、条件,分别采用物理杀虫、生物杀虫或药物杀虫的方法。

6. 灭鼠

鼠类是很多种肉牛传染病的传播媒介和传染源,它们可以传播的肉牛传染病有炭疽、布鲁菌病、结核、口蹄疫、牛巴氏杆菌病等。灭鼠应从两方面进行:一方面,应从畜舍建筑和卫生措施方面着手,如经常保持畜舍及周围地区的整洁,使老鼠得不到食物,墙基、地面、门窗等方面都应力求坚固,发现有洞及时堵塞。另一方面,采用直接杀灭老鼠的方法,即器械灭鼠和药物灭鼠。

7. 定期进行预防接种

牛场应根据《中华人民共和国动物防疫法》及其配套法规的要求,结合当地的实际情况,有选择地进行疫病的预防接种工作,且应注意选择适宜的疫苗、免疫程序和免疫方法。

(1)配合畜牧兽医行政部门定期监测口蹄疫、结核病和布鲁菌病。出现疫情时,采取相应净化措施。

(2)新引入肉牛隔离饲养期内采用免疫学方法,2次检疫结核病和布鲁菌病,结果全部阴性者,方能与健康牛合群饲养。

(3)犊牛生后6月龄使用布鲁菌苗第1次接种,18月龄再次接种。在防疫工作中,应特别注意有关人员的自身防护。

(4)每年春、秋两季各用同型的口蹄疫弱毒疫苗接种 1 次,肌内或皮下注射,1～2 岁牛 1ml,2 岁以上牛 2ml。注射后,14 天产免疫力,免疫期 4～6 个月。

(5)在狂犬病多发地区,皮下注射狂犬病疫苗 25～30ml,每年春、秋季各 1 次。

(6)魏氏梭菌病免疫。皮下注射 5ml 魏氏梭菌灭活苗,免疫期 6 个月。

(7)犊牛副伤寒病免疫。母牛分娩前 4 周,根据疫苗生产说明,注射犊牛副伤寒菌苗。

(8)犊牛大肠杆菌病免疫。母牛分娩前 2～4 周,根据疫苗生产说明,注射犊牛大肠杆菌菌苗。

(9)坚持定期驱虫,驱虫对于增强牛群体质,预防或减少寄生虫病和传染病的发生,具有重要意义,一般每年春、秋两季各进行 1 次全群驱虫。犊牛在 1 月龄和 6 月龄各驱虫 1 次。依据牛群内寄生虫的种类和当地寄生虫病发生情况选择驱虫药。驱虫后排出的粪便应集中处理,防止散布病原。

(10)药物预防:对于细菌性传染病、寄生虫性疾病,除加强消毒、用疫苗防疫外,还应注重平时的药物预防,在一定条件下采取药物预防是预防肉牛疫病的有效措施之一。一般用于某些疫病流行季节之前或流行初期。

①药物的使用方法:用于牛的药物种类很多,各种药物由于其性质和应用目的不同,有不同的使用方法。

a. 混于饲料:这种方法方便、简单、不浪费药物。它适合于长期用药、不溶于水的药物及加入饮水中适口性差的药物,如犊牛断奶前后预防用药。

b. 溶于饮水:把药物溶于饮水中,更方便使用。这种方法适合于短期用药、紧急用药。只适合能溶于水的且经肠道易吸收的药物。

c. 经口投服：直接把药物的粉剂、片剂或胶囊投入牛口腔。这种方法适合于牛的个体治疗。

d. 体内注射：对于难被肠道吸收的药物，为了获得最佳的疗效，常用注射法。常用的注射法是静脉注射、皮下注射和肌内注射。用这种方法可使药物吸收完全、剂量准确，可避免消化道的破坏。

e. 体表用药：如牛患有虱、螨、蜱等外寄生虫，可在体表涂抹或喷洒药物。

f. 环境用药：环境中季节性定期喷洒杀虫剂，以控制外寄生虫及蚊、蝇等。必要时喷洒消毒剂，以杀灭环境中存在的病原微生物。

②药物预防的注意事项：根据不同牛群的饲养特点和不同疾病，选用药物的种类和使用方法。最好使用经药敏试验测定的敏感药物、毒副作用小、价格较低的药物，注意合理配伍用药，切忌使用过期变质的药物，本着高效、方便、经济的原则建立科学的药物预防措施。混饲或混水给药时，必须将药物与饲料充分混匀，或使药物完全溶于水中，防止造成药物中毒或药量不足。多数病原微生物和原虫易形成抗药性，所以用药时间不可过长，且应与其他药物交替使用，预防形成抗药性。肉牛出栏前按规定停药期停药。

二、养牛常用的药物

(一)药物的分类

一般分为特异性药物、抗生素和化学药物等。

1. 特异性药物

应用针对某种传染病的高度免疫血清、痊愈血清(或全血)等特异性生物制品进行治疗,这些制品只对某种特定的传染病有效,而对其他病无效,所以称为特异性药物。例如,破伤风抗毒素血清只能治破伤风而对其他病无效。高度免疫血清主要用于某急性传染病的治疗,如牛的巴氏杆菌病、炭疽病、破伤风等。一般在诊断确实的基础上,在病的早期注射足够剂量的高免血清,常能取得良好的疗效。血清如果是不同种动物血清应特别注意防止过敏反应。

2. 抗生素

抗生素为细菌性急性传染病的主要治疗药物,近年来在兽医临床中应用广泛,效果显著。合理地应用抗生素,是发挥抗生素疗效的重要前提。不合理地应用或滥用抗生素往往会引起不良后果。一方面可使敏感病原体对药物产生耐药性,另一方面可能对机体引起不良反应,甚至引起中毒。抗生素的种类、性质和药理作用等各不相同,使用时可参考使用说明书。

(1)掌握抗生素的适应证:抗生素各有其主要适应证,可根据临床诊断,估计致病菌种,选用适当药物。最好以分离的病原菌进行药物敏感性实验,选择对此菌敏感的药物用于治疗。

(2)要考虑到用量、疗程、给药途径、不良反应和价值等问题:开始剂量宜大,以便集中优势药力给病原体以决定性打击,以后再根据病情酌减用量;疗程应根据疾病的类型、病畜的具体情况决定,一般急性感染的疗程不必过长,可于感染控制后 3 天左右停药。

(3)不可滥用:滥用抗生素不仅对病畜无益,反而会产生种种危害。抗生素一般对病毒不起作用,但有时为了控制继发感染可以应用。

(4)抗生素的联合应用应结合临诊经验控制使用:注意抗生素的配伍,根据抗生素的作用和疗效,可分为 3 类;第 1 类为繁殖期杀菌药,如青霉素类、杆菌肽等;第 2 类为静止期杀菌药,如氨基糖苷类、多黏菌素(B 和 E)等;第 3 类为快效抑菌药,如四环素类、氯霉素和红霉素等。第 1 类与第 2 类合用可获得协同作用;第 2 类与第 3 类合用可获得累加作用。有配伍禁忌的抗生素不能联合应用。对虽未被列入配伍禁忌,但配伍作用不明确的药物应慎用。

3. 化学药物

包括磺胺类药物、抗菌增效剂、硝基呋喃类药,还有黄连素、痢菌净、喹乙醇等。

(二)药物的选择及用药注意事项

1. 药物的选择

中华人民共和国农业部对无公害肉牛生产中允许使用的兽药种类和使用准则做出了规定。

(1)允许使用的兽药:允许使用符合《中华人民共和国兽用生物制品质量标准》规定的疫苗预防肉牛疾病;允许使用消毒防腐剂对饲养环境、厩舍和器具进行消毒,但不能使用酚类消毒剂;允许使用《中华人民共和国兽药典》二部和《中华人民共和国兽药规范》二部规定的用于肉牛疾病预防和治疗的中药材和中成药;允许使用《中华人民共和国兽药典》、《中华人民共和国兽药规范》、《兽药质量标准》和《进口兽药质量标准》规定的钙、磷、硒、钾等补充药,酸碱平衡药,体液补充药,电解质补充药,血容量补充药,抗贫血物维生素类药,吸附药,泻药,润滑剂,酸化剂,局部止血药,收敛药和助消化药;允许使用国家兽药管理部门批准的微生态制剂;抗菌药、抗寄生虫药和生殖激素类药,按无公害食品——肉牛饲养兽药使用准则(NY 5125—2002)执行,但应严格掌握用法、用量和休药期,未规定休药期的品种应遵循不少于 28 天。治疗某种疾病,常有数种药物可以选用。但究竟选用哪一种最为恰当,可根据以下几个方面考虑决定:①疗效好。为了尽快治愈疾病,应选择疗效好的药物;②不良反应小,有的药物疗效虽好,但毒副作用较大,选药时不得不放弃,而改用疗效稍差,但毒副作用较小的药物;③价廉易得,为了减少药费支出,必须精打细算,选择那些疗效确实,又价廉易得的药物。

(2)慎用药物:慎用作用于神经系统、循环系统、呼吸系统、泌尿系统的兽药及其他兽药。

(3)禁用药物:禁止使用有致畸、致癌和致突变作用的兽药;禁止添加未经国家畜牧兽医行政管理部门批准的《饲料药物添加剂使用规范》以外的兽药品种;禁止使用未经国家畜牧兽医行政管理部门批准作为兽用使用的药物;禁止使用未经国家畜牧兽医行政管理批准的用基因工程方法生产的兽药。

2. 用药注意事项

(1)对症下药:每一种药物都有它的适应证,在用药时一定要对症下药,切忌滥用,以免造成不良后果。

(2)注意剂量、给药次数和疗程:为了达到预期的治疗效果,减少不良反应,用药剂量应当准确,并按规定时间和次数给药。为了维持药物在体内的有效浓度,获得疗效,而同时又不致出现毒性反应,大多数药物,1天给药2～3次,直至达到治疗目的。抗菌药物必须在一定期限内连续给药,这个期限称为疗程。疗程一般为3～5天。驱虫药等少数药物1次用药即可达到治疗目的。

(3)注意配伍禁忌:为了提高药效,常将两种以上的药物配伍使用,产生协同作用。但配伍不当,则可能出现疗效减弱即拮抗作用或毒性增加的毒性反应,这种配伍变化,称为配伍禁忌,必须避免。

(4)选择最佳给药方法:同一种药物,同一种剂量,给药途径不同,产生的药效也不尽相同。因此,在用药时必须根据病情的轻重缓急、用药目的及药物本身的性质来确定最佳给药方法。如危重病例宜采用静脉注射或肌内注射;治疗肠道感染或驱虫时,宜口服给药。

(5)休药期:食品动物从停止给药到许可屠宰或它们的产品(乳、肉)许可上市的间隔时间,出栏前按规定停药。

附　表

附表一　肉牛营养需要量

见附表 1-1、附表 1-2、附表 1-3、附表 1-4、附表 1-5、附表 1-6、附表 1-7。

附表 1-1　生长育肥牛的每日营养需要量

体重 (kg)	日增重 (kg/d)	干物质 (kg/d)	肉牛能量 单位(RND)	综合净能 (MJ/d)	粗蛋白质 (g/d)	钙 (g/d)	磷 (g/d)
150	0	2.66	1.46	11.76	236	5	5
	0.30	3.29	1.87	15.10	377	14	8
	0.40	3.49	1.97	15.90	421	17	9
	0.50	3.70	2.07	16.74	465	19	10
	0.60	3.91	2.19	17.66	507	22	11
	0.70	4.12	2.30	18.53	548	25	12
	0.80	4.33	2.45	19.75	589	28	13
	0.90	4.54	2.61	21.05	627	33	14
	1.00	4.75	2.80	22.64	665	34	15
	1.10	4.95	3.02	24.35	704	37	16
	1.20	5.16	3.25	26.28	739	40	16
175	0	2.98	1.63	13.18	265	6	6
	0.30	3.63	2.09	16.90	403	14	9

体重 （kg）	日增重 （kg/d）	干物质 （kg/d）	肉牛能量 单位（RND）	综合净能 （MJ/d）	粗蛋白质 （g/d）	钙 （g/d）	磷 （g/d）
	0.40	3.85	2.20	17.78	447	17	9
	0.50	4.07	2.32	18.70	489	20	10
	0.60	4.29	2.44	19.71	530	23	11
	0.70	4.51	2.57	20.75	571	26	12
175	0.80	4.72	2.79	22.05	609	28	13
	0.90	4.94	2.91	23.47	650	31	14
	1.00	5.16	3.12	25.23	686	34	15
	1.10	5.38	3.37	27.20	724	37	16
	1.20	5.59	3.63	29.29	759	40	17
	0	3.30	1.80	14.56	293	7	7
	0.30	3.98	2.32	18.70	428	15	9
	0.40	4.21	2.43	19.62	472	17	10
	0.50	4.44	2.56	20.67	514	20	11
	0.60	4.66	2.69	21.76	555	23	12
200	0.70	4.89	2.83	22.89	593	26	13
	0.80	5.12	3.01	24.31	631	29	14
	0.90	5.34	3.21	25.90	669	31	15
	1.00	5.57	3.45	27.82	708	34	16
	1.10	5.80	3.71	29.96	743	37	17
	1.20	6.03	4.00	32.30	778	40	17
225	0	3.60	1.87	15.10	320	7	7
	0.30	4.31	2.56	20.71	452	15	10

体重 (kg)	日增重 (kg/d)	干物质 (kg/d)	肉牛能量 单位(RND)	综合净能 (MJ/d)	粗蛋白质 (g/d)	钙 (g/d)	磷 (g/d)
225	0.40	4.55	2.69	21.76	494	18	11
	0.50	4.78	2.83	22.89	535	20	12
	0.60	5.02	2.98	24.10	576	23	13
	0.70	5.26	3.14	25.36	614	26	14
	0.80	5.49	3.33	26.90	652	29	14
	0.90	5.73	3.55	28.66	691	31	15
	1.00	5.96	3.81	30.79	726	34	16
	1.10	6.20	4.10	33.10	761	37	17
	1.20	6.44	4.42	35.69	796	40	18
250	0	3.90	2.20	17.78	346	8	8
	0.30	4.64	2.81	22.72	475	16	11
	0.40	4.88	2.95	23.85	517	18	12
	0.50	5.13	3.11	25.10	558	21	12
	0.60	5.37	3.27	26.44	599	23	13
	0.70	5.62	3.45	27.82	637	26	14
	0.80	5.87	3.65	29.50	672	29	15
	0.90	6.11	3.89	31.38	711	31	16
	1.00	6.36	4.18	33.72	746	34	17
	1.10	6.6	4.49	36.28	781	36	18
	1.20	6.85	4.84	39.08	814	39	18
275	0	4.19	2.40	19.37	372	9	9
	0.30	4.96	3.07	24.77	501	16	12

体重 (kg)	日增重 (kg/d)	干物质 (kg/d)	肉牛能量 单位(RND)	综合净能 (MJ/d)	粗蛋白质 (g/d)	钙 (g/d)	磷 (g/d)
275	0.40	5.21	3.22	25.98	543	19	12
	0.50	5.47	3.39	27.36	581	21	13
	0.60	5.72	3.57	28.79	619	24	14
	0.70	5.98	3.75	30.29	657	26	15
	0.80	6.23	3.98	32.13	696	29	16
	0.90	6.49	4.23	34.18	731	31	16
	1.00	6.74	4.55	36.74	766	34	17
	1.10	7.00	4.89	39.50	798	36	18
	1.20	7.25	5.60	42.51	843	39	19
300	0	0	4.46	21.00	397	10	10
	0.30	0.3	5.26	26.78	523	17	12
	0.40	0.4	5.53	28.12	565	19	13
	0.50	0.5	5.79	29.58	603	21	14
	0.60	0.6	6.06	32.13	641	24	15
	0.70	0.7	6.32	32.76	679	26	15
	0.80	0.8	6.58	34.77	715	29	16
	0.90	0.9	6.85	36.99	750	31	17
	1.00	1.0	7.11	39.71	785	34	18
	1.10	1.1	7.38	42.68	818	36	19
	1.20	1.2	7.64	45.98	850	38	19
325	0	4.75	2.78	22.43	421	11	11
	0.30	5.57	3.54	28.58	547	17	13

体重 (kg)	日增重 (kg/d)	干物质 (kg/d)	肉牛能量 单位(RND)	综合净能 (MJ/d)	粗蛋白质 (g/d)	钙 (g/d)	磷 (g/d)
325	0.40	5.84	3.72	30.04	586	19	14
	0.50	6.12	3.91	31.59	624	22	14
	0.60	6.39	4.12	33.26	662	24	15
	0.70	6.66	4.36	35.02	700	26	16
	0.80	6.94	4.60	37.15	736	29	17
	0.90	7.21	4.90	39.54	771	31	18
	1.00	7.49	5.25	42.43	803	33	18
	1.10	7.76	5.65	45.61	839	36	19
	1.20	8.03	6.08	49.12	868	38	20
350	0	5.02	2.95	23.85	445	12	12
	0.30	5.87	3.76	30.38	569	18	14
	0.40	6.15	3.95	31.92	607	20	14
	0.50	6.43	4.16	33.60	645	22	15
	0.60	6.72	4.38	35.40	683	24	16
	0.70	7.00	4.61	37.24	719	27	17
	0.80	7.28	4.89	39.50	757	29	17
	0.90	7.57	5.21	42.05	789	31	18
	1.00	7.85	5.59	45.15	824	33	19
	1.10	8.13	6.01	48.53	857	36	20
	1.20	8.41	6.47	52.26	889	38	20
375	0	5.28	3.13	25.27	469	12	12
	0.30	6.16	3.99	32.22	593	18	14

续附表 1-1

体重 (kg)	日增重 (kg/d)	干物质 (kg/d)	肉牛能量 单位(RND)	综合净能 (MJ/d)	粗蛋白质 (g/d)	钙 (g/d)	磷 (g/d)
375	0.40	6.45	4.19	33.85	631	20	15
	0.50	6.74	4.41	35.61	669	22	16
	0.60	7.03	4.65	37.53	704	25	17
	0.70	7.32	4.89	39.50	743	27	17
	0.80	7.62	5.19	41.88	778	29	18
	0.90	7.91	5.52	44.60	810	31	19
	1.00	8.20	5.93	47.87	845	33	19
	1.10	8.49	6.26	50.54	878	35	20
	1.20	8.79	6.75	54.48	907	38	20
400	0	5.55	3.31	26.74	492	13	13
	0.30	6.45	4.22	34.06	613	19	15
	0.40	6.75	4.43	35.77	651	21	16
	0.50	7.06	4.66	37.66	689	23	17
	0.60	7.36	4.91	39.66	727	25	17
	0.70	7.66	5.17	41.76	763	27	18
	0.80	7.96	5.49	44.31	789	29	19
	0.90	8.26	5.64	47.15	830	31	19
	1.00	8.56	6.27	50.63	866	33	20
	1.10	8.87	6.74	54.43	895	35	21
	1.20	9.17	7.26	58.66	927	37	21
425	0	5.80	3.48	28.08	515	14	14
	0.30	6.73	4.43	35.77	636	19	16

续附表 1-1

体重 （kg）	日增重 （kg/d）	干物质 （kg/d）	肉牛能量 单位（RND）	综合净能 （MJ/d）	粗蛋白质 （g/d）	钙 （g/d）	磷 （g/d）
	0.40	7.04	4.56	37.57	674	21	17
	0.50	7.35	4.90	39.54	712	23	17
	0.60	7.66	5.16	41.67	747	25	18
	0.70	7.97	5.44	43.89	783	27	18
425	0.80	8.29	5.77	46.57	818	29	19
	0.90	8.60	6.14	49.58	850	31	20
	1.00	8.91	6.59	53.22	886	33	20
	1.10	9.22	7.09	57.24	918	35	21
	1.20	9.53	7.64	61.67	947	37	22
	0	6.06	3.63	29.33	538	15	15
	0.30	7.02	4.63	37.41	659	20	17
	0.40	7.34	4.87	39.33	697	21	17
	0.50	7.66	5.12	41.38	732	23	18
	0.60	7.98	5.40	43.60	770	25	19
450	0.70	8.30	5.69	45.94	806	27	19
	0.80	8.62	6.03	48.74	841	29	20
	0.90	8.94	6.46	51.92	873	31	20
	1.00	9.26	6.90	55.77	906	33	21
	1.10	9.58	7.42	59.96	938	35	22
	1.20	9.90	8.00	64.60	967	37	22
475	0	6.31	3.79	30.63	560	16	16
	0.30	7.30	4.84	39.08	681	20	17

体重 (kg)	日增重 (kg/d)	干物质 (kg/d)	肉牛能量 单位(RND)	综合净能 (MJ/d)	粗蛋白质 (g/d)	钙 (g/d)	磷 (g/d)
	0.40	7.63	5.09	41.09	719	22	18
	0.50	7.96	5.35	43.26	754	24	19
	0.60	8.29	5.64	45.61	789	25	19
	0.70	8.61	5.94	48.03	825	27	20
475	0.80	8.94	6.31	51.00	860	29	20
	0.90	9.27	6.72	54.31	892	31	21
	1.00	9.60	7.22	58.32	928	33	21
	1.10	9.93	7.77	62.76	957	35	22
	1.20	10.26	8.37	67.61	989	36	23
	0	6.56	3.95	31.92	582	16	16
	0.30	7.58	5.04	40.71	700	21	18
	0.40	7.91	5.30	42.84	738	22	19
	0.50	8.25	5.58	45.10	776	24	19
	0.60	8.59	5.88	47.53	811	26	20
500	0.70	8.93	6.20	50.08	847	27	20
	0.80	9.27	6.58	53.18	882	29	21
	0.90	9.61	7.01	56.65	912	31	21
	1.00	9.94	7.53	60.88	947	33	22
	1.10	10.28	8.10	65.48	979	34	23
	1.20	10.62	8.73	70.45	1 011	36	23

附表 1-2　生长母牛的每日营养需要量

体重（kg）	日增重（kg/d）	干物质（kg/d）	肉牛能量单位（RND）	综合净能（MJ/d）	粗蛋白质（g/d）	钙（g/d）	磷（g/d）
	0	2.66	1.46	11.76	236	5	5
	0.30	3.29	1.90	15.31	377	13	8
	0.40	3.49	2.00	16.15	421	16	9
	0.50	3.70	2.11	17.07	465	19	10
150	0.60	3.91	2.24	18.07	507	22	11
	0.70	4.12	2.36	19.08	548	25	11
	0.80	4.33	2.52	20.33	589	28	12
	0.90	4.54	2.69	21.76	627	31	13
	1.00	4.75	2.91	23.47	665	34	14
	0	2.98	1.63	13.18	265	6	6
	0.30	3.63	2.12	17.15	403	14	8
	0.40	3.85	2.24	18.07	447	17	9
	0.50	4.07	2.37	19.12	489	19	10
175	0.60	4.29	2.50	20.21	530	22	11
	0.70	4.51	2.64	21.34	571	25	12
	0.80	4.72	2.81	22.72	609	28	13
	0.90	4.94	3.01	24.31	650	30	14
	1.00	5.16	3.24	26.19	686	33	15
	0	3.30	1.80	14.56	293	7	7
	0.30	3.98	2.34	18.92	428	14	9
200	0.40	4.21	2.47	19.46	472	17	10
	0.50	4.44	2.61	21.09	514	19	11

体重 (kg)	日增重 (kg/d)	干物质 (kg/d)	肉牛能量 单位(RND)	综合净能 (MJ/d)	粗蛋白质 (g/d)	钙 (g/d)	磷 (g/d)
	0.60	4.66	2.76	22.30	555	22	12
	0.70	4.89	2.92	23.43	593	25	13
200	0.80	5.12	3.10	25.06	631	28	14
	0.90	5.34	3.32	26.78	669	30	14
	1.00	5.57	3.58	28.78	708	33	15
	0	3.60	1.87	15.10	320	7	7
	0.30	4.31	2.60	20.71	452	15	10
	0.40	4.55	2.74	21.76	494	17	11
	0.50	4.78	2.89	22.89	535	20	12
225	0.60	5.02	3.06	24.10	576	23	12
	0.70	5.26	3.22	25.36	614	25	13
	0.80	5.49	3.44	26.90	652	28	14
	0.90	5.73	3.67	29.62	691	30	15
	1.00	5.96	3.95	31.92	726	33	16
	0	3.90	2.20	17.78	346	8	8
	0.30	4.64	2.84	22.97	475	15	11
	0.40	4.88	3.00	24.24	517	18	11
	0.50	5.13	3.17	25.01	558	20	12
250	0.60	5.37	3.35	27.03	599	23	13
	0.70	5.62	3.53	28.53	637	25	14
	0.80	5.87	3.76	30.38	672	28	15
	0.90	6.11	4.02	32.47	711	30	15
	1.00	6.36	4.33	34.98	746	33	17

体重 (kg)	日增重 (kg/d)	干物质 (kg/d)	肉牛能量 单位（RND)	综合净能 （MJ/d)	粗蛋白质 （g/d)	钙 (g/d)	磷 (g/d)
275	0	4.19	2.40	19.37	372	9	9
	0.30	4.96	3.10	25.06	501	16	11
	0.40	5.21	3.27	26.40	543	18	12
	0.50	5.47	3.45	27.87	581	20	13
	0.60	5.72	3.65	29.46	619	23	14
	0.70	5.98	3.85	31.09	657	25	14
	0.80	6.23	4.10	33.10	696	28	15
	0.90	6.49	4.38	35.35	731	30	16
	1.00	6.74	4.72	38.07	766	32	17
300	0	4.46	2.60	21.00	397	10	10
	0.30	5.26	3.35	27.07	523	16	12
	0.40	5.53	3.54	28.58	565	18	13
	0.50	5.79	3.74	30.17	603	21	14
	0.60	6.06	3.95	31.88	641	23	14
	0.70	6.32	4.17	33.64	679	25	15
	0.80	6.58	4.44	35.82	715	28	16
	0.90	6.85	4.74	38.24	750	30	17
	1.00	7.11	5.10	41.17	785	32	17
350	0	5.02	2.95	23.85	445	12	12
	0.30	5.87	3.81	30.75	569	17	14
	0.40	6.15	4.02	32.47	607	19	14
	0.50	6.43	4.24	34.27	645	21	15

体重 (kg)	日增重 (kg/d)	干物质 (kg/d)	肉牛能量 单位(RND)	综合净能 (MJ/d)	粗蛋白质 (g/d)	钙 (g/d)	磷 (g/d)
350	0.60	6.72	4.49	36.23	683	23	16
	0.70	7.00	4.74	38.24	719	25	16
	0.80	7.28	5.04	40.71	757	28	17
	0.90	7.57	5.38	43.47	789	30	18
	1.00	7.85	5.80	46.82	824	32	18
375	0	5.28	3.13	25.27	469	12	12
	0.30	6.16	4.04	32.59	593	18	14
	0.40	6.45	4.26	34.39	631	20	15
	0.50	6.74	4.50	36.32	669	22	16
	0.60	7.03	4.76	38.41	704	24	17
	0.70	7.32	5.03	40.58	743	26	17
	0.80	7.62	5.35	43.13	778	28	18
	0.90	7.91	5.71	46.11	810	30	19
	1.00	8.20	6.15	49.66	845	32	19
400	0	5.55	3.31	26.74	492	13	13
	0.30	6.45	4.26	34.43	613	18	15
	0.40	6.75	4.50	36.36	651	20	16
	0.50	7.06	4.76	38.41	689	22	16
	0.60	7.36	5.03	40.58	727	24	17
	0.70	7.66	5.31	42.89	763	26	17
	0.80	7.96	5.65	45.65	789	28	18

体重 (kg)	日增重 (kg/d)	干物质 (kg/d)	肉牛能量 单位(RND)	综合净能 (MJ/d)	粗蛋白质 (g/d)	钙 (g/d)	磷 (g/d)
400	0.90	8.26	6.04	48.74	830	29	19
	1.00	8.56	6.50	52.51	866	31	19
450	0	6.06	3.89	31.46	537	12	12
	0.30	7.02	4.40	35.56	625	18	14
	0.40	7.34	4.59	37.11	653	20	15
	0.50	7.65	4.80	38.77	681	22	16
	0.60	7.97	5.02	40.55	708	24	17
	0.70	8.29	5.26	42.47	734	26	17
	0.80	8.61	5.51	44.54	759	28	18
	0.90	8.93	5.79	46.78	784	30	19
	1.00	9.25	6.09	49.21	808	32	19
500	0	6.56	4.21	34.05	582	13	13
	0.30	7.57	4.78	38.60	662	18	15
	0.40	7.91	4.99	40.32	687	20	16
	0.50	8.25	5.22	42.17	712	22	16
	0.60	8.58	5.46	44.15	736	24	17
	0.70	8.92	5.73	46.28	760	26	17
	0.80	9.26	6.01	48.58	783	28	18
	0.90	9.60	6.32	51.07	805	29	19
	1.00	9.93	6.65	53.77	827	31	19

附表 1-3　妊娠母牛的每日营养需要量

体重 (kg)	妊娠 月份	干物质 (kg/d)	肉牛能量 单位(RND)	综合净能 (MJ/d)	粗蛋白质 (g/d)	钙 (g/d)	磷 (g/d)
300	6	6.32	2.80	22.60	409	14	12
	7	6.43	3.11	25.12	477	16	12
	8	6.60	3.50	28.26	587	18	13
	9	6.77	3.97	32.05	735	20	13
350	6	6.86	3.12	25.19	449	16	13
	7	6.98	3.45	28.87	517	18	14
	8	7.15	3.87	31.24	627	20	15
	9	7.32	4.37	35.30	775	22	15
400	6	7.39	3.43	27.69	488	18	15
	7	7.51	3.78	30.56	556	20	16
	8	7.68	4.23	34.13	666	22	16
	9	7.84	4.76	38.47	814	24	17
450	6	7.90	3.73	30.12	526	20	17
	7	8.02	4.11	33.15	594	22	18
	8	8.19	4.58	36.99	704	24	18
	9	8.36	5.15	41.58	852	27	19
500	6	8.40	4.03	32.51	563	22	19
	7	8.52	4.43	35.72	631	24	19
	8	8.69	4.92	39.76	741	26	20
	9	8.86	5.53	44.62	889	29	21
550	6	8.89	4.31	34.83	599	24	20
	7	9.00	4.73	38.23	667	26	21
	8	9.17	5.26	42.47	777	29	22
	9	9.34	5.90	47.62	925	31	23

附表 1-4　哺乳母牛的营养需要量

体重 (kg)	标准乳 (kg/d)	干物质 (kg/d)	肉牛能量单位(RND)	综合净能 (MJ/d)	粗蛋白质 (g/d)	钙 (g/d)	磷 (g/d)
300	0	4.47	3.50	28.31	332	10	10
	3	5.82	4.92	39.79	587	24	14
	4	6.27	5.40	43.61	672	29	15
	5	6.72	5.87	47.44	757	34	17
	6	7.17	6.34	51.27	842	39	18
	7	7.62	6.82	55.09	927	44	19
	8	8.07	7.29	58.92	1 012	48	21
	9	8.52	7.77	62.75	1 097	53	22
	10	8.97	8.24	66.57	1 182	58	23
350	0	5.02	3.93	31.78	372	12	12
	3	6.37	5.35	43.26	627	27	16
	4	6.82	5.83	47.08	712	32	17
	5	7.27	6.30	50.91	797	37	19
	6	7.72	6.77	54.74	882	42	20
	7	8.17	7.25	58.56	967	46	21
	8	8.62	7.72	62.39	1 052	51	23
	9	9.07	8.20	66.22	1 137	56	24
	10	9.52	8.67	70.04	1 222	61	25
400	0	5.55	4.35	35.12	411	13	13
	3	6.90	5.77	46.60	666	28	17
	4	7.35	6.24	50.43	751	33	18
	5	7.80	6.71	54.26	836	38	20

体重 (kg)	标准乳 (kg/d)	干物质 (kg/d)	肉牛能量 单位(RND)	综合净能 (MJ/d)	粗蛋白质 (g/d)	钙 (g/d)	磷 (g/d)
400	6	8.25	7.19	58.08	921	43	21
	7	8.70	7.66	61.91	1 006	47	22
	8	9.15	8.14	65.74	1 091	52	24
	9	9.60	8.61	69.56	1 176	57	25
	10	10.05	9.08	73.39	1 261	62	26
450	0	6.06	4.75	38.37	449	15	15
	3	7.41	6.17	49.85	704	30	19
	4	7.86	6.64	53.67	789	35	20
	5	8.31	7.12	57.50	874	40	22
	6	8.76	7.59	61.33	959	45	23
	7	9.21	8.06	65.15	1 044	59	24
	8	9.66	8.54	68.98	1 129	54	26
	9	10.11	9.01	72.81	1 241	59	27
	10	10.56	9.48	76.63	1 299	64	28
500	0	6.56	5.14	41.52	486	16	16
	3	7.91	6.56	53.00	741	31	20
	4	8.36	7.03	56.83	826	36	21
	5	8.81	7.51	60.66	911	41	23
	6	9.26	7.98	64.48	996	46	24
	7	9.71	8.45	68.31	1 081	50	25

体重 （kg）	标准乳 （kg/d）	干物质 （kg/d）	肉牛能量 单位（RND）	综合净能 （MJ/d）	粗蛋白质 （g/d）	钙 （g/d）	磷 （g/d）
500	8	10.16	8.93	72.14	1 166	55	27
	9	10.61	9.40	75.96	1 251	60	28
	10	11.06	9.87	79.79	1 336	65	29
550	0	7.04	5.52	44.60	522	18	18
	3	8.39	6.94	56.08	777	32	22
	4	8.84	7.41	59.91	862	37	23
	5	9.29	7.89	63.73	947	42	25
	6	9.74	8.36	67.56	1 032	47	26
	7	10.19	8.83	71.39	1 117	52	27
	8	10.64	9.31	75.21	1 202	56	29
	9	11.09	9.78	79.04	1 287	61	30
	10	11.54	10.26	82.87	1 372	66	31

附表 1-5　哺乳母牛每千克 4%标准乳中的营养含量

干物质 （g）	肉牛能量 单位（RND）	综合 净能（MJ）	脂肪 （g）	粗蛋白质 （g）	钙 （g）	磷 （g）
450	0.32	2.57	40	85	2.46	1.12

附表 1-6　肉牛对日粮微量矿物元素需要量

微量元素	单位	需要量(以日粮干物质计)			最大耐受浓度[1]
		生长和育肥牛	妊娠母牛	泌乳早期母牛	
铁(F)	mg/kg	50.00	50.00	50.00	1 000
锌(Zn)	mg/kg	30.00	30.00	30.00	500
锰(Mn)	mg/kg	20.00	40.00	40.00	1 000
铜(Cu)	mg/kg	10.00	10.00	10.00	100
碘(I)	mg/kg	0.50	0.50	0.50	50
硒(Se)	mg/kg	0.10~0.30*	0.10~0.30*	0.10~0.30*	2
钴(Co)	mg/kg	0.10	0.10	0.10	10

注 1:参照 NRC(1996); * NRC(2001)推荐量。

附表 1-7　维生素需要

种类	单位	生长育肥牛或母牛	生长公牛
维生素 A(VA)	IU	2 200	3 000
维生素 D(VD)	IU	275	275
维生素 E(VE)	IU	15~60	15~60

附表二 肉牛常用饲料成分与营养价值表

见附表 2-1、附表 2-2、附表 2-3、附表 2-4、附表 2-5、附表 2-6、附表 2-7、附表 2-8、附表 2-9。

附表 2-1 青绿饲料类饲料成分与营养价值表

编号	饲料名称	样品说明	DM^a %	CP^b %	EE^c %	CF^d %	NFE^e %	Ash^f %	Ca^g %	P^h %	NEmf^i MJ/kg	RND^j 个/kg
2-01-645	苜蓿	北京，盛花期	26.2	3.8	0.3	9.4	10.8	1.9	0.34	0.01	1.02	0.13
			100.0	14.5	1.1	35.9	41.2	7.3	1.30	0.04	3.87	0.48
2-01-655	沙打旺	北京	14.9	3.5	0.5	2.3	6.6	2.0	0.20	0.05	0.85	0.10
			100.0	23.5	3.4	15.4	44.3	13.4	1.34	0.34	5.65	0.70
2-01-610	大麦青刈	北京，5 月上旬	15.7	2.0	0.5	4.7	6.9	1.6	—	—	0.86	0.11
			100.0	12.7	3.2	29.9	43.9	10.2	—	—	5.48	0.68
2-01-632	黑麦草	北京，意大利黑麦草	18.0	3.3	0.6	4.2	7.6	2.3	0.13	0.05	1.11	0.14
			100.0	18.3	3.3	23.3	42.2	12.8	0.72	0.28	6.17	0.76
2-01-677	野青草	北京，狗尾草为主	25.3	1.7	0.7	7.1	13.3	2.5	—	0.12	1.14	0.14
			100.0	6.7	2.8	28.1	52.6	9.9	—	0.47	4.50	0.56

续附表 2-1

编号	饲料名称	样品说明	DM^a %	CP^b %	EE^c %	CF^d %	NFE^e %	Ash^f %	Ca^g %	P^h %	NEmf^i MJ/kg	RND^j 个/kg
2-01-679	野青草	黑龙江	18.9	3.2	1.0	5.7	7.4	1.6	0.24	0.03	0.93	0.1
			100.0	16.9	5.3	30.2	39.2	8.5	1.27	0.16	4.93	20.61
3-03-605	玉米青贮	4省市,5样品平均值	22.7	1.6	0.6	6.9	11.6	2.0	0.10	0.06	1.00	0.12
			100.0	7.0	2.6	30.4	51.1	8.8	0.44	0.26	4.40	0.54
3-03-025	玉米黄贮	吉林,收获后黄干贮	25.0	1.4	0.3	8.7	12.5	1.9	0.10	0.02	0.61	0.08
			100.0	5.6	1.3	35.6	50.0	7.6	0.40	0.08	2.44	0.30
3-03-606	玉米大豆青贮	北京	21.8	2.1	0.5	6.9	8.1	4.1	0.15	0.06	1.05	0.13
			100.0	9.6	2.3	31.7	37.6	18.8	0.69	0.28	4.82	0.60
3-03-601	冬大麦青贮	北京,7样品平均值	22.2	2.6	0.7	6.6	9.5	2.8	0.05	0.03	1.18	0.15
			100.0	11.7	3.2	29.7	42.8	12.6	0.23	0.14	5.33	0.66
3-03-005	苜蓿青贮	青海西宁,盛花期	33.7	5.3	1.4	12.8	10.3	3.9	0.50	0.10	1.32	0.16
			100.0	15.7	4.2	38.0	30.6	11.6	1.48	0.30	3.93	0.49

续附表 2-1

编号	饲料名称	样品说明	DMᵃ %	CPᵇ %	EEᶜ %	CFᵈ %	NFEᵉ %	Ashᶠ %	Caᵍ %	Pʰ %	NEmⁱ MJ/kg	RNDʲ 个/kg
3-03-011	胡萝卜叶青贮	青海西宁，起苔	19.7 / 100.0	3.1 / 15.7	1.3 / 6.6	5.7 / 28.9	4.8 / 24.4	4.8 / 24.4	0.35 / 1.78	0.03 / 0.15	0.95 / 4.81	0.12 / 0.60
3-03-021	甜菜叶青贮	吉林	37.5 / 100.0	4.6 / 12.3	2.4 / 6.4	7.4 / 19.7	14.6 / 38.9	8.5 / 22.7	0.39 / 1.04	0.10 / 0.27	2.14 / 5.69	0.26 / 0.70

注：a 表示干物质；b 表示粗蛋白；c 表示粗脂肪；d 表示粗纤维；e 表示无氮浸出物；f 表示粗灰分；g 表示钙含量；h 表示磷含量；i 表示综合净能；j 表示肉牛能量单位。下同。

附表 2-2　块根、茎、瓜果类饲料成分与营养价值表

编号	饲料名称	样品说明	DMᵃ %	CPᵇ %	EEᶜ %	CFᵈ %	NFEᵉ %	Ashᶠ %	Caᵍ %	Pʰ %	NEmⁱ MJ/kg	RNDʲ 个/kg
4-04-208	胡萝卜	12省市,13样品平均值	12.0 / 100.0	1.1 / 9.2	0.3 / 2.5	1.2 / 10.0	8.4 / 70.0	1.0 / 8.3	0.15 / 1.25	0.09 / 0.75	1.05 / 8.73	0.13 / 1.08
4-04-211	马铃薯	10省市,10样品平均值	22.0 / 100.0	1.6 / 7.5	0.1 / 0.5	0.7 / 3.2	18.7 / 85.0	0.9 / 4.1	0.02 / 0.09	0.03 / 0.14	1.82 / 8.28	0.23 / 1.02

续附表 2-2

编号	饲料名称	样品说明	DM[a] %	CP[b] %	EE[c] %	CF[d] %	NFE[e] %	Ash[f] %	Ca[g] %	P[h] %	NEmf[f] MJ/kg	RND[j] 个/kg
4-04-200	干薯	7省市,8样品	25.0	1.0	0.3	0.9	22.0	0.8	0.13	0.06	2.14	0.26
		平均值	100.0	4.0	1.2	3.6	88.0	3.2	0.52	0.20	8.55	1.06
4-04-213	甜菜	8省市,9样品	15.0	2.0	0.4	1.7	9.1	1.8	0.06	0.04	1.01	0.12
		平均值	100.0	13.3	2.7	11.3	60.7	12.0	0.40	0.27	6.71	0.83

附表 2-3 干草类饲料成分与营养价值表

编号	饲料名称	样品说明	DM[a] %	CP[b] %	EE[c] %	CF[d] %	NFE[e] %	Ash[f] %	Ca[g] %	P[h] %	NEmf[f] MJ/kg	RND[j] 个/kg
1-05-622	苜蓿干草	北京,苏联苜蓿2号	92.4	16.8	1.3	29.5	34.5	10.3	1.95	0.28	4.51	0.56
			100.0	18.2	1.4	31.9	37.3	11.1	2.11	0.30	4.89	0.60
1-05-625	苜蓿干草	北京,下等	88.7	11.6	1.2	43.33	25.0	7.6	1.24	0.39	3.13	0.39
			100.0	13.1	1.4	48.8	28.2	8.6	1.40	0.44	3.53	0.44
	红豆草	兰州,陇宝韦薯孕蕾期	94.6	15.3	1.7	32.0	46.2	10.5	2.49	0.26	0.24	0.03
			100.0	16.2	1.8	33.8	48.8	11.2	2.63	0.27	0.25	0.03

续附表 2-3

编号	饲料名称	样品说明	DMᵃ %	CPᵇ %	EEᶜ %	CFᵈ %	NFEᵉ %	Ashᶠ %	Caᵍ %	Pʰ %	NEmfⁱ MJ/kg	RNDʲ 个/kg
	红豆草	兰州,陈宝书著 开花期	93.98	16.1	2.1	33.5	45.7	9.0	2.21	0.25	0.24	0.03
			100.0	17.1	2.2	35.6	48.6	9.6	2.35	0.27	0.26	0.03
1-05-645	羊草	黑龙江,4样品 平均值	91.6	7.4	3.6	29.4	46.6	4.6	0.37	0.18	3.70	0.46
			100.0	8.1	3.9	32.1	50.9	5.0	0.40	0.20	4.04	0.50
1-05-607	黑麦草	吉林	87.8	17.0	4.9	20.4	34.3	11.2	0.39	0.24	5.00	0.62
			100.0	19.4	5.6	23.2	39.1	12.8	0.44	0.27	5.70	0.71
1-05-617	碱草	内蒙古 结实期	91.7	7.4	3.1	41.3	32.5	7.4	—	—	2.37	0.29
			100.0	8.1	3.4	45.0	35.4	8.1	—	—	2.58	0.32
1-05-646	野干草	北京秋白草	85.2	6.8	1.1	27.5	40.1	9.6	0.41	0.31	3.43	0.42
			100.0	8.0	1.3	32.3	47.1	11.4	0.48	0.36	4.03	0.50
1-05-646	野干草	河北野草	87.9	9.3	3.9	25.0	44.2	5.5	0.33	—	3.54	0.44
			100.0	10.6	4.4	28.4	50.3	6.3	0.38	—	4.03	0.50

附表 2-4　秸秆类饲料成分与营养价值表

编号	饲料名称	样品说明	DMᵃ %	CPᵇ %	EEᶜ %	CFᵈ %	NFEᵉ %	Ashᶠ %	Caᵍ %	Pʰ %	NEmf MJ/kg	RNDʲ 个/kg
1-06-062	玉米秸	辽宁,3样品 平均值	90.0	5.9	0.9	24.9	50.2	8.1	—	—	2.53	0.31
			100.0	6.6	1.0	27.7	55.8	9.0	—	—	2.81	0.35
1-06-622	小麦秸	新疆,墨西哥种	89.6	5.6	1.6	31.9	41.1	9.4	0.05	0.06	1.96	0.24
			100.0	6.3	1.8	35.6	45.9	10.5	0.06	0.07	2.18	0.27
1-06-611	稻草	河南	90.3	6.2	1.0	27.0	37.3	18.6	0.56	0.17	1.79	0.22
			100.0	6.9	1.3	29.9	41.3	20.6	0.62	0.19	1.99	0.25
1-06-615	谷草	黑龙江,2样品 平均值	90.7	4.5	1.2	32.6	44.2	8.2	0.34	0.03	2.71	0.34
			100.0	5.0	1.3	35.9	48.7	9.0	0.37	0.03	2.99	0.37
1-06-100	甘薯蔓	7省市,31样品 平均值	88.0	8.1	2.7	28.5	39.0	9.7	1.55	0.11	3.28	0.41
			100.0	9.2	3.1	32.4	44.3	11.0	1.76	0.13	3.78	0.47

附表 2-5　谷实类饲料成分与营养价值表

编号	饲料名称	样品说明	DM[a] %	CP[b] %	EE[c] %	CF[d] %	NFE[e] %	Ash[f] %	Ca[g] %	P[h] %	NEmf[i] MJ/kg	RND[j] 个/kg
4-07-263	玉米	23省市,120样品平均值	88.4	8.6	3.5	2.0	72.9	1.4	0.08	0.21	8.06	1.00
			100.0	9.7	4.4	2.3	82.5	1.6	0.09	0.24	9.12	1.13
4-07-194	玉米	北京,黄玉米	88.0	8.5	4.4	1.3	72.2	1.7	0.02	0.21	8.40	1.04
			100.0	9.7	4.9	1.5	82.0	1.9	0.02	0.24	9.55	1.18
4-07-104	高粱	17省市,38样品平均值	89.3	8.7	3.3	2.2	72.9	2.2	0.09	0.28	7.08	0.88
			100.0	9.7	3.7	2.5	81.6	2.5	0.10	0.31	7.93	0.98
4-07-022	大麦	20省市,49样品平均值	88.8	10.8	2.0	4.7	68.1	3.2	0.12	0.29	7.19	0.89
			100.0	12.1	2.3	5.3	76.7	3.6	0.14	0.33	8.10	1.00
4-07-188	燕麦	11省市,17样品平均值	90.3	11.6	5.2	8.9	60.7	3.9	0.15	0.33	6.95	0.86
			100.0	12.8	5.8	9.9	67.2	4.3	0.17	0.37	7.70	0.95
4-07-164	小麦	15省市,28样品平均值	91.8	12.1	1.8	2.4	73.2	2.3	0.11	0.36	8.29	1.03
			100.0	13.2	2.0	2.6	79.2	2.5	0.12	0.39	9.03	1.12
4-07-074	稻谷	9省市,34籼稻样品平均值	90.6	8.3	1.5	8.5	67.5	4.8	0.13	0.28	6.98	0.86
			100.0	9.2	1.7	9.4	74.5	5.3	0.14	0.31	7.71	0.95

附表 2-6　糠麸类饲料成分与营养价值表

编号	饲料名称	样品说明	DMᵃ %	CPᵇ %	EEᶜ %	CFᵈ %	NFEᵉ %	Ashᶠ %	Caᵍ %	Pʰ %	NEmfᶠ MJ/kg	RND 个/kg
4-08-078	小麦麸	全国,115 样品平均值	88.6	14.4	3.7	9.2	56.2	5.1	0.18	0.78	5.86	0.73
			100.0	16.3	4.2	10.4	63.4	5.8	0.20	0.88	6.61	0.82
4-08-049	小麦麸	山东,39 样品平均值	89.3	15.0	3.2	10.3	55.4	5.4	0.14	0.54	5.66	0.70
			100.0	16.8	3.6	11.5	62.0	6.0	0.16	0.60	6.33	0.78
4-08-094	玉米皮	北京	87.9	10.2	4.9	13.8	57.0	2.1	—	—	4.59	0.57
			100.0	11.5	5.6	15.7	64.8	2.4	—	—	5.22	0.60
4-08-030	米糠	4省市,13 样品平均值	90.2	12.1	15.5	9.2	43.3	10.1	0.14	1.04	7.22	0.89
			100.0	13.4	17.2	10.2	48.0	11.2	0.16	1.05	8.00	0.99
4-08-016	高粱糠	2省市,8 样品平均值	91.1	9.6	9.1	4.0	63.5	4.9	0.07	0.81	7.14	0.92
			100.0	10.5	10.0	4.4	69.7	5.4	0.08	0.89	8.13	1.01
4-08-603	土面粉	北京,黄面粉	87.2	9.5	0.7	1.3	74.3	1.4	0.08	0.44	8.08	1.00
			100.0	10.9	0.8	1.5	85.2	1.6	0.09	0.50	9.26	1.01
4-08-001	大豆皮	北京	91.0	18.8	2.6	25.4	39.4	5.1 5.6	—	0.35	5.40	0.67
			100.0	20.7	2.9	27.6	43.3		—	0.38	5.94	0.74

附 表　　　　　　　　　　　　　　　　　　　　　　　　　　　　　　　• 465 •

附表 2-7　饼粕类饲料成分与营养价值表

编号	饲料名称	样品说明	DM^a %	CP^b %	EE^c %	CF^d %	NFE^e %	Ash^f %	Ca^g %	P^h %	NEmf MJ/kg	RND^j 个/kg
5-10-043	豆饼(机榨)	13省市,42 样品平均值	90.6	43.0	5.4	5.7	30.6	5.9	0.32	0.50	7.41	0.92
			100.0	47.5	6.0	6.3	33.8	6.5	0.35	0.55	8.17	1.01
5-10-043	豆饼	四川,溶剂法	89.0	45.8	0.9	6.0	30.5	5.8	0.32	0.67	6.97	0.86
			100.0	51.2	1.0	6.7	34.3	6.5	0.36	0.75	7.83	0.97
5-10-022	菜籽饼(机榨)	13省市,21 样品平均值	92.2	36.4	7.8	10.7	29.3	8.0	0.73	0.95	6.77	0.84
			100.0	39.5	8.5	11.6	31.8	8.7	0.79	1.03	7.35	0.91
5-10-062	胡麻饼(机榨)	8省市,21 样品平均值	92.0	33.1	7.5	9.8	34.0	7.6	0.58	0.77	7.01	0.87
			100.0	36.0	8.2	10.7	37.0	8.3	0.63	0.84	7.62	0.94
5-10-075	花生饼(机榨)	9省市,34 样品平均值	89.9	46.4	6.6	5.8	25.7	5.4	0.24	0.52	7.41	0.92
			100.0	51.6	7.3	6.5	28.6	6.0	0.27	0.58	8.24	1.02
5-10-612	棉籽饼(去壳)	4省市,机榨6 样品平均值	89.6	32.5	5.7	10.7	34.5	6.2	0.27	0.81	6.62	0.82
			100.0	36.3	6.4	11.9	38.5	6.9	0.30	0.90	7.39	0.92

续附表 2-7

编号	饲料名称	样品说明	DM[a] %	CP[b] %	EE[c] %	CF[d] %	NFE[e] %	Ash[f] %	Ca[g] %	P[h] %	NEmf[i] MJ/kg	RND[j] 个/kg
5-10-610	棉籽饼 (去壳)	上海,浸提2	88.3	39.4	2.1	10.4	29.1	7.3	0.23	2.01	5.95	0.74
		样品平均值	100.0	44.6	2.4	11.8	33.0	8.3	0.26	2.28	6.74	0.83
5-10-110	葵花饼 (去壳)	北京, 浸提法	92.6	46.1	2.4	11.8	25.5	6.8	0.53	0.35	4.93	0.61
			100.0	49.8	2.6	12.7	27.5	7.4	0.57	0.38	5.32	0.66

附表 2-8　糟渣类饲料成分与营养价值表

编号	饲料名称	样品说明	DM[a] %	CP[b] %	EE[c] %	CF[d] %	NFE[e] %	Ash[f] %	Ca[g] %	P[h] %	NEmf[i] MJ/kg	RND[j] 个/kg
5-11-103	酒糟 (高粱)	吉林	37.7	9.3	4.2	3.4	17.6	3.2	—	—	3.03	0.37
			100.0	24.7	11.1	9.0	46.7	8.5	—	—	8.05	1.00
4-11-092	酒糟 (玉米)	贵州	21.0	4.0	2.2	2.3	11.7	0.8	—	—	1.25	0.15
			100.0	19.0	10.5	11.0	55.7	3.4	—	—	5.94	0.73

续附表 2-8

编号	饲料名称	样品说明	DMᵃ %	CPᵇ %	EEᶜ %	CFᵈ %	NFEᵉ %	Ashᶠ %	Caᵍ %	Pʰ %	NEmf MJ/kg	RNDʲ 个/kg
4-11-058	粉渣（玉米）	6省市,7 样品平均值	15.0 100.0	2.8 12.0	0.7 4.7	1.4 9.3	10.7 71.3	0.4 2.7	0.02 0.13	0.02 0.13	1.33 8.86	0.16 1.10
4-11-069	粉渣（马铃薯）	3省市,3 样品平均值	15.0 100.0	1.0 6.7	0.4 2.7	1.3 8.7	11.7 78.0	0.6 4.0	0.16 0.40	0.04 0.27	0.94 6.29	0.12 0.78
5-11-607	啤酒糟	2省市,3 样品平均值	23.4 100.0	6.8 29.1	1.9 8.1	3.9 16.7	9.5 40.6	1.3 5.6	0.09 0.38	0.18 0.77	1.38 5.91	0.17 0.73
1-11-609	甜菜渣	黑龙江	8.4 100.0	0.9 10.7	0.1 1.2	2.6 31.0	3.4 40.5	1.4 16.7	0.08 0.95	0.05 0.60	0.52 6.17	0.06 0.76
1-11-602	豆腐渣	2省市,4 样品平均值	11.0 100.0	3.3 30.0	0.8 7.3	2.1 19.1	4.4 40.0	0.4 3.6	0.05 0.45	0.03 0.27	0.93 8.49	0.12 1.05
5-11-080	酱油渣	宁夏银川	24.3 100.0	7.1 29.2	4.5 18.5	3.3 13.6	7.9 32.5	1.5 6.2	0.11 0.45	0.03 0.12	1.73 7.14	0.21 0.88

附表 2-9　矿物质类饲料成分与营养价值表

编号	饲料名称	样品说明	干物质(%)	钙(%)	磷(%)
6-14-034	碳酸氢钙	四川	风干	23.2	18.6
6-14-035	碳酸氢钙	云南,脱氟	99.8	21.85	8.64
6-14-032	碳酸钙	北京,脱氟	—	27.91	14.38
6-14-046	碳酸钙	浙江湖州	99.1	35.19	0.14
6-14-001	白云石	北京	—	21.16	—
6-14-044	石灰石	吉林	99.7	32.0	—
6-14-045	石灰石	吉林九台	99.9	24.48	—
6-14-038	石粉	河南南阳,白色	97.1	39.49	—
6-14-039	石粉	河南大理石,灰色	99.1	42.54	—
6-14-040	石粉	广东	风干	42.21	—
6-14-041	石粉	广东	风干	55.67	0.11
6-14-042	石粉	云南昆明	92.1	33.98	—

参 考 文 献

1. 中国畜牧业协会.2008 中国牛业进展.北京:中国农业出版社,2008
2. 沈广,陈幼春.首届中国牛业发展大会论文集.中国牛业科学(2006 年增刊),2006
3. 沈广,陈幼春.第二届中国牛业发展大会论文集.中国畜牧杂志(2007 年增刊),2007
4. 许尚忠,郭宏.优质肉牛高效养殖关键技术.北京:中国三峡出版社,2006
5. 曹玉凤,李建国.肉牛标准化养殖技术.北京:中国农业大学出版社,2004
6. 徐照学,兰亚莉.肉牛饲养实用技术手册.上海:上海科学技术出版社,2005
7. 黄应祥.肉牛无公害综合饲养技术.北京:中国农业出版社,2002
8. 陈幼春.西门塔尔牛的中国化.北京:中国农业科学技术出版社,2007
9. 卢德勋.反刍动物葡萄糖营养调控理论体系及其应用.动物营养研究进展,2004(6)212-224
10. 蒋洪茂.肉牛快速育肥实用技术.北京:金盾出版社,2003
11. 王加启,吴克谦,张倩.肉牛高效益饲养技术(修订版).北京:金盾出版社,2008
12. 张建中.肉牛生产实用技术.北京:化学工业出版社,2009
13. 王和山.宁夏南部山区草畜产业发展研究.银川:宁夏人民出版社,2006
14. 邱怀.牛生产学.北京:中国农业科学技术出版社,2000